U0387456

(a) 鼓风机及真空泵

(b) 氧压机

(c) 吸附塔、缓冲罐及储气罐

图 2-4 VPSA 空分制氧机实物图

图 2-6 液氧站实物图

(a) 管式放电室内部结构

(b) 板式放电室内部结构

图 2-8

(c) 放电室外形

(d) 电源

图 2-8　臭氧发生器实物图

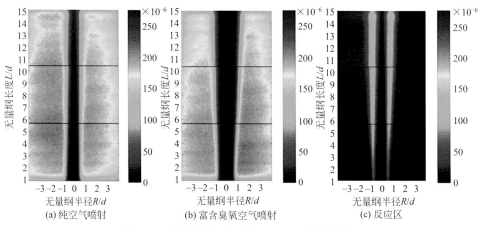

(a) 纯空气喷射　　　　　　(b) 富含臭氧空气喷射　　　　　　(c) 反应区

图 3-10　层流状态下时均 NO PLIF 测量结果

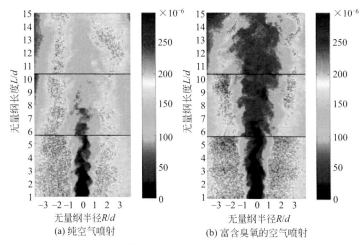

(a) 纯空气喷射　　　　　　(b) 富含臭氧的空气喷射

图 3-12　湍流射流条件下的单次拍摄 NO PLIF 图像

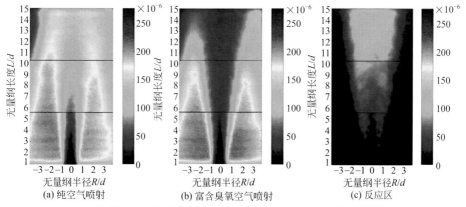

图 3-13　湍流射流条件下时均 NO PLIF 测量结果

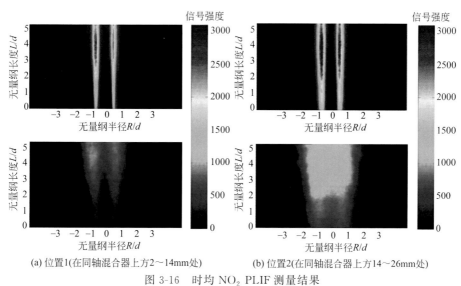

图 3-16　时均 NO$_2$ PLIF 测量结果

表 3-2　不同烟气量工况下原始烟道中速度分布情况

烟气量 /(10^{4}m^3/h)	反应器周围速度分布/(m/s)	脱硫塔入口速度分布/(m/s)
34.4		

烟气量 /($10^4 m^3$/h)	反应器周围速度分布/(m/s)	脱硫塔入口速度分布/(m/s)
68.8	v(m/s): 0 2 4 6 8 10	v(m/s): 0 2 4 6 8 10
103.2	v(m/s): 0 3 6 9 12 15	v(m/s): 0 3 6 9 12 15
137.6	v(m/s): 0 4 8 12 16 20	v(m/s): 0 4 8 12 16 20
172.0	v(m/s): 0 5 10 15 20 25	v(m/s): 0 5 10 15 20 25

表 3-3　不同格栅结构反应器前后烟道的速度分布

格栅编号	反应器周围速度分布/(m/s)	脱硫塔入口速度分布/(m/s)
01	\n$v$(m/s): 0　5　10　15　20　25	\n$v$(m/s): 0　5　10　15　20　25
02	\n$v$(m/s): 0　5　10　15　20　25	\n$v$(m/s): 0　5　10　15　20　25
03	\n$v$(m/s): 0　5　10　15　20　25	\n$v$(m/s): 0　5　10　15　20　25
04	\n$v$(m/s): 0　5　10　15　20　25	\n$v$(m/s): 0　5　10　15　20　25

表 3-4 不同烟气量工况下 02 号格栅反应器前后烟道速度分布情况

烟气量/(10⁴m³/h)	反应器周围速度分布/(m/s)	脱硫塔入口速度分布/(m/s)
34.4	 v(m/s): 0 1 2 3 4 5	 v(m/s): 0 1 2 3 4 5
68.8	 v(m/s): 0 2 4 6 8 10	 v(m/s): 0 2 4 6 8 10
103.2	 v(m/s): 0 3 6 9 12 15	 v(m/s): 0 3 6 9 12 15
137.6	 v(m/s): 0 4 8 12 16 20	 v(m/s): 0 4 8 12 16 20

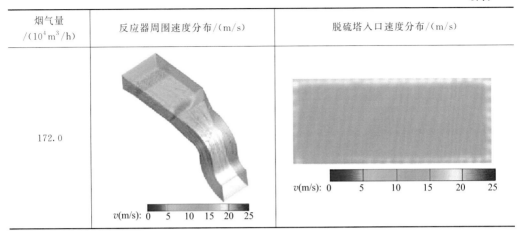

烟气量 /(10⁴m³/h)	反应器周围速度分布/(m/s)	脱硫塔入口速度分布/(m/s)
172.0		

表 3-5 不同烟气量工况下 01 号反应器前后烟道速度分布情况

烟气量 /(10⁴m³/h)	吸收塔入口臭氧分布(摩尔分数)	吸收塔入口速度分布(m/s)
34.4		
68.8		
103.2		

烟气量 /($10^4\mathrm{m}^3$/h)	吸收塔入口臭氧分布(摩尔分数)	吸收塔入口速度分布(m/s)
137.6	O_3: 2×10^{-5} 3×10^{-5} 4×10^{-5} 5×10^{-5} 6×10^{-5} 7×10^{-5} 8×10^{-5}	v(m/s): 0 4 8 12 16 20
172.0	O_3: 2×10^{-5} 3×10^{-5} 4×10^{-5} 5×10^{-5} 6×10^{-5} 7×10^{-5} 8×10^{-5}	v(m/s): 0 5 10 15 20 25

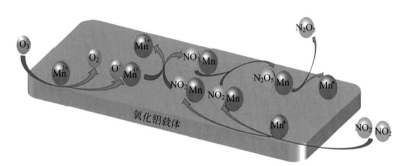

图 4-14　球形氧化铝负载锰氧化物催化臭氧深度氧化 NO 生成 N_2O_5 的机理图

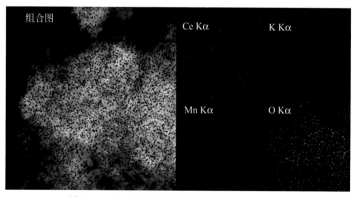

图 5-5　$MnCeO_x$-R 催化剂元素的能谱分析

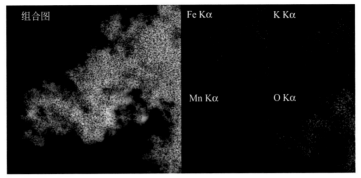

图 5-6　MnFeO$_x$-R 催化剂元素的能谱分析

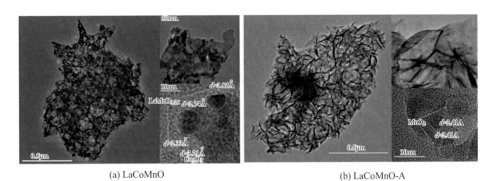

(a) LaCoMnO

(b) LaCoMnO-A

图 5-24　LaCoMnO 和 LaCoMnO-A 催化剂的 TEM 和 HRTEM 图像

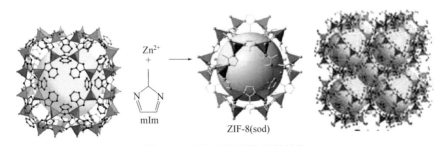

图 6-3　金属-有机框架材料结构

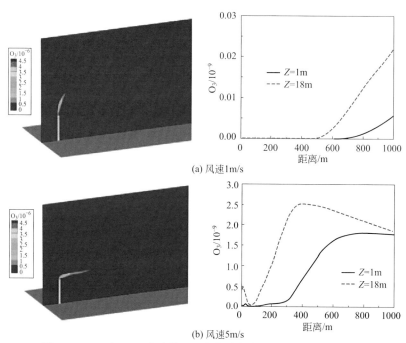

(a) 风速1m/s

(b) 风速5m/s

图 9-12　1m 和 18m 高度处 O_3 浓度随烟囱下游距离的分布曲线

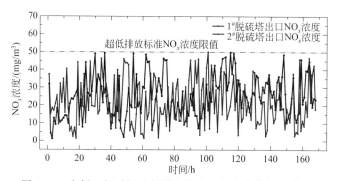

图 10-4　案例一长时间运行脱硫塔出口氮氧化物排放情况

(a) 臭氧发生器

(b) 变压吸附空分制氧机

图 10-5　案例一现场照片

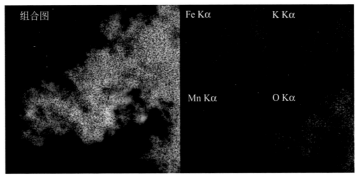

图 5-6　MnFeO$_x$-R 催化剂元素的能谱分析

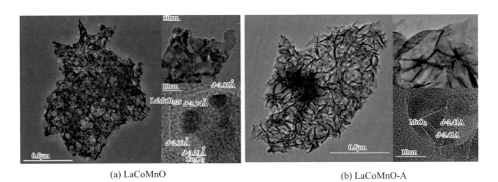

(a) LaCoMnO　　　　　　　　　　　　　(b) LaCoMnO-A

图 5-24　LaCoMnO 和 LaCoMnO-A 催化剂的 TEM 和 HRTEM 图像

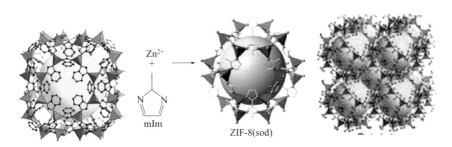

图 6-3　金属-有机框架材料结构

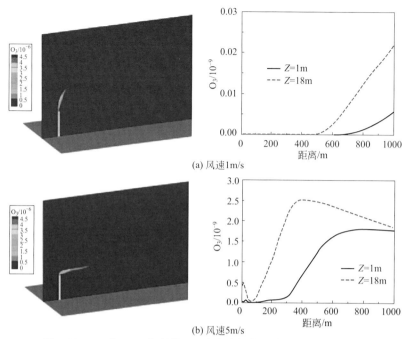

(a) 风速1m/s

(b) 风速5m/s

图 9-12 1m 和 18m 高度处 O_3 浓度随烟囱下游距离的分布曲线

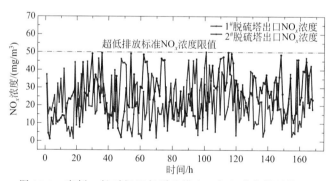

图 10-4 案例一长时间运行脱硫塔出口氮氧化物排放情况

(a) 臭氧发生器

(b) 变压吸附空分制氧机

图 10-5 案例一现场照片

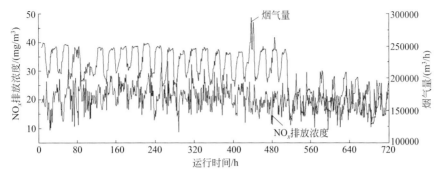

图 10-7　案例二长时间运行脱硫塔出口氮氧化物排放情况

(a) 设备间

(b) 变压吸附空分制氧机

(c) 臭氧发生器

图 10-8　案例二现场照片

(a) 变压吸附空分制氧机

(b) 臭氧发生器

图 10-11　案例三现场照片

(a) 现场布置图

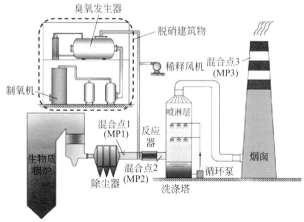

(b) 工艺流程图

图 10-18 臭氧多种污染脱除工艺流程

图 10-21 阀门现场布置图

(a) 臭氧发生器

(b) 冷却塔

(c) 活性分子反应器

图 10-30 案例六现场照片

先进热能
工程丛书

岑可法 主编

臭氧烟气氮氧化物脱除技术

NO$_x$ Abatement in Flue Gas by Ozone Oxidation Technology

王智化
林法伟　等　著
何　勇

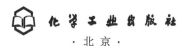

化学工业出版社
·北京·

内容简介

活性分子臭氧氧化烟气多种污染物一体化脱除技术，是利用臭氧的强氧化性氧化烟气中的污染物，然后结合脱硫系统实现多种污染物的同时脱除，工业应用前景广阔。

《臭氧烟气氮氧化物脱除技术》重点围绕臭氧低温氧化烟气 NO_x 超低排放控制技术的原理及工程应用进行介绍，在概述目前超低排放治理技术的基础上，分别系统性地描述臭氧深度氧化氮氧化物的反应机理，臭氧耦合催化氧化 NO 反应机理，催化氧气 NO、N_2O 催化降解机理，VOCs 催化降解机理，氮氧化物与二氧化硫的湿法吸收特性，末端臭氧残留及副产物处理等技术原理，最终汇总分析典型工程应用案例。本书的出版可为国内从事烟气污染物控制相关研究的科研工作者和工程师们提供快速全面了解臭氧脱硝技术的借鉴，为烟气氮氧化物超低排放控制提供新的选择。

本书可供能源、环境、化工等相关领域的工程技术人员参考阅读，也可供相关专业研究生、本科生等参考使用。

图书在版编目（CIP）数据

臭氧烟气氮氧化物脱除技术/王智化等著．—北京：化学工业出版社，2021.10

（先进热能工程丛书/岑可法主编）

ISBN 978-7-122-39497-2

Ⅰ.①臭… Ⅱ.①王… Ⅲ.①臭氧-烟气脱硫-研究 Ⅳ.①X701

中国版本图书馆 CIP 数据核字（2021）第 135008 号

责任编辑：袁海燕　　　　　　　　　文字编辑：丁海蓉
责任校对：李雨晴　　　　　　　　　装帧设计：王晓宇

出版发行：化学工业出版社（北京市东城区青年湖南街 13 号　邮政编码 100011）
印　　装：北京虎彩文化传播有限公司
710mm×1000mm　1/16　印张 18　彩插 6　字数 304 千字
2021 年 12 月北京第 1 版第 1 次印刷

购书咨询：010-64518888　　　　　　　售后服务：010-64518899
网　　址：http://www.cip.com.cn
凡购买本书，如有缺损质量问题，本社销售中心负责调换。

定　　价：188.00 元　　　　　　　　　版权所有　违者必究

"先进热能工程丛书"

编委会

丛书主编

岑可法

编委

倪明江	严建华	骆仲泱	高　翔	郑津洋	邱利民
周　昊	金　滔	方梦祥	王勤辉	周俊虎	程乐鸣
李晓东	黄群星	肖　刚	王智化	俞自涛	洪伟荣
邱坤赞	吴学成	钟　崴			

能源是人类社会生存发展的重要物质基础，攸关国计民生和国家战略竞争力。当前，世界能源格局深刻调整，应对气候变化进入新阶段，新一轮能源革命蓬勃兴起。我国经济发展步入新常态，能源消费增速趋缓，发展质量和效率问题突出，供给侧结构性改革刻不容缓，能源转型变革任重道远。

我国能源结构具有"贫油、富煤、少气"的基本特征，煤炭是我国基础能源和重要原料，为我国能源安全提供了重要保障。随着国际社会对保障能源安全、保护生态环境、应对气候变化等问题日益重视，可再生能源已经成为全球能源转型的重大战略举措。到 2020 年，我国煤炭消费占能源消费总量的56.8%，天然气、水电、核电、风电等清洁能源消费比重达到了 20% 以上。高效、清洁、低碳开发利用煤炭和大力发展光电、风电等可再生能源发电技术已经成为能源领域的重要课题。

党的十八大以来，以习近平同志为核心的党中央提出"四个革命、一个合作"能源安全新战略，即"推动能源消费革命、能源供给革命、能源技术革命和能源体制革命，全方位加强国际合作"，着力构建清洁低碳、安全高效的能源体系，开辟了中国特色能源发展新道路，推动中国能源生产和利用方式迈上新台阶、取得新突破。气候变化是当今人类面临的重大全球性挑战。2020 年 9 月 22 日，中国政府在第七十五届联合国大会上提出："中国将提高国家自主贡献力度，采取更加有力的政策和措施，二氧化碳排放力争于 2030 年前达到峰值，努力争取 2060 年前实现碳中和。"构建资源、能源、环境一体化的可持续发展能源系统是我国能源的战略方向。

当今世界，百年未有之大变局正加速演进，世界正在经历一场更大范围、更深层次的科技革命和产业变革，能源发展呈现低碳化、电力化、智能化趋势。浙江大学能源学科团队长期面向国家发展的重大需求，在燃煤烟气超低排放、固废能源化利用、生物质利用、太阳能热发电、烟气 CO_2 捕集封存及利用、大规模低温分离、旋转机械和过程装备节能、智慧能源系统及智慧供热等方向已经取得了突破性创新成果。先进热能工程丛书是对团队十多年来在国家自然科学基金、国家重点研发计划、国家"973"计划、国家"863"计划等支持下取得的系列原创研究成果的系统总结，涵盖面广，系统性、创新性强，契合我国十四五规划中智能化、数字化、绿色环保、低碳的发展需求。

我们希望丛书的出版，可为能源、环境等领域的科研人员和工程技术人员提供有意义的参考，同时通过系统化的知识促进我国能源利用技术的新发展、新突破，技术支撑助力我国建成清洁低碳、安全高效的能源体系，实现"碳达峰、碳中和"国家战略目标。

岑可法

前言

尽管氢燃料、风能、太阳能等清洁能源技术发展迅速，但在可预见的未来，大部分能源消费仍将依赖于使用化石燃料、废弃物和生物质的燃烧技术。众所周知，煤、石油、天然气、生物质和城市固体废物燃烧过程中排放的烟气污染物主要包括二氧化硫、氮氧化物、粉尘、汞、挥发性有机化合物和二噁英等。据预测，中国对煤炭的需求份额将在 2035 年下降至 45% 以下，但彼时中国的煤炭消费量仍将占据全球的近一半。燃烧源污染排放仍然对大气污染总排放贡献最大。

到目前为止，各种减排方案包括石灰石-石膏法脱硫、低氮燃烧、选择性（非）催化还原脱硝、活性炭吸附、电除尘、布袋除尘、湿式静电除尘等已广泛应用于大型燃煤电站。近年来，烟气排放标准的进一步提高，控制范围的进一步扩大，以及超低排放的提出等对烟气污染治理提出了更高的要求。各种减排技术的叠加及增加负荷成为普遍的选择。但遗憾的是，单一种类污染物的控制技术不仅投资高，而且会降低整个系统的可靠性。因此，在当前以煤为主要能源的情况下，积极开展燃煤多污染物协同高效脱除研究，探索先进、可靠、经济的多污染物协同脱除技术，是我国可持续发展的关键。此外，除大型燃煤电站外，工业锅炉和窑炉烟气排放贡献同样很大。据统计，小型的工业锅炉和窑炉消耗了 45%～50% 的煤炭。但是，其具有的容量小、分布广、烟气成分复杂、温度低、湿度高、污染物浓度高等特点，迄今缺乏高效的污染物控制技术，更难以适应当下超低排放的要求。

臭氧前置氧化技术是目前最有前途的多污染物协同脱除技术之一，具有高效、节能、低成本等优点。臭氧喷入烟气中后，会产生 $\cdot O_2$、$\cdot O$、$\cdot OH$、$\cdot O_2^-$ 等强氧化自由基，这些自由基能将几乎不溶于水的 NO 转化为具有较高溶解度的 NO_2 和更高溶解度的 N_2O_5，同时可将 Hg^0 转化为水溶性的氧化态（如 HgO 和 $HgCl_2$）。此外，VOCs 和二噁英等有机污染物同样可在氧化过程中完成降解。最后结合现有的烟气脱硫系统和特殊设计的碱吸收塔，同时去除 NO_x、SO_2、Hg、VOCs、二噁英等污染物。因为烟气污染物中，NO_x 是除 SO_2 外浓度最高的污染物，亦是目前重点关注的污染物，所以，臭氧多种污染物脱除技术的关键是 NO_x 的脱除。该技术突破了传统的还原法脱硝技术：SNCR 技术的脱硝效率较低，为 30%～50%，应用的温度窗口为 850～1100℃，而 SCR 技术的主要温度窗口为 300～400℃，脱硝效率可达 70%～90%。由于 SNCR 和 SCR 脱硝技术均需要特定的温度窗口，且钢铁烧结机、生物质焚烧炉、炭黑尾气炉、玻璃窑炉等工业排放过程中往往烟温偏低，富含金属、碱金属的飞灰易导致 SCR 催化剂中毒失效和堵塞等问题，其应用面临局限。相比 SCR 技术，臭氧氧化氮氧化物脱除技术是后发的先进脱硝技术，具有烟气成分和温度适应性强、改造简单、脱硝效率高的优点和一塔多脱的潜力。

浙江大学研究团队自 2004 年开始研究臭氧脱硝技术，本书将系统介绍团队十余年来在臭氧氧化氮氧化物脱除技术领域大量的基础研究发现、重大的科学突破和多污染物协同脱除潜力等研究领域的进步。此外，本书还详细介绍了本技术在几种典型烟气治理领域的应用。简言之，本书将为读者在烟气污染控制领域提供更丰富全面的信息，为烟气治理行业的研究者和工程师提供技术参考和选择依据。

《臭氧烟气氮氧化物脱除技术》共分为 10 章。第 1 章介绍当前烟气超低排放治理的背景与技术；第 2 章介绍臭氧脱硝技术原理与工艺；第 3 章和第 4 章介绍臭氧深度氧化氮氧化物反应机理；第 5 章介绍基于烟气中氧气催化氧化 NO 技术；第 6 章介绍 N_2O 催化降解机理；第 7 章介绍 NO_x 和 VOCs 共同催化氧化机理；第 8 章和第 9 章介绍氮氧化物氧化后湿法吸收过程、残留臭氧分解和吸收副产物的处理技术；第 10 章介绍基于臭氧氧化的燃烧烟气 NO_x 超低排放工程应用。

本书阐述的研究成果得到了科技部重点研发计划项目（2018YFB0605200、2018YFB1502900）、973 计划（2012CB214906）、国家自然科学基金委员会优秀青年基金（51422605）、面上基金

（50476059）、青年基金（51906175）以及浙江省科学基金杰出青年基金（LR16E060001）的大力支持。

本书由王智化、林法伟、何勇、朱燕群共同编写。岑可法院士审定了书稿。另外，我们也尤其感谢课题组其他成员对本书文字编辑、图片绘制等方面的贡献，包括邵嘉铭、徐超群、唐海荣、刘佩希、黄元凯、陈李春、谭佳昕、张志满、项力、玉洪迪等。在本书编写过程中参考引用了相关手册、书籍和文献，在此对原作者表示深深的感谢。

由于作者知识水平有限，书中不足和疏漏之处在所难免，竭诚欢迎读者提出宝贵意见，不胜感激。

著者
2021 年 5 月

目 录

第1章

能源与环境背景及 NO_x 超低排放治理技术

1.1 超低排放背景

能源是社会经济发展的基础和动力,当前中国已经成为世界第二大经济体,经济的蓬勃发展导致对能源的需求不断增加。《BP 世界能源统计年鉴2019》指出,中国是世界上最大的能源消费国,占全球能源消费总量的24%。2018 年中国能源消费增速继续提高,从 2017 年的 3.3% 上升到4.3%,占全球能源消费增长量的34%。《中国统计年鉴2019》显示,中国的能源消费总量自 2008 年起逐年稳步增加。近年来随着能源结构的调整,煤炭消费占比逐渐放缓并略有下降,但煤炭在我国一次能源消费结构中仍占据主导地位。

2008～2018 年我国各能源消费量的占比变化如表 1-1 所示。其中,可再生能源消费量大幅提升,太阳能、风能、生物质能、地热能和氢能等清洁可再生能源在政府的扶持下开始蓬勃发展,同比增长29%,占全球增长量的45%[1,2]。煤炭消费占比从 71.5%(2008 年)减少到了 59.0%(2018 年),能源消费总量占比首次低于 60%,能源结构调整取得阶段性进展。据《BP世界能源展望》(2017 版)预测,中国对煤炭的需求份额将在 2035 年下降至低于 45%,但仍将占据全球需求总量的 50%。从整体来看,太阳能、天然气等清洁能源的总量及增量远不能满足中国基础庞大且日益增长的能源需求,以煤为主的能源结构现状还将持续。在重视发展清洁能源的同时,做好煤炭的高效清洁利用仍是当下尤为关键的任务。

表 1-1 中国 2008～2018 年各能源消费量比重

年份	能源消费总量/万吨标煤	在能源消费总量中的占比/%			
		煤炭	石油	天然气	一次电力及其他能源
2008	320611	71.5	16.7	3.4	8.4
2009	336126	71.6	16.4	3.5	8.5
2010	360648	69.2	17.4	4.0	9.4
2011	387043	70.2	16.8	4.6	8.4
2012	402138	68.5	17.0	4.8	9.7
2013	416913	67.4	17.1	5.3	10.2
2014	425806	65.6	17.4	5.7	11.3
2015	429905	63.7	18.3	5.9	12.1

续表

年份	能源消费总量/万吨标煤	在能源消费总量中的占比/%			
		煤炭	石油	天然气	一次电力及其他能源
2016	435819	62.0	18.5	6.2	13.3
2017	448529	60.4	18.8	7.0	13.8
2018	464000	59.0	18.9	7.8	14.3

　　能源问题已成为世界各国最为关注的议题，清洁能源开发和环境保护也越来越受到人们的重视。目前传统化石能源仍然是能源生产消费的主力军，煤炭等化石燃料燃烧会排放大量的氮氧化物（NO_x）、SO_2、粉尘（PM）、重金属（Hg 等）和挥发性有机物（VOCs）等，对生态环境和国民健康产生巨大危害。

　　近年来大气污染已成为生态环保的热点议题，尤其重点工业区域秋冬季严重雾霾现象仍频繁发生。其中又以 $PM_{2.5}$ 指数（空气动力学当量直径小于等于 $2.5\mu m$ 的颗粒物）最受关注，主要关联大气中一次颗粒物和二次颗粒物的情况。其中一次颗粒物主要来自工业烟粉尘、机动车尾气、扬尘等，二次颗粒物则是通过复杂的大气化学过程转化形成。图 1-1 展示了雾霾的生成过程[3]，可以看出雾霾的生成是一系列复杂的均相/非均相过程，SO_2、NO_x、CO、VOCs 和 O_3 等多种污染物均对雾霾的生成有贡献。SO_2、CO 和 VOC 会转化成 H_2SO_4 和 OVOC（氧化性挥发性有机物）等易形成气溶胶的物质[3]，这些物质便成了颗粒物形成的基础。雾与霾则因相对湿度的不同而形成。燃烧过程产生的 NO 在 VOCs 和 $\cdot$OH 自由基的帮助下转化为 NO_2，

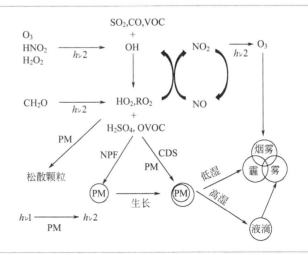

图 1-1

雾霾形成的重要化学过程[3]

NPF—新粒子的形成；CDS—气体在气溶胶表面的沉积；VOC—挥发性有机物；OVOC—氧化性挥发性有机物；PM—颗粒物

NO_2 在光照射的作用下会产生臭氧，这也是光化学烟雾的形成过程。因此，当下国内严峻的空气污染的罪魁祸首并非某单一的污染源，而是广泛的，主要来源包括机动车尾气、二级无机气溶胶、煤和生物质等碳基燃料的燃烧[4,5]。

2013～2017 年我国 SO_2、NO_x 和 PM 的排放总量（国家统计局数据）如表 1-2 所示。2013 年，全国 SO_2 排放量为 2043.9 万吨，NO_x 排放量为 2227.4 万吨，PM 排放量为 1278.1 万吨。大气污染物排放总量大，频发的重雾霾天和环境空气指数"爆表"引发全国热议。近年来，全国范围内节能减排改造项目不断推进，SO_2、NO_x 和 PM 的排放总量呈逐年下降趋势。截至 2017 年，SO_2 排放量下降到 875.4 万吨，NO_x 排放量下降到 1258.8 万吨，PM 排放量为 796.3 万吨，比 2013 年分别下降了 57.2％、43.5％和 37.7％，减排效果显著。

表 1-2　2013～2017 年全国主要污染物排放量

年份	SO_2 排放量/万吨	NO_x 排放量/万吨	PM 排放量/万吨
2013	2043.9	2227.4	1278.1
2014	1974.4	2078.0	1740.8
2015	1859.1	1851.0	1538.0
2016	1102.9	1394.3	1010.6
2017	875.4	1258.8	796.3

相关排放标准的出台为各行业烟气污染控制制定了明确指标。针对火电厂的烟气排放，2011 年 7 月，环境保护部（现生态环境部）发布了《火电厂大气污染物排放标准》（GB 13223—2011），这是目前现行的火电厂大气污染物排放标准。表 1-3 整理了 GB 13223—2011 中关于 NO_x 的排放限值，燃煤锅炉 NO_x 的排放限值为 100mg/m³（注：未特别说明时，均为标准状况的体积，下同），而燃气轮机组则采用排放限值 50mg/m³。

表 1-3　火力发电厂锅炉及燃气轮机组大气污染物排放限值（GB 13223—2011）

适用范围	适用条件	二氧化硫 /(mg/m³)	氮氧化物限值 /(mg/m³)	氮氧化物特别限值③ /(mg/m³)	烟尘 /(mg/m³)	基准氧含量/%
燃煤锅炉	新建锅炉	100（200②）	100（200①）	100	30	6
	现有锅炉	200（400②）	100（200①）	100	30	6
以油为燃料的锅炉或燃气轮机组	新建锅炉	100	100	100	30	3
	现有锅炉	200	200	100	30	3

续表

适用范围	适用条件	二氧化硫 /(mg/m³)	氮氧化物限值 /(mg/m³)	氮氧化物特别限值③ /(mg/m³)	烟尘 /(mg/m³)	基准氧含量/%
以油为燃料的锅炉或燃气轮机组	新建燃气轮机组	100	120	120	30	15
	现有燃气轮机组	200	120	120	30	15
以气体为燃料的锅炉或燃气轮机组	天然气锅炉	35	100	100	5	3
	其他气体锅炉	100	200	100	10	3
	天然气燃气轮机组	35	50	50	5	15
	其他气体燃气轮机组	100	120	50	10	15

① 适用于采用 W 形火焰炉膛的火力发电锅炉、现有循环流化床火力发电锅炉，以及 2003 年 12 月 31 日前建成投产或通过建设项目环境影响报告审批的火力发电锅炉。

② 位于广西壮族自治区、重庆市、四川省和贵州省的火力发电锅炉执行该限值。

③ 重点地区的火力发电锅炉及燃气轮机组执行特别排放限值。

2014 年，我国环境保护部（现生态环境部）发布了 65t/h 以下容量工业锅炉大气污染物排放标准，对燃煤、燃油、燃气锅炉的燃烧污染物排放限值提出了新的要求，如表 1-4 所示。目前所有在用及新建蒸汽和热水锅炉均依据此标准执行废气排放。表中的特别排放限值则是为了防治区域性大气污染、改善环境质量、进一步降低大气污染源排放强度和更加严格地控制排污行为制定的适用于重点地区的排放标准。

表 1-4　工业锅炉大气污染物排放标准（GB 13271—2014）

适用领域	适用范围	二氧化硫 /(mg/m³)	氮氧化物(以 NO_2 计) /(mg/m³)	颗粒物 /(mg/m³)	基准氧含量/%
燃煤锅炉	在用	400（550①）	400	80	9
燃油锅炉		300	400	60	3.5
燃气锅炉		100	400	30	3.5
燃煤锅炉	新建	300	300	50	9
燃油锅炉		200	250	30	3.5
燃气锅炉		50	200	20	3.5
燃煤锅炉	特别限值	200	200	30	9
燃油锅炉		100	200	30	3.5
燃气锅炉		50	150	20	3.5

① 适用于广西壮族自治区、重庆市、四川省、贵州省的燃煤锅炉。

针对我国严重的雾霾天气，2015 年，环境保护部、国家发展和改革委员会以及国家能源局发布了《全面实施燃煤电厂超低排放和节能改造工作方案》，方案要求到 2020 年，全国所有具备改造条件的燃煤电厂力争实现超低排放，即在

6％的基准氧含量下，颗粒物、SO_2、NO_x 排放浓度分别不高于 $10mg/m^3$、$35mg/m^3$、$50mg/m^3$。全国有条件的新建燃煤发电机组要达到超低排放水平。

随着全国主要大型电站锅炉超低排放改造工作的全面开展，近年来重点地区的生态环境得到有效改善，年平均雾霾天数显著降低。现阶段常规污染物控制的重点逐渐转移到工业烟气排放中。表 1-5 列出了典型行业烟气中 NO_x 排放标准限值。由于容量小、分布广等特点，这些工业锅炉烟气和生活垃圾焚烧烟气的脱硝难度高，其 NO_x 排放限值相比于燃煤电厂较高。2018 年，环保部对 GB 28662—2012 发布了征求意见稿，指出要将 NO_x 的排放限值降低到 $100mg/m^3$，显示了国家对工业锅炉烟气减排的重视。开发适用于工业锅炉烟气 NO_x 的减排技术顺应时代发展的要求。

表 1-5　典型行业烟气 NO_x 排放标准限值

行业	国家标准	适用范围	NO_x 限值 /(mg/m^3)	基准 O_2 /％
平板玻璃工业	GB 26453—2011	玻璃熔窑	700	8
石油化学工业	GB 31571—2015	工艺加热炉	150（180[③]）[①]	3
			100[②]	
钢铁烧结、球团工业	GB 28662—2012	烧结机球团焙烧设备	500[①]	16
			300[②]	
水泥工业	GB 4915—2013	水泥窑及窑尾余热利用系统	400[①]	10
			320[②]	
生活垃圾焚烧	GB 18485—2014	掺加生活垃圾质量超过入炉（窑）物料总质量 30％的工业窑炉及一般工业固体废物专用焚烧炉	300[④]	11
			250[⑤]	

① 新建。
② 特别限值。
③ 炉膛温度大于等于 850℃的工艺加热炉。
④ 1 小时均值：任何 1 小时污染物浓度的算术平均值。
⑤ 24 小时均值：连续 24 个 1 小时均值的算术平均值。

1.2　NO_x 生成机理

根据燃料和燃烧条件不同，锅炉中 NO_x 的生成分热力型、燃料型和快速型三种。热力型 NO_x 是燃烧过程中空气中的 N_2 在高温下氧化生成的氮氧化物，在典型固态排渣煤粉炉中一般不超过 NO_x 排放总量的 10％～15％。

燃料型 NO_x 是燃料中的氮元素在燃烧过程中生成的氮氧化物，煤粉炉中燃料型 NO_x 占 NO_x 排放总量的 $75\%\sim80\%$[6]。快速型 NO_x 是指燃料中烃类（C_mH_n）与空气中的 N_2 预混燃烧生成的氮氧化物，其生成量很小，占 NO_x 排放总量的 5% 以下，基本上可以忽略。因此，煤粉炉中 NO_x 控制技术主要针对热力型 NO_x 和燃料型 NO_x 展开。

热力型 NO_x 生成的必要条件包括高温和高氧气浓度。由于 N_2 分子键稳定，一般认为在 1500℃ 以上的高温条件下才会大量生成。从热力学角度来看，环境温度越高（1500℃ 以上），空气中 N_2 被氧化生成的 NO_x 越多。并且氧气浓度越高，生成的 NO_x 也越多。因此，热力型 NO_x 可以通过控制燃烧方式避免炉内出现局部高温、降低过量空气系数和局部氧气浓度来有效控制。

燃料型 NO_x 的释放与所处燃烧环境、煤中 N 元素的形态以及析出特性有关。燃料 N 随析出过程不同，也可以分为两种类型，分别称为挥发分 N 和焦炭 N。煤的分子结构受热分解，芳香环中间键能较小的键桥与脂肪烃首先断裂，部分芳香环直接分解为小分子气态组分如 CH_4、H_2、C_2H_4 等，部分芳香环基团形成焦油。伴随挥发分的析出和焦油的二次裂解过程，煤中的燃料 N 以 HCN 和 NH_3 的形式析出，称为挥发分 N。之后 HCN 和 NH_3 再根据所处环境的不同，会被氧化生成 NO 或者直接生成 N_2，因此挥发分析出燃烧过程中，作为 NO_x 前驱物，HCN 和 NH_3 的含量及组成直接影响后期燃烧过程中 NO_x 的生成量，所处环境的氧量气氛也直接影响燃料 N 向 NO 的转化效率。焦炭中残余的燃料 N 称为焦炭 N，由于燃烧后期二次空气的补充，焦炭所处环境主要为氧化性气氛，所以一般认为焦炭 N 几乎 100% 转化生成 NO[7]。所以，燃料型 NO_x 可以通过降低过量空气系数、控制好燃料与空气的预混程度以及控制中间生成物的反应进行控制。

早在 1956 年，科学家就开始研究控制烟气中 NO_x 的生成排放。经过半个多世纪的发展，NO_x 控制技术日趋完善，根据燃烧过程可划分为：①燃烧前脱硝：主要是利用洗选煤技术的燃烧前处理，去除燃料中含氮的化合物，实现源头减量。由于处理费用高，目前对该领域的研究应用较少。②燃烧中脱硝（炉内脱硝）：通过调整和控制燃烧过程，减少 NO_x 的产生。③燃烧后脱硝（烟气脱硝）：主要指使用催化剂或吸附剂，把尾部烟气中的 NO_x 还原或吸附，从而对炉内产生的 NO_x 进行脱除[8,9]。

1.3 NO$_x$脱除技术

1.3.1 低氮燃烧技术

燃烧中脱硝即低氮燃烧技术，通过改进或调整运行方式来抑制或还原燃烧过程中的NO$_x$，具体包含：①低NO$_x$燃烧器：利用燃烧器不同形式的设计，对一、二次风的混合方式以及混合时间进行控制，有效降低火焰温度，控制氮氧化物在燃烧过程中的生成。②燃尽风技术：将空气从燃烧器顶部送入，使燃料充分燃尽，有效保持燃烧器区域的还原性气氛，控制氮氧化物的产生。③分级燃烧技术：在燃烧区域划分再燃区，将部分燃料作为再燃燃料送入炉膛再燃区，与主燃区含高浓度高温度NO$_x$的烟气混合再燃，并且与之发生NO$_x$还原反应，将NO$_x$还原成N$_2$而减少NO$_x$的排放。④烟气再循环技术：在空气预热器之后抽取部分温度较低的烟气送入燃烧炉膛，以降低燃烧温度从而实现NO$_x$减排的目的。燃烧中脱硝的效率一般为20%~60%。

低NO$_x$燃烧器技术通过优化燃烧器喷口尺寸和调整一、二次风的混合过程来降低火焰温度和控制挥发分燃烧过程中的氧量气氛，同时对热力型NO$_x$和燃料型NO$_x$进行有效控制。该技术具有造价低、易于实现、几乎没有运行费用、NO$_x$脱除效果好等优点，广泛应用于现代锅炉[10,11]。但在与空气分级技术结合时，燃烧器结构复杂，对于劣质煤难以确保其燃烧稳定且不结渣，这也给低NO$_x$燃烧器的开发和应用带来了困难。

燃尽风技术对NO$_x$的控制效果与燃煤性质、初始NO$_x$浓度、锅炉设计以及燃烧器设计等因素有关，一般有强耦合式燃尽风、分离式燃尽风和两者一起采用这三种布置方式。分级燃烧技术的性能影响因素则包括主燃区的燃尽度、再燃燃料量、再燃燃料还原活性以及停留时间等。主燃区燃尽度越高，残余氧量越低，产生的NO$_x$越少。最佳的再燃燃料量为20%~30%，其还原活性则会影响燃尽时间以及在再燃区的停留时间，停留时间越长，还原反应越充分，产生的NO$_x$浓度也就越低，控制效果越显著。分级燃烧技术还可以与传统的SNCR（选择性非催化还原法）技术相结合，在再燃脱硝的基础上利用NH$_3$、尿素等还原剂进一步降低NO$_x$排放量，可以达到85%以上的脱硝效率，而且成本远低于SCR。烟气再循环技术主要控制热力型NO$_x$，对于控制快速型NO$_x$和燃料型NO$_x$效果不佳，所以对于含氮量较少的燃料，其 NO_x 控制效果较好，如在燃气锅炉方面，其 NO_x 控制效果可达到 20%～70%。

1.3.2　SNCR 选择性非催化还原技术

燃烧后烟气脱硝[12] 技术主要包括选择性非催化还原法（selective non-catalytic reduction，SNCR）、选择性催化还原法（selective catalytic reduction，SCR）、吸附法和生化法等。

SNCR 指在不添加催化剂的作用下，在 850～1100℃ 的温度范围内，将还原剂（氨或尿素）喷入烟气，使烟气中的 NO_x 还原为 N_2 和 H_2O，是一种成熟、经济的脱硝技术（如图 1-2 所示）[13]。

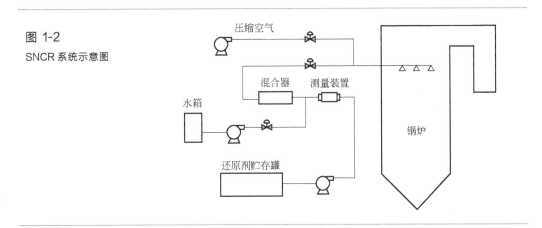

图 1-2
SNCR 系统示意图

SNCR 系统脱硝效果受喷射点温度、停留时间、烟气中的氧含量、燃料中的硫含量、烟气中的初始 NO 浓度、烟气中的水分浓度和 CO 含量等因素影响。此外，SNCR 工艺对锅炉工艺条件具有很高的敏感性，高度依赖于再生剂喷射区的烟气温度窗口、NO_x 在有效温度范围内的停留时间、还原剂与 NO_x 的标准化学计量比以及反应试剂与烟气的混合程度。这些因素对于最大限度地提高 SNCR 系统的 NO_x 还原效率至关重要[14]。SNCR 工程应用中最常用的还原剂包括氨（NH_3，由 Exxon Research & Engineering Co.[15] 于 1975 年提出）和尿素 [$Co(NH_2)_2$，由 Arand 等[16] 于 1980 年获得专利]。因此，下面介绍以氨和尿素为还原剂的 SNCR 工艺。

（1）氨 SNCR

还原剂为氨的主要反应包括：

$$4NH_3+4NO+O_2 \longrightarrow 4N_2+6H_2O \qquad (1-1)$$

$$4NH_3+2NO+2O_2 \longrightarrow 3N_2+6H_2O \qquad (1-2)$$

$$8NH_3+6NO_2 \longrightarrow 7N_2+12H_2O \qquad (1-3)$$

然而，当温度高于温度窗口时，另一个副反应可能起主导作用：

$$4NH_3+3O_2 \longrightarrow 2N_2+6H_2O \qquad (1-4)$$

（2）尿素 SNCR

还原剂为尿素时主要反应为：

$$CO(NH_2)_2+H_2O \longrightarrow 2NH_3+CO_2 \qquad (1-5)$$

$$4NH_3+4NO+O_2 \longrightarrow 4N_2+6H_2O \qquad (1-6)$$

$$8NH_3+6NO_2 \longrightarrow 7N_2+12H_2O \qquad (1-7)$$

同时尿素挥发出的 NH_3 可与 O_2 发生反应：

$$4NH_3+5O_2 \longrightarrow 4NO+6H_2O \qquad (1-8)$$

$$4NH_3+3O_2 \longrightarrow 2N_2+6H_2O \qquad (1-9)$$

在 SNCR 反应过程中，自由基·H、·OH、·O 在适当的温度范围内以链式载体的形式激发反应。但对尿素分解的详细反应机理以及尿素与 NO 的反应机理尚未完全清楚。

与选择性催化还原法 SCR 相比，SNCR 不需要支付昂贵的催化剂和催化塔费用，具有初始投资低、安装时间短等优点。由于设备简单、技术经济、安装改造较小且易与其他 NO_x 脱除技术结合等优点，SNCR 技术广泛应用于大型工业锅炉和火电厂中。但该工艺的缺点是还原效率较低（30%～50%），同时当还原剂过量喷入时，容易出现氨逃逸现象，造成烟道腐蚀和二次污染。

1.3.3　SCR 选择性催化还原技术

自 20 世纪 70 年代以来，SCR 技术一直被用于燃煤和柴油发电厂的 NO_x 排放控制，是目前最成熟、应用最广泛的燃烧后烟气脱硝技术。SCR 技术是指利用液氨、尿素、H_2、CO 等还原剂在催化剂的作用下，将 NO_x 还原为 N_2 的过程。SCR 与 SNCR 的区别在于：①需要布置催化剂；②反应温度较低（300～400℃）；③脱硝效率高，一般可达 90% 以上。SCR 系统（图 1-3）通常由氨储存系统、氨与空气混合系统、氨喷射系统、催化剂反应器系统、省煤器旁路、SCR 旁路和检测控制系统组成。

在催化剂作用下，还原剂可以选择性地与烟气中的 NO_x 反应。还原反应中，注入物质的量几乎相同的 NH_3、NO_x，可达到 80%～90% 的 NO_x 转化率。

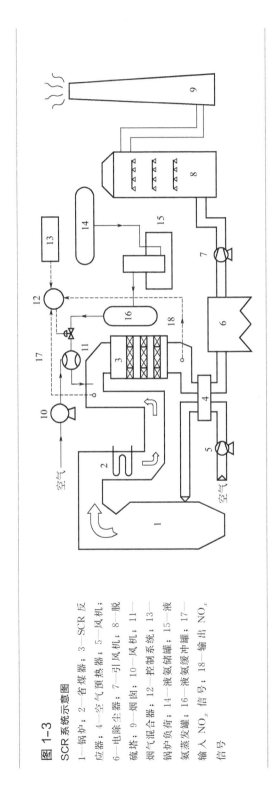

图 1-3
SCR 系统示意图

1—锅炉；2—省煤器；3—SCR 反应器；4—空气预热器；5—风机；6—电除尘器；7—引风机；8—脱硫塔；9—烟囱；10—风机；11—烟气混合器；12—控制系统；13—锅炉负荷；14—液氨储罐；15—液氨蒸发罐；16—液氨缓冲罐；17—输入 NO$_x$ 信号；18—输出 NO$_x$ 信号

主要反应包括：

$$4NH_3+4NO+O_2 \longrightarrow 4N_2+6H_2O \tag{1-10}$$

$$4NH_3+2NO+2O_2 \longrightarrow 3N_2+6H_2O \tag{1-11}$$

$$4NH_3+6NO \longrightarrow 5N_2+6H_2O \tag{1-12}$$

$$8NH_3+6NO_2 \longrightarrow 7N_2+12H_2O \tag{1-13}$$

副反应包括：

$$4NH_3+3O_2 \longrightarrow 2N_2+6H_2O \tag{1-14}$$

$$2NH_3 \longrightarrow N_2+3H_2 \tag{1-15}$$

$$4NH_3+5O_2 \longrightarrow 4NO+6H_2O \tag{1-16}$$

$$2SO_2+O_2 \longrightarrow 2SO_3 \tag{1-17}$$

$$NH_3+SO_3+H_2O \longrightarrow NH_4HSO_4 \tag{1-18}$$

$$2NH_3+SO_3+H_2O \longrightarrow (NH_4)_2SO_4 \tag{1-19}$$

影响 NO_x 脱除效率的关键因素有反应温度、表观速度、催化剂种类、烟气与还原剂的混合等。SCR 催化剂根据活性温度区间分为高温催化剂、中温催化剂和低温催化剂。其中，V_2O_5-WO_3/TiO_2 是 SCR 系统中最常用的催化剂，通常 V_2O_5-WO_3/TiO_2 催化剂在钛基体上含有 1％钒和 9％钨。工业 V_2O_5-WO_3/TiO_2 催化剂的氮氧化物还原效率可达 80％～90％，氨逸出量为（1～5）$\times 10^{-6}$。催化剂中毒主要与 SO_2 有关，这主要受 SO_2 浓度、反应器温度、催化剂结构和质量的影响。温度和 SO_2 浓度的升高有利于 SO_3 的形成。生成的 SO_3 与 NH_3 反应生成 NH_4HSO_4 和（NH_4）$_2SO_4$，导致催化剂中毒和反应器堵塞。为避免催化剂失活和氨逸出，通常 SCR 反应器的工作温度在 300℃以上。

火电厂和大型工业锅炉的 SCR 布置，通常根据温度、粉尘浓度等工况的不同，分为高温高尘布置、高温低尘布置和低温低尘布置。

（1）高温高尘布置

这种类型的 SCR 反应器（图 1-4）建在省煤器后和空气预热器前，适用

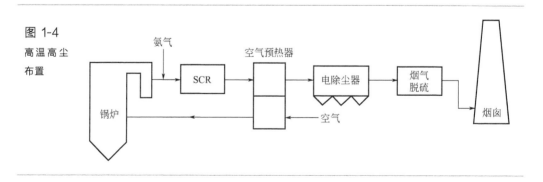

图 1-4
高温高尘
布置

高温 SCR 催化剂。但是，这种 SCR 反应器总是在高飞灰和二氧化硫的环境中运行，显著缩短了催化剂的使用寿命。飞灰还将磨损 SCR 反应器和堵塞蜂窝通道。同时，烟气中的 Na、Ca、Si、As 等元素会使催化剂中毒，降低 NO_x 的脱除效率。然而，与其他布置方式相比，高尘布置是最经济、最有效的布置方式，因此在世界范围内的火电厂中得到了广泛的应用。

（2）高温低尘布置

这种类型的 SCR 反应器（图 1-5）建在电除尘器后面，电除尘器的温度也在 $300\sim400℃$ 之间。烟气经过电除尘器后，大部分飞灰被脱除。相对清洁的烟气进入 SCR 反应器，可以避免反应器的堵塞。但烟气中的 SO_2 也能与 NH_3 反应生成硫酸铵，导致催化剂堵塞和失活。这种布置方式最关键的问题是高温烟气环境下电除尘器效率受影响。

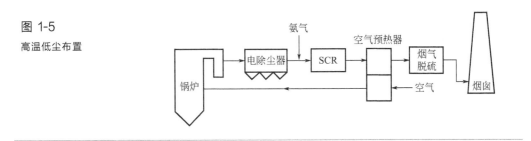

图 1-5

高温低尘布置

（3）低温低尘布置

这种 SCR 反应器（图 1-6）建在电除尘器和烟气脱硫系统后面，因此 SCR 反应器在相对低粉尘和低 SO_2 的条件下工作。虽然这种布局可以解决催化剂中毒和反应器堵塞的问题，但是另一个可能面临的问题是如此低的温度下催化还原反应不能很好地进行。因此需要采用低温 SCR 催化剂，或通过燃烧石油和天然气二次加热烟气，随后进入 SCR 反应器。

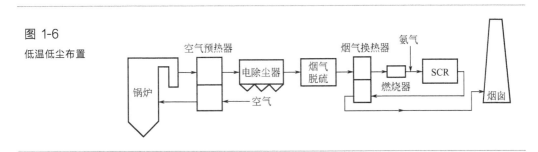

图 1-6

低温低尘布置

SNCR 和 SCR 在大型燃煤电站锅炉烟气脱硝中做出了巨大贡献，灰尘堵塞、硫中毒、碱金属中毒等问题也已经得到有效解决。然而，SNCR 仍然存在脱硝效率低、对燃烧运行有影响等缺陷。SCR 仍然面临改造工程复杂、催化剂成本高、废弃催化剂处理难等问题。此外，很多工业炉窑烟气温度较低（<200℃），不存在商业中温 SCR 催化剂所需的温度区间。低温 SCR 催化剂仍然面临硫中毒的巨大挑战。工业炉窑烟气具有成分复杂、水汽高、二氧化硫高、工况波动等特点，尤其难以适用，这也是工业炉窑烟气治理难度大的原因之一。

1.3.4 联合 SNCR-SCR 技术

联合 SNCR-SCR（hybrid selective redution）技术是将 SNCR 与 SCR 技术相结合，充分利用氨剂在高温和低温下对 NO_x 的还原作用，在高温区 SNCR 技术中未反应的 NH_3 在尾部催化剂作用下进一步还原 NO_x，有效降低 SCR 过程中催化剂的使用量。通过提高还原剂剂量，充分利用 SNCR 的还原作用，同时控制尾部 NH_3 的泄漏量。联合工艺中 SCR 催化剂可以布置在尾部烟道内部（In-duct SCR），而不用另造催化塔，因此投资与运行费用比单一 SCR 技术低很多。在 Mercer Generating Station 电站 320MW 机组的应用中，NO_x 取得了 90% 的还原率，氨泄漏小于 10×10^{-6}。另外一些公司提供负载催化剂的空气预热器，能够有效降低氨的泄漏量，可以用作 In-duct SCR 的催化剂[17]。

1.3.5 液相氧化吸收技术

近年来，研究者致力于开发湿法脱硫脱硝一体化技术。但烟气中 NO_x 主要以溶解度很低的 NO 形式存在，如果想实现湿法脱硫塔内一体化脱除，需要在原有脱硫浆液中添加氧化剂，将 NO 氧化为高价态的氮氧化物进而提高溶解度。目前报道的氧化剂包括：H_2O_2、$KMnO_4$、$Fe(II)$-EDTA、$Na_2S_2O_8$、$NaClO_2$、$NaClO$、ClO_2 和 $Ca(ClO)_2$ 等。相较于其他氧化剂，NaClO 具有成本低、氧化性强、易储存和运输等优点，具有更大的应用潜力。在浆液中，SO_2 被氧化吸收生成 SO_4^{2-}，NO 被直接氧化吸收为 NO_2^- 和 NO_3^-。其中 NO 与各氧化剂发生的氧化反应见表1-6。液相氧化吸收技术具有脱硝效率高、工艺改造简单以及无二次污染等优点，但因存在吸收后废水处理、吸收剂较为昂贵以及腐蚀洗涤塔等问题而在工业应用上受到限制。

表 1-6　吸收液中 NO 与各氧化剂的氧化反应

氧化剂	$NO \longrightarrow NO_2$	$NO \longrightarrow NO_3^-$
$NaClO_2$	$ClO_2^- + NO \longrightarrow ClO^- + NO_2$ $ClO_2^- + 2NO \longrightarrow Cl^- + 2NO_2$	$4NO + 3ClO_2^- + 4OH^- \longrightarrow 4NO_3^- + 3Cl^- + 2H_2O$
$NaClO$	$ClO^- + NO \longrightarrow Cl^- + NO_2$	
ClO_2	$ClO_2 + NO \longrightarrow ClO + NO_2$ $5NO + 2ClO_2 + H_2O \longrightarrow 5NO_2 + 2HCl$	$5NO + 3ClO_2 + 4H_2O \longrightarrow 5HNO_3 + 3HCl$
Cl_2	$NO + Cl_2 + H_2O \longrightarrow NO_2 + 2Cl^- + 2H^+$	$2NO + 2Cl_2 + 3H_2O \longrightarrow NO_3^- + NO_2^- + 4Cl^- + 6H^+$
$NaClO/NaClO_2$	—	$2NO + ClO_2^- + ClO^- + H_2O \longrightarrow 2NO_3^- + 2Cl^- + 2H^+$
$KMnO_4$	—	$NO + MnO_4^- \longrightarrow NO_3^- + MnO_2$ $2NO + MnO_2 \longrightarrow 2NO_2^- + Mn^{2+}$ $5NO + 3MnO_4^- + 4H^+ \longrightarrow 3Mn^{2+} + 5NO_3^- + 2H_2O$
$Na_2S_2O_8$	—	$S_2O_8^{2-} \longrightarrow 2SO_4^{\cdot -}$ $SO_4^{\cdot -} + NO + H_2O \longrightarrow 2H^+ + SO_4^{2-} + NO_2^-$ $2SO_4^{\cdot -} + NO_2^- + H_2O \longrightarrow 2H^+ + 2SO_4^{2-} + NO_3^-$
H_2O_2	$NO + H_2O_2 \longrightarrow NO_2 + H_2O$ $H_2O_2 + h\nu \longrightarrow 2 \cdot OH$ $NO + \cdot OH \longrightarrow NO_2 + \cdot H$	$2NO + 3H_2O_2 \longrightarrow 2H^+ + 2NO_3^- + 2H_2O$

1.3.6　多孔材料吸附脱除技术

采用多孔材料的吸附性能可有效实现 SO_x、NO_x、Hg 和 VOCs 等多种污染物的协同吸附，然后通过催化转化加以脱除。目前对碳基吸附技术和钙基吸附技术的研究较多。碳基吸附材料以活性碳基为主，主要包括粉末活性炭、颗粒活性炭和活性碳纤维。在水蒸气的共同作用下，活性炭可将吸附的 SO_2 转化为 H_2SO_4，吸附的 NO 转化为 NO_2，进而形成 HNO_3，同时可高效吸附单质汞和部分 VOCs。但活性炭吸附往往面临吸附饱和穿透的问题，尤其是吸附脱除烟气中 SO_x 和 NO_x 时，穿透时间很短。因为多孔材料的吸附容量和表面的活性位都是有限的，所以寻求更长的穿透时间又难以保证高的吸附效率。碳基吸附技术中吸附剂来源广泛、反应温度低且无二次污染，但是存在吸附剂成本高、再生费用较高等问题。钙基吸附技术则是通过钙基吸收剂 [CaO、$CaCO_3$、$Ca(OH)_2$] 对 NO 和 SO_2 进行吸收脱除，其投资成本低、吸收剂资源分布广泛且较为廉价，但是吸收剂的利用率低，对 NO_x 脱除效果较差。

1.3.7 光催化氧化技术

近年来，研究者致力于开发光催化技术用于处理污染物。光催化技术常用的催化剂是 TiO_2，具有高催化活性、成本低廉、无二次污染、安全无毒等特点。光催化反应是在光、水、氧气存在时发生的反应。紫外光可以加速反应的进行。当 TiO_2 暴露在紫外光下时，电子-空穴对形成，进而在 TiO_2 表面生成很多吸附自由基，可以有效加速氧化还原反应的进行。这些表面自由基氧化能力极强的·OH 自由基，可以有效实现对 SO_2、NO_x、Hg 和 VOCs 等污染物的有效氧化脱除。光催化氧化研究主要利用紫外线进行，因为 TiO_2 在紫外线下才能表现强烈的催化活性。但也有研究通过对 TiO_2 进行改性，如离子掺杂、有机染料敏化、贵金属负载等方式，提高 TiO_2 催化剂响应可见光性能。

1.3.8 等离子体技术

低温等离子体（non-thermal plasma，NTP）污染物脱除技术主要基于自由基的反应。低温等离子体通过气体放电和电离辐射产生含有未配对电子的原子、分子和离子自由基，进而与污染物发生反应。图 1-7 展示了基于气体放电的低温等离子体的化学反应过程。在一级反应中，高能电子之间的碰撞在高压电场中进一步加速，进而引发中性分子的电离、激发和解离，生成正离子、激发态分子和原子，以及一级自由基。碰撞反应产生的激发态的分子和原子可以与中性分子一起引发电荷转移反应，进而产生一级自由基。部

图 1-7
基于气体放电的低温等离子体的化学反应过程[18]

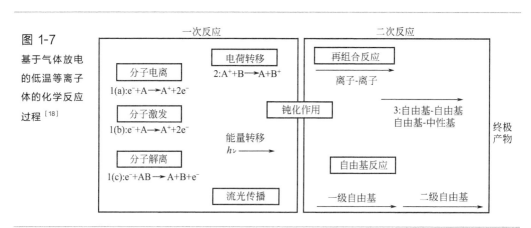

分一级自由基通过自由基再组合反应生成二级自由基。最终一级自由基和二级自由基一起参与污染物脱除反应。

低温等离子体技术用于协同脱除烟气污染物已取得广泛的研究[19-24]。低温等离子体技术可以产生诸如 $\cdot O$、$\cdot OH$、O_3 的活性物种，进而与污染物发生氧化还原反应，在 SO_2、NO 和 Hg^0 等污染物脱除方面取得很好的脱除效果。不同于 SO_2，NO 的脱除既可以通过氧化反应氧化成 NO_2 进而生成 HNO_3，也可以通过还原反应还原为 N_2。但在没有还原剂喷入的情况下，氧化反应占主导地位。在 NO 氧化为 NO_2 的过程中，$\cdot O$ 和 O_3 占主导地位。在 NO_2 生成硝酸或者 NO 生成亚硝酸的过程中，$\cdot OH$ 自由基起主导作用。

等离子体技术虽然具有工艺流程简单、协同脱除效率高、无二次污染等优点，但是耗电量大且电极寿命较短，投资与运行成本昂贵，限制了大规模的工业应用。

1.4 NO_x 超低排放治理技术

以上介绍了很多 NO_x 脱除技术，但其中只有低氮燃烧、SNCR、SCR 和联合 SNCR-SCR 技术在工业上得到了广泛应用，究其原因是我国最早的 NO_x 排放控制首先在燃煤电站行业展开，而这些技术适合于燃煤电站的锅炉。超低排放的推进对脱硝效率有了非常高的要求，低氮燃烧、SNCR 脱硝效率较低，需要结合 SCR 技术使用，表 1-7 是联合 SCR 的超低排放技术。因此，这些超低排放技术路线也受到 SCR 技术的限制，比如由锅炉负荷降低造成的烟气温度降低甚至 SCR 催化剂失去作用（锅炉的调峰运行），或者烟气中含有大量碱金属而造成 SCR 催化剂的堵塞（生物质锅炉），又或者锅炉没有 SCR 合适的温度区间（炼钢厂的烧结机、一些特殊的工业锅炉），又或者锅炉没有预留足够的 SCR 催化剂安装空间（以前的老锅炉）等等。所以，需要新的脱硝技术来满足这些特殊情况的应用，而臭氧脱硝技术就在此背景下被研发推广应用。

表 1-7 联合 SCR 的超低排放技术

技术路线	说明
SCR	单独使用 SCR 技术一般需要配置 2~3 层催化剂才能满足超低排放要求,投资运行成本较高。大型燃煤锅炉炉膛较大,受喷枪穿透力限制,SNCR 脱硝效率低,因此可以直接使用 SCR 技术,但一般也会在有条件的情况下先进行低氮燃烧改造
低氮＋SCR	在上述大型燃煤锅炉上一般使用该技术,较单独使用 SCR 技术成本低

技术路线	说明
SNCR＋SCR	在循环流化床锅炉上使用,循环流化床锅炉的旋风分离器温度区间处于 SNCR 的最佳反应区间且停留时间长,因此 SNCR 脱硝效率高,使用 1～2 层 SCR 催化剂就能满足超低排放要求
低氮＋SNCR＋SCR	在煤粉锅炉上比较常用,锅炉优先应用低氮燃烧和 SNCR 技术脱除部分氮氧化物,再经过 SCR 技术降低至超低排放,经济性较高

第2章
臭氧脱硝技术

　　臭氧脱硝是氧化法的技术路线，其原理是利用强氧化性物质臭氧将燃烧产生的低价态 NO_x（NO 和 NO_2）氧化成高价态的 NO_x（NO_2 和 N_2O_5），再经过碱液洗涤吸收从烟气中脱除。臭氧、NO_x 的物性特点以及两者之间的反应特性为臭氧脱硝技术提供了理论基础，而臭氧及氧气的制备工艺也为该技术在工程上的应用提供了支撑。

　　与还原法相比，强制氧化法脱硝技术在低温、复杂组分烟气的处理方面具有一定优势，是以多种污染物一体化脱除为背景提出的。在燃煤电厂烟气脱硫工艺中，湿法脱硫工艺占世界脱硫总装机容量超过 85%[25]。因此可以利用具有强氧化性的氧化剂将难溶于水的 NO 在气相中氧化为水溶性较好的 NO_2 或更高价态的 N_2O_5，而后结合后部的湿法洗涤塔与 SO_2 实现一塔同时脱除，其他高效吸收脱硫系统亦可组合实现同时脱除。

　　氧化法脱硝自 20 世纪 90 年代开始发展。美国 Power Span 公司的 ECO 技术，利用电晕放电低温等离子体氧化 NO、SO_2，结合氨水吸收、湿法电除尘同时脱除 NO_x、SO_2、PM、Hg、HCl 等污染物质；美国 Argonne 国家实验室 ANL 开发的 NOXSORB 技术，利用高氯酸和氯酸钠将 NO 氧化为 NO_2，零价 Hg^0 氧化为可溶性的二价 Hg^{2+}，通过碱液进行吸收；美国 Thermal Energy International 公司 THERMALONOx™ 技术，利用尾部烟道喷射元素态磷（P_4）氧化 NO 成 NO_2 并结合湿法脱硫技术（wet flue gas desulfurization，WFGD）同时脱除 NO_x、SO_2；日本荏原制作所的电子束技术利用高能电子激发 N_2、O_2、H_2O 生成·N、·O、O_3、·OH 等活性氧和自由基，将 NO、SO_2 氧化成高价态，同时结合氨气吸收生成副产品化肥，该技术是借助氧化剂将烟气中原本不溶于水的 NO 氧化为易溶的高价态 NO_x，然后结合脱硫系统，利用水或者碱液对高价态 NO_x 进行吸收，从而达到脱除 NO_x 的目的；世界五百强的 Linde 林德公司于 1996 年推出拥有专利的 LoTOx™ 技术，它利用臭氧的强氧化性，将不溶于水的氮氧化物氧化为溶于水的五氧化二氮（N_2O_5），然后再由水性洗涤剂或者干式/半干式洗涤塔的吸收剂吸收，从而使工业废气中的氮氧化物排放浓度达到最低水平，满足国家或地方空气质量控制要求。LoTOx™ 技术广泛应用于石化、冶金、水泥、医药、电力等行业的尾气脱硝，并自 2014 年起在中国的多家领先石化企业实现了成功的应用。

2.1　臭氧脱硝技术机理

2.1.1　臭氧的特性

臭氧，化学分子式为 O_3，顾名思义就是由三个氧原子组成的一种气体，化学稳定性差，易分解成氧气与一个氧自由基，而氧自由基极易得电子，因此臭氧具有极强的氧化性。在自然界中存在大量的臭氧，位于大气层的平流层中，名叫臭氧层，是抵挡太阳光紫外线的防护罩。自然界的臭氧是打雷时产生的高压电电离大气中的氧气产生的，目前人工制备臭氧的方法也是借鉴于此。因臭氧在常温下易分解，不能储存和运输，目前臭氧需要在现场直接制取使用。人工制备臭氧一般采用对高浓度（浓度大于 90%）氧气进行电离的方式，这样可以有效提高产出效率。由于高浓度氧气需要其他设备制取，在臭氧使用量少时还是直接对空气进行电离，这种方法比较简便。目前，工业上的臭氧发生器的氧气/臭氧转化效率很低，高浓度氧气电离约只有 10%（质量分数）的氧气能最终转化为臭氧，而空气电离更低，约只有 5%（质量分数）。但是，臭氧生成过程中几乎不产生其他副产物，且臭氧反应分解后也只会生成氧气，因此可以将工业制取的臭氧混合气体直接应用于对环境影响有较高要求的情况。臭氧可用作气体消毒剂，可以与微生物的多种组分反应，使细胞发生不可逆死亡，常用于食品保鲜、冰箱除臭等。同时因其强氧化性也能与水中的有机物反应使其褪色，因此也常见于漂白、水净化与污水处理。将臭氧作为氧化剂应用于烟气中氮氧化物处理同样不会带来二次污染。

2.1.2　氮氧化物的特性

燃煤烟气中的 NO_x 大部分（>95%）都以 NO 的形式存在，少部分以 NO_2 的形式存在。NO 的水溶性较差，而随着 N 元素价态的升高，NO_x 的溶解度明显升高（如 2-1 所示），N 最高价态的五氧化二氮（N_2O_5）作为硝酸酸酐极易溶于水。因此，可以利用具有强氧化性的氧化剂将难溶于水的 NO 在气相中氧化为水溶性较好的 NO_2 或更高价态的 N_2O_5，而后通过湿法吸收洗涤的方式从烟气中脱除。

表 2-1　几种 NO_x 的物性参数

名称	化学式	沸点/℃	熔点/℃	稳定性	溶解度 /(g/L)	颜色	毒性
一氧化氮	NO	−151	−163.6	不稳定,易被氧化	0.032	无色	有毒
二氧化氮	NO_2	21	−11.2	较稳定	213	红棕色	有毒,有刺激性、腐蚀性
一氧化二氮	N_2O	−88.5	−90.8	较稳定	0.111	无色,有甜味	有毒
三氧化二氮	N_2O_3	3.5	−102	不稳定,常温下易分解为 NO 和 NO_2	500	红棕色	有毒
四氧化二氮	N_2O_4	21.2	−11.2	易分解为 NO_2	213	无色	剧毒,且有腐蚀性
五氧化二氮	N_2O_5	47	32.5	较不稳定	500	无色	有毒

2.1.3　臭氧脱硝反应机理

臭氧脱硝技术中化学反应分为两个阶段,即气相反应阶段 [反应式(2-1) 至式(2-6)] 和液相反应阶段 [反应式(2-9) 至式(2-11)],其详细反应机理的研究见第 3 章。臭氧会与 NO 发生氧化反应逐步生成 NO_2、NO_3、N_2O_5,因烟气中存在 SO_2、Hg 等物质,研究发现臭氧也会与 SO_2、Hg 发生反应 [反应式(2-7) 和式(2-8)]。在低价态 NO_x 存在时,二氧化硫的反应 [反应式(2-7)] 优先级较低 (详见第 3 章),因此控制投入的臭氧与 NO_x 量的比例可以有效遏制三氧化硫的产生。NO_2 和 N_2O_5 都会被水吸收,但 NO_2 需要在亚硫酸根或亚硫酸氢根的协助下提高吸收效率,不然会与水直接反应生成 NO 和 NO_2^-,因 N_2O_5 是硝酸的酸酐,与水反应直接生成硝酸根。

气相反应:

$$O_3 + NO \longrightarrow NO_2 + O_2 \tag{2-1}$$

$$O_3 + NO_2 \longrightarrow NO_3 + O_2 \tag{2-2}$$

$$NO_2 + NO_3 \longrightarrow N_2O_5 \tag{2-3}$$

$$NO_3 \longrightarrow O_2 + NO \tag{2-4}$$

$$NO + NO_3 \longrightarrow 2NO_2 \tag{2-5}$$

$$O_3 \longrightarrow O + O_2 \tag{2-6}$$

$$O_3 + SO_2 \longrightarrow SO_3 + O_2 \tag{2-7}$$

$$O_3 + Hg \longrightarrow HgO + O_2 \tag{2-8}$$

液相反应：

$$2NO_2 + SO_3^{2-} + H_2O \longrightarrow 2NO_2^- + SO_4^{2-} + 2H^+ \qquad (2\text{-}9)$$

$$2NO_2 + HSO_3^- + H_2O \longrightarrow 2NO_2^- + SO_4^{2-} + 3H^+ \qquad (2\text{-}10)$$

$$N_2O_5 + H_2O \longrightarrow 2HNO_3 \qquad (2\text{-}11)$$

2.1.4 臭氧脱硝技术路线

从臭氧与 NO_x 反应的两个步骤出发，臭氧脱硝技术路线设计如图 2-1 所示。烟气首先进入一个反应器中与臭氧发生氧化反应，将低价态 NO_x 氧化成高价态 NO_x，这里我们把这个反应器叫作活性分子反应器。因臭氧的生产成本较高，在反应器中可以添加氧化催化剂提高氧化效率（详见第 4 章、第 5 章）。氧化后的高价态 NO_x 进入吸收装置内进行液相的吸收反应，吸收装置可以是湿法脱硫的吸收塔、半干法脱硫的吸收塔，或者是独立的 NO_x 吸收装置。如脱硫脱硝共用吸收塔时，NO_x 经氧化吸收生成硝酸盐，废液处理方式与单一脱硫废液处理方法相同，不会对脱硫产生影响。如只脱硝时可用氢氧化钾进行吸收生成硝酸钾的液体肥料。

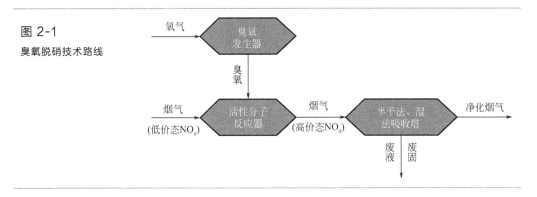

图 2-1
臭氧脱硝技术路线

2.2 臭氧脱硝技术工艺

2.2.1 臭氧脱硝技术的工艺路线

臭氧脱硝技术工艺路线是在技术路线的基础上选用成熟、合适的设备仪器而来的，常规的臭氧脱硝技术工艺路线如图 2-2 所示，主要包括氧气源系统、臭氧制备系统、活性分子反应系统和吸收系统。因臭氧在污水处理和消

图 2-2
常规的臭氧
脱硝技术工
艺路线

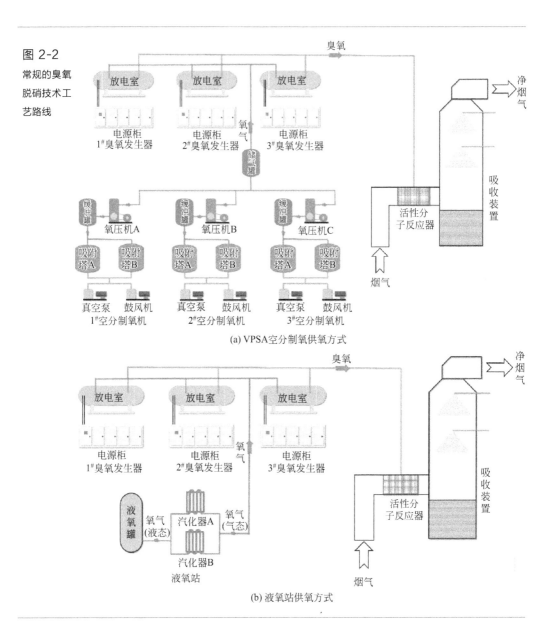

(a) VPSA空分制氧供氧方式

(b) 液氧站供氧方式

毒方面已有长久的应用，工业制备工艺已非常成熟。变压吸附（VPSA）空分制氧和液氧站是稳定提供中等氧气使用量的常规工业供氧方式。VPSA空分制氧机内部包含多个动力设备，有一定的故障率，往往需要采用备用形式以满足稳定供氧的需求，综合考虑经济性，一般采用2用1备的形式［图 2-2(a)］。液氧站中主要部件为液氧储罐和汽化器，都不是电力设备，故障率低，一般不需要备用或只备用汽化器［图 2-2(b)］。臭氧发生器用于制备臭氧，内部包含大量电源器件，有一定的故障率，也需要采用 2 用 1 备的形式。活性分子反应器布置在吸收塔前，内部具有喷射、扰流混合结构，用于臭氧与烟气的混合反应。吸收装置是高价态氮氧化物的液相吸收反应的场所，在有石灰石-石膏脱硫塔或者半干法脱硫时可作为吸收装置使用。无脱硫需求时可新建小型湿法吸收塔，与湿法脱硫塔相似，但可使用可溶解的碱性吸收剂，因此体积也较小。

2.2.2　氧气源系统

VPSA 空分制氧和液氧站供氧两种方式的氧气源可根据实际需求进行选择，主要由氧气使用量、启停频率、运行成本决定。臭氧脱硝技术工艺路线中臭氧投加量与烟气中的氮氧化物排放量成比例关系，氧气使用量由臭氧投加量决定，其数值一般为 $10^2 \sim 10^4$ 数量级，单位为 m^3/h，属于中等规模使用量。目前，应用广泛的中大型制氧技术有深冷空气分离技术和变压吸附技术，深冷空气分离技术利用气体的液化温度不同将空气冷却至不同温度，从中分离出氮气、氧气、氩气等气体，最终产品较多，但由于氮气、氧气等气体的液化温度极低（低于 $-150℃$），冷却过程消耗能量巨大。因此，在中等规模用量且使用气态氧的臭氧脱硝技术工艺路线中直接建造深冷空气分离系统的经济性不佳。由于液氧的可储存运输特点，臭氧脱硝技术工艺路线可以从其他地方购买液氧产品，这就是液氧站。当然，液氧站就需要承担深冷空气分离制取和氧气运输两方面的成本，使用费用较高。变压吸附技术（vacuum pressure swing adsorption，VPSA）的原理是氧气和氮气在一种分子筛上不同压力下吸附性不同，因此可通过改变压力实现气体分离。但因吸附率以及设备运行的限制，生产出的氧气产品浓度一般最高为 $90\% \sim 93\%$，但也能满足臭氧发生器的使用需求。因不需要将空气冷却至低温，VPSA 空分制氧运行成本较使用深冷空气分离的液氧降低非常多，但由于有多个动力设备、运行、检修、维护较液氧站要求高。因此，在氧气使用量较少 [$10^2 m^3/h$ 数量级]，或需要频繁启停的臭氧脱硝系统中，或臭氧脱硝系统年使用率不高的情况下，优先选择液氧站供氧的方式。在氧气使用量较大，长期稳定运行的情况下，优先选择 VPSA 空分制氧方式。

（1）VPSA 空分制氧供氧

VPSA 空分制氧工艺包括吸附和解吸附两个步骤，是一个非稳定的过程，因此空分制氧机往往需要配置两个吸附塔切换运行以达到稳定产出氧气的目的。图 2-3 为 VPSA 空分制氧机的主要工艺系统，图 2-4 为市场上常见

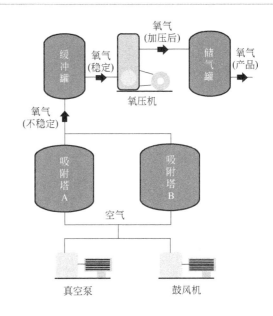

图 2-3

VPSA 空分制氧
机主要工艺系统

(a) 鼓风机及真空泵

(b) 氧压机

(c) 吸附塔、缓冲罐及储气罐

图 2-4

VPSA 空分制氧
机实物图

的 VPSA 空分制氧机实物图。1 套常规的空分制氧机主要包括 1 台鼓风机、1 台真空泵、2 个吸附塔、1 个缓冲罐、1 台氧压机、1 个储气罐和多个自动阀门。在中大型 VPSA 空分制氧机上鼓风机和真空泵可以共用一个电机，也有公司生产的 VPSA 空分制氧机只有 1 个吸附塔。整个系统的原料空气由鼓风机抽入，随后进入吸附塔内，吸附塔底部（原始空气进口）填装一层氧化铝，用于吸收空气中的水汽，上部填装分子筛。目前，工业上常用的分子筛有钙基和锂基之分，钙基分子筛较为便宜但吸收效率较差，相同制氧量下使用钙基分子筛的体积远大于锂基分子筛，但总成本却小于锂基分子筛。因此在对空间要求不高的情况下一般选用钙基分子筛以降低成本。VPSA 空分制氧机的分子筛的工作原理是鼓风机吸入略带正压的干燥空气与其接触时会吸附其中的绝大部分氮气和一部分氧气直至饱和，而空气中的一部分氧气和少量氮气会逃逸流入后续的缓冲罐中。当分子筛吸附饱和后通过真空泵抽真空的方式降低压力，可将分子筛上的氮气和氧气解吸附抽出系统，同时水汽也会随之被带出。因此，在单个吸附塔处于解吸附状态时无法提供氧气，需要两个吸附塔切换完成一直产出氧气的工作。但使用两个吸附塔也会存在氧气流量的周期波动，因此需要缓冲罐进行稳定氧气流量和压力。因鼓风机对空气压力的增加较少，如果使用端对氧气压力没有要求，缓冲罐后端配置一个储气罐就能满足要求，如果使用端需要高压力的氧气，则缓冲罐与储气罐之间还需配置氧压机以提高出气压力。

臭氧脱硝工艺中的臭氧发生器对氧气源要求较高，具体参数见表 2-2。氧气量可以通过臭氧量计算得到，与 VPSA 空分制氧机的规模有关。含水量、含油量、杂质颗粒度这三个参数会影响臭氧发生器的寿命。含水量通过活性氧化铝配置以及控制原料空气的含水率可以达到其要求。含油量、杂质颗粒度通过增加过滤器和安装调试过程中保持管道清洁等手段就可以满足要求。氧气温度影响臭氧的产出效率，温度较高时效率就会下降，一般通过设备间的通风降温或增强氧压机的水冷换热即可满足要求。出口氧气压力选用合适的氧压机即可满足要求。氧气纯度与分子筛和整个 VPSA 空分制氧机的阀门切换控制等有关，市场上的 VPSA 空分制氧机一般氧气浓度能达到 90%～93%。

表 2-2　进入臭氧发生器的氧气需求参数

名称	需求指标
氧气量	最大供应量不小于 10 倍的后端臭氧发生器最大产量，即 10×"臭氧发生器最大产量"
含水量	露点低于 −50℃，最佳值低于 −55℃
含油量	含油量低于 $0.01mg/m^3$（21℃），最佳值低于 $0.001mg/m^3$
杂质颗粒度	杂质颗粒度小于 $0.1\mu m$，最佳值低于 $0.01\mu m$
温度	不高于 35℃
压力	0.2～0.3MPa
氧气纯度	大于 90%

由于鼓风机、真空泵和氧压机属于动力设备，所以 VPSA 制氧机需要安装在室内，缓冲罐和储气罐可以布置在室外。在鼓风机和真空泵切换运行时噪声会非常大，往往超过 100dB，噪声问题也是 VPSA 制氧机设计和安装布置时的重要考虑因素。

（2）液氧站供氧

液氧站较 VPSA 空分制氧在设备方面简单很多，主要包括液氧储罐、汽化器以及出口的减压阀组。图 2-5 为液氧站的工艺图，图 2-6 为液氧站的实物图。液氧储罐是储存液氧的地方，其容量按照氧气的使用量计算得到。汽化器用于将液态氧汽化成气态氧，常用的是空温式汽化器，其大小决定着氧气最大供应量，因价格较为便宜往往会以 1 用 1 备的形式布置。尾部的减压阀主要用于降低出口氧气压力至使用范围，因气化体积膨胀出口氧气压力可以达到非常大的值，需要减压后输送至臭氧发生器使用。

图 2-5
液氧站工艺

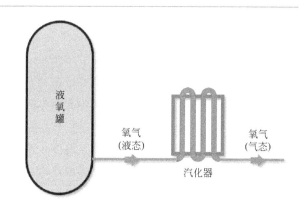

图 2-6
液氧站实物图

    液氧站提供的氧气的含水量、含油量、杂质颗粒度、温度、压力都不会对臭氧发生器的效率产生影响。反而高纯度（一般高于 99％）的氧气会对臭氧发生器的效率产生影响，需要增加一个补氮气旁路稀释氧气，也可

以用空气代替，补给的氮气或者空气需要经过干燥过滤，流量约为氧气流量的 1%。

2.2.3　臭氧发生器

臭氧发生器是模仿自然界中打雷放电生成臭氧的方式，采用介质阻挡放电技术，将氧气通过两个高压电极极板之间的间隙进行放电，此时部分氧气分子被高压电流电离生成氧原子，氧原子再与其他氧气分子结合生成臭氧。此技术的工艺原理简单，臭氧生成效率较高，因此在工业上被广泛使用。臭氧发生器主要包括电源、放电室和冷却循环水系统。图 2-7 为常规臭氧发生器的工艺系统，图 2-8 为臭氧发生器实物图。臭氧发生器采用高压高频的放电方式，因此电源是关键。与常规的高压电不同，臭氧发生器电源还需要将电流频率提高，因此臭氧发生器会直接使用 380V 交流电进行变压变频率处理。好的电源决定着臭氧发生器的性能，是目前市场上臭氧发生器生产厂家的核心竞争力。放电室又称放电单元，是氧气被电离生成臭氧的场所，其主要结构为在两个电极之间增加一层电介质，这样有助于提高电流强度，防止气隙击穿，增加臭氧产率。目前常用的放电单元结构为管式和平板式，图 2-8（a）为管式放电室的内部结构，图 2-8（b）为板式放电室的内部结构。可以看到管式放电室内部由众多玻璃管组成，统一布置在一个圆柱体罐中，而板式放电室由多片平板组成一个独立小单元。管式结构为两个电极极板位于同心圆上，中间为电介质及氧气通道间隙。管式放电室因制造工艺简单、单台设备臭氧产量大及配套冷却系统简易，占据着绝大部分臭氧发生器市场，尤其在中大型臭氧发生器市场上。板式结构是近年来推广应用的产品，因平板式的放电极可以做到极高的表面平整度，因此放电效率较高，同时独立放电单元设计保证在使用时互不干扰，使得设备备用率低。但独立的结构也会对气路和冷却水路有较高要求。臭氧发生器在放电过程中只有小部分电能将氧气转化为臭氧，余下的大量能量最终转化为热能，热能的积累会提高电极及氧气的温度，加速臭氧自身的分解，需及时散热。一般臭氧发生器除微型机以外都使用水循环进行冷却，分为内循环水冷却和外循环水冷却两部分，两者之间使用板式换热器进行热交换。这是由于臭氧发生器放电室对水质要求比较高，一般需使用去离子水，常规的冷却水无法满足运行要求，因此采用内外循环水的设计，当然有满足水质要求的冷却水时可以直接代替内循环水。

图 2-7

常规臭氧发生
器工艺系统

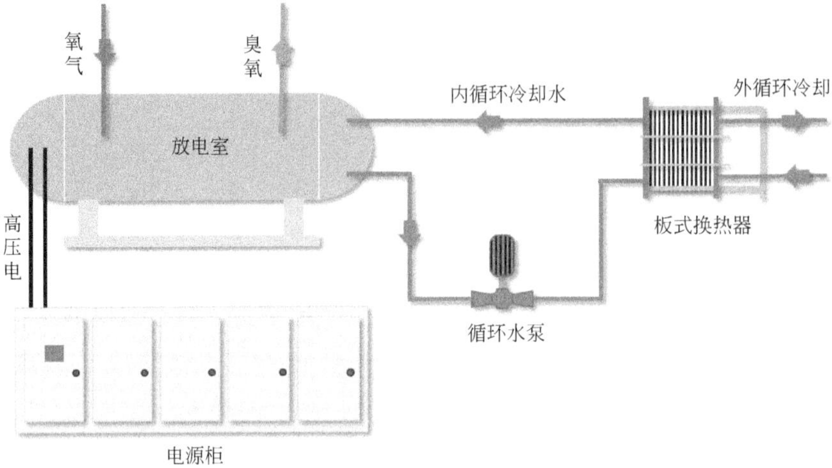

图 2-8

臭氧发生器实
物图

(a) 管式放电室内部结构　　　(b) 板式放电室内部结构

(c) 放电室外形　　　(d) 电源

2.2.4　活性分子反应器

　　臭氧与烟气中氮氧化物发生反应需要一定的温度条件，一般此温度区间在锅炉的烟道上比较难以满足或者停留时间极短，所以需要一个装置将臭氧与烟气快速混合。活性分子反应器就是扮演这样的角色，作用是将臭氧喷入烟气中，与烟气迅速混合均匀，同时针对老锅炉还需要满足阻力增加小，不影响增压风机的正常运行等条件。活性分子反应器通过内部结构来达到扰流混合的目的，在不同工程中，吸收塔、烟道及尾气流速等相差大，单一反应器的结构往往无法满足每个项目的需求。因此，活性分子反应器的结构需要独立设计。目前，采用数值模拟计算指导活性分子反应器的设计可以高效地优化反应器结构，甄选出最佳的反应器（详见第 3 章）。

2.3 臭氧脱硝技术特点及与其他技术的组合应用

2.3.1 臭氧脱硝技术特点

臭氧脱硝技术因其工艺路线具有以下特点：

① 能适应复杂的烟气条件和锅炉负荷的变化；

② 结合脱硫系统进行吸收，对电厂现有设备的改造小，可以与其他技术结合以实现更高的污染物脱除效率；

③ 属于非氨法脱硝，对燃烧及设备运行无任何影响，且不会引起类似氨泄漏的二次污染；

④ 能够处理低温烟气，适用于大多数烟温较低的工业锅炉；

⑤ 能够实现 NO、Hg 等多种污染物的高效氧化吸收和多种污染物协同脱除，降低工程投资和运行成本；

⑥ 最终副产物是氧气，无二次污染；

⑦ 产生的亚硝酸盐和硝酸盐产物可以通过回收实现资源化综合利用。

2.3.2 臭氧脱硝技术与其他技术的组合应用

经过多年的工程应用，臭氧脱硝技术已经成为一种成熟的脱硝技术，用来解决氮氧化物的减排问题，尤其应用于超低排放控制具有较大潜力。与 SCR 相似，臭氧脱硝技术成本较高，需要与其他技术结合使用以达到有效且经济性的目的。经过多个且不同行业的工程应用后，我们总结了臭氧脱硝技术与其他脱硝技术联合使用的技术路线（表 2-3）。

表 2-3　与臭氧脱硝结合的超低排放技术

技术路线	说明
臭氧	应用在低氮燃烧、SNCR 和 SCR 等技术都不适用的情况下,比如在生物质锅炉中温度不在 SNCR 反应区间内且烟气中的碱金属会堵塞 SCR 催化剂,链条炉上没有合适的 SNCR 温度区间及未预留 SCR 催化剂空间,烧结机上没有合适的 SNCR、SCR 温度区间等,在这类工业锅炉或者特殊锅炉上比较常见,第 10 章案例三～案例六就是使用此超低排放技术
低氮+臭氧	煤粉锅炉使用低氮燃烧技术后 NO$_x$ 已经降至较低值,或者没有合适的 SNCR 温度区间以及未预留 SCR 催化剂空间,这种情况在实际应用中很少遇到,常用低氮+臭氧技术
低氮+SNCR+臭氧	煤粉锅炉使用低氮燃烧和 SNCR 技术后 NO$_x$ 已经降至较低值,或者锅炉未预留足够的 SCR 催化剂空间,这种情况在实际应用中的中小型煤粉锅炉上比较常见,特别是早期的锅炉没有预留 SCR 催化剂空间
低氮+SCR+臭氧	煤粉锅炉一般都有 SNCR 反应温度区间,这种情况在实际应用中很少遇到
低氮+SNCR+SCR+臭氧	一般用于煤粉锅炉,锅炉的预留空间不足以布置足量的 SCR 催化剂,但可以配置一层烟道催化剂脱除部分 NO$_x$,之后再用臭氧脱硝技术深度脱除。这种情况在实际应用中的中小型煤粉锅炉上比较常见,特别是早期的锅炉没有预留 SCR 催化剂空间,第 10 章案例一就是采用这种脱硝方式
SNCR+臭氧	一般用于循环流化床锅炉,因循环流化床锅炉的旋风分离器温度区间正好处于 SNCR 最佳反应区间且停留时间久,因此 SNCR 在循环流化床锅炉上的脱硝效率比较高,尾部烟气可以直接使用臭氧脱硝深度脱除至超低排放。这种情况在实际应用中比较多见,第 10 章案例二就是使用此超低排放技术
SNCR+SCR+臭氧	一般用于循环流化床锅炉,在使用 SCR 技术后还不能达到超低排放要求,再使用臭氧脱硝进一步脱除,这种情况在实际应用中比较少见。循环流化床一般在使用 SNCR+臭氧或者 SNCR+SCR 后都可以达到超低排放要求,但较小容量的流化床锅炉或老锅炉在改造时采用 SNCR+臭氧技术路线的经济性往往会更高一点
SCR+臭氧	一般用于大型煤粉炉,目前电厂会进行调峰运行,在调峰低负荷运行时烟气温度会降低,导致以高负荷运行设计的 SCR 反应器不能满足反应温度,使得催化剂不能发挥作用,此时在尾部增加臭氧脱硝技术可以弥补调峰时期的超低排放要求。这种情况在实际应用中较少使用,这是由于臭氧脱硝主要成本为电耗,而电厂常常以电耗为考核指标

第3章

臭氧深度氧化 NO$_x$ 均相反应机理

3.1 臭氧均相氧化 NO_x 反应机理

臭氧均相氧化 NO_x 过程中，当 O_3/NO 摩尔比小于 1.0 时，NO 首先被氧化成 NO_2。这一过程称为初步氧化，反应时间很短，仅为毫秒级，烟气温度适应区间大，在 200℃ 以下的烟气温度中均可实现高效氧化。NO 全部氧化为 NO_2 的 O_3/NO 理论摩尔比为 1.0。而传统的石灰石-石膏浆液对 NO_2 的吸收效率较低，一般不超过 40%[26]。有研究表明，N_2O_5 是可以稳定存在的最高价态的氮氧化物，同时也是硝酸的酸酐，具有最高的溶解度。因此，可以借助臭氧将 NO_2 深度氧化为 N_2O_5，进而在洗涤塔中实现高效吸收。O_3/NO 摩尔比大于 1 时，考虑到 NO_3 和 N_2O_5 等物质的分解，笔者所在团队提出了一个新的仅涉及 O_3 与 NO_x 反应的 24 步反应机理，见表 3-1。所有反应的动力学参数均查自 NIST（National Institute of Standards and Technology）数据库。

表 3-1 24 步 O_3 氧化 NO 反应机理

序号	反应	指前因子 A	反应级数 n	活化能 E	参考文献
R1	$O_3 + O \longrightarrow 2O_2$	4.82×10^{12}	0	4094	[27]
R2	$O_3 + NO \longrightarrow O_2 + NO_2$	8.43×10^{11}	0	2603	[27]
R3	$O_3 + NO_2 \longrightarrow NO_3 + O_2$	8.43×10^{10}	0	4908	[27]
R4	$NO + NO_2 \longrightarrow N_2O_3$	1.62×10^9	1.4	0	[27]
R5	$NO + NO_3 \longrightarrow 2NO_2$	1.08×10^{13}	0	-219	[27]
R6	$NO_2 + NO_2 \longrightarrow N_2O_4$	6.02×10^{11}	0	0	[27]
R7	$NO_3 + O \longrightarrow O_2 + NO_2$	1.02×10^{13}	0	0	[27]
R8	$NO_3 \longrightarrow O_2 + NO$	2.50×10^6	0	12100	[28]
R9	$N_2O_5 + H_2O \longrightarrow 2HNO_3$	1.51×10^3	0	0	[27]
R10	$O + O + M \longrightarrow O_2 + M$	1.89×10^{13}	0	-1788	[29]
R11	$O_3 \longrightarrow O_2 + O$	4.31×10^{14}	0	22300	[30]
R12	$O_3 + N \longrightarrow O_2 + NO$	6.03×10^7	0	0	[31]
R13	$NO + N \longrightarrow N_2 + O$	1.26×10^{13}	0	-199	[32]
R14	$NO_2 + NO_3 \longrightarrow O_2 + NO + NO_2$	2.71×10^{10}	0	2504	[32]
R15	$NO_2 + O \longrightarrow NO_3$	1.32×10^{13}	0	0	[32]
R16	$NO_2 + O \longrightarrow O_2 + NO$	3.92×10^{12}	0	-238	[32]
R17	$NO_3 + NO_3 \longrightarrow 2NO_2 + O_2$	5.12×10^{11}	0	4869	[32]

序号	反应	指前因子 A	反应级数 n	活化能 E	参考文献
R18	$NO+NO \longrightarrow O_2+N_2$	3.10×10^{13}	0	63190	[33]
R19	$NO_2+N \longrightarrow N_2+O+O$	1.30×10^{-1}	0	0	[34]
R20	$N+O_2 \longrightarrow NO+O$	6.41×10^9	1	6260	[35]
R21	$NO+M \longrightarrow N+O+M$	1.45×10^{15}	0	148000	[36]
R22	$NO+O \longrightarrow NO_2$	1.31×10^{15}	-0.75	0	[36]
R23	$NO_3+O_3 \longrightarrow 2O_2+NO_2$	6.03×10^6	0	0	[37]
R24	$NO_2+NO_3 \longrightarrow N_2O_5$	3.66×10^{11}	0.2	0	[38]

注：反应速率常数计算公式为 $k = AT^n \exp[-E/(RT)]$（cal，cm，mol，s）。

3.2　温度对臭氧深度氧化 N_2O_5 生成的影响

反应温度是 N_2O_5 生成过程的关键影响因素。在 $O_3/NO<1.0$ 时，反应 R2（$O_3+NO \longrightarrow O_2+NO_2$）和 R22（$NO+O \longrightarrow NO_2$）是关键的反应步骤，NO 被氧化为 NO_2。在 $O_3/NO>1.0$ 时，NO_3 开始产生。NO_2 与生成的 NO_3 结合生成 N_2O_5，如反应 R24：$NO_2+NO_3 \longrightarrow N_2O_5$。由此可见，$NO_3$ 是 N_2O_5 生成过程的关键中间体。如图 3-1 所示的动力学模拟结果，分别展示了在 80℃和 130℃时影响 NO_3 生成速率的关键反应。在这两个温度下，反应 R3（$O_3+NO_2 \longrightarrow NO_3+O_2$）对 NO_3 的生成表现出最强的正面作用。当反应温度升高至 130℃时，反应 R15（$NO_2+O \longrightarrow NO_3$）也开始对 NO_3 的生成贡献积极的力量。NO_3 在不断生成的同时，还伴随着分解，如反应 R5（$NO+NO_3 \longrightarrow 2NO_2$）和 R14（$NO_2+NO_3 \longrightarrow O_2+NO+NO_2$）。当反应温度为 80℃时，$NO_3$ 的分解反应十分微弱，可以忽略不计，但当反应温度增加至 130℃时，NO_3 的分解反应急剧增加。NO_3 的分解使其再次变成 NO_2 和 NO，同时伴随着 O_3 的消耗。Sun 等[39] 也指出反应 R24（$NO_2+NO_3 \longrightarrow N_2O_5$）的逆向反应随着温度的升高不断加快。因此，在较高的反应温度下，NO_3 和 N_2O_5 自身的加速分解会导致 N_2O_5 浓度急剧下降。

选择合适的温度区间研究臭氧与 NO 之间的相互作用是必要的。在实际的工业应用中，臭氧的喷射位置位于 WFGD 脱硫塔前。对于电厂和工业锅炉，这个位置的烟气温度往往低于 200℃。如图 3-2 所示为模拟反应温度 60~150℃之间的 N_2O_5 生成特征，相应的红外吸收光谱如图 3-3 所示。

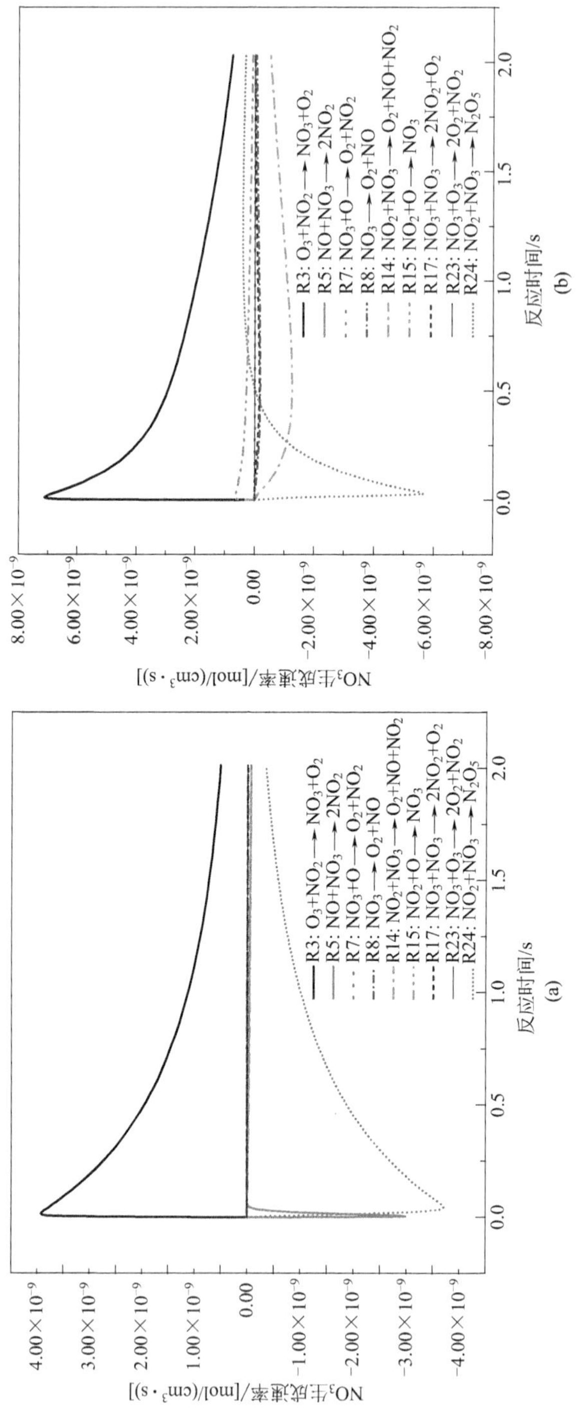

图 3-1

不同基元反应的 NO_3 生成速率随反应时间的变化

(a) 80℃；(b) 130℃

图 3-2

NO₂、N₂O₅ 和 O₃ 的浓度随反应温度的变化曲线（模拟结果）

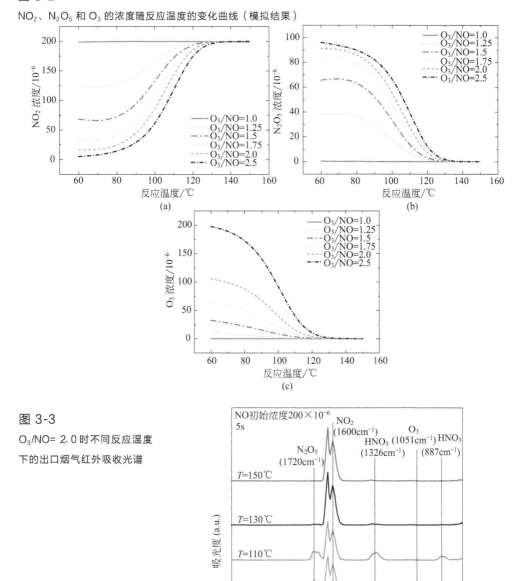

图 3-3

O₃/NO= 2.0 时不同反应温度
下的出口烟气红外吸收光谱

如图 3-2(a)和(b) 所示，在反应温度介于 60～80℃之间，$O_3/NO=2.0$ 时，近90%的 NO 被氧化为 N_2O_5。随着反应温度的升高，NO_2 浓度不断增加而 N_2O_5 浓度不断减少。除了前文提到的 NO_3 分解反应外，在较高反应温度下，O_3 的分解也会加速，如反应 R1($O_3+O \longrightarrow 2O_2$) 和 R11($O_3 \longrightarrow O_2+O$)。如此，本应用中氧化的 O_3 大量减少。图 3-3 则显示在反应温度低于 80℃时，NO_2 的吸收峰（1600cm^{-1}）十分微弱。随着反应温度的升高，尤其是高于 90℃后，NO_2 的吸收峰不断增强，而 N_2O_5（1720cm^{-1}）和 HNO$_3$（887cm^{-1}、1326cm^{-1}）的吸收峰不断下降。在反应温度超过 130℃后，N_2O_5 和 HNO$_3$ 的吸收峰几乎消失。由此得出，在反应温度超过 130℃后，深度氧化过程不会再生成 N_2O_5。综上所述，N_2O_5 生成的最佳反应温度介于 60℃和 80℃之间。在工业应用中，往往需要安装一个热回收换热器来控制脱硫塔前反应温度，这一方法已经在某工厂的炭黑干燥炉尾气治理工程中取得成功应用[40]。

臭氧深度氧化 NO 生成 N_2O_5 的总反应为 $2NO+3O_3 \longrightarrow N_2O_5+3O_2$。因此，$O_3/NO$ 为 1.5 时就应当实现 NO 向 N_2O_5 的完全转化。实际上，由于动力学限制，往往需要投入过量的 O_3。试验与模拟结果表明，实现90% NO 向 N_2O_5 的转化需要 $O_3/NO>2.0$，这就可能导致大量 O_3 的残留，进而带来经济和环境的问题。值得一提的是，当反应温度足够高时，这些过量的 O_3 将被消耗或自身分解为 O_2，如图 3-2(c) 所示。当反应温度超过 130℃后，在所有的 O_3 与 NO 摩尔比下几乎都不存在 O_3 残留。

3.3 停留时间对臭氧深度氧化 N_2O_5 生成的影响

反应停留时间是控制 NO_2 向 N_2O_5 转化的关键性因素。图 3-4 为保持温度 80℃时，不同反应时间（0.4s、0.9s、1.5s、3.9s）下 NO_2 浓度随 O_3/NO 摩尔比变化的情况。可以看出，在 $O_3/NO<1.0$ 时，NO_2 浓度曲线基本呈相同的线性变化。这说明 NO 向 NO_2 的转化占主导地位，而且反应迅速。当 $O_3/NO>1.0$ 时，NO_2 浓度随着 O_3/NO 摩尔比的增加开始下降。反应时间越长，相同 O_3/NO 摩尔比下 NO_2 浓度越低。这说明 NO_2 向 N_2O_5 的转化是慢反应，在 0.4s 这样较短的时间内无法达到反应平衡。

N_2O_5 生成特性与反应时间的对应关系在不同温度下也会有所差异。如图 3-5 所示，在 60～80℃之间，N_2O_5 浓度随着反应时间的延长而增加。当反应温度高于 80℃后，N_2O_5 浓度随反应时间的延长呈现先增加后减少的趋

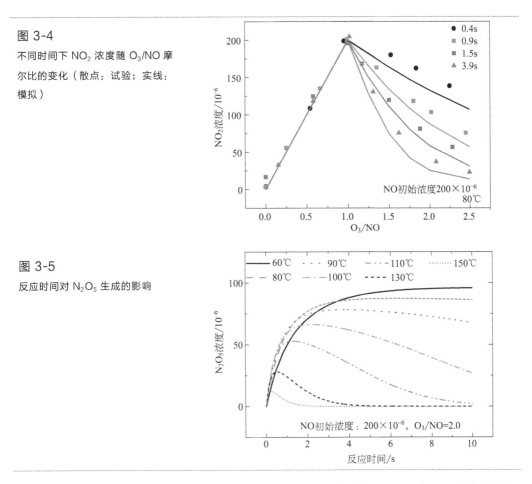

图 3-4

不同时间下 NO$_2$ 浓度随 O$_3$/NO 摩尔比的变化（散点：试验；实线：模拟）

图 3-5

反应时间对 N$_2$O$_5$ 生成的影响

势。同时，随着反应温度的增加，N$_2$O$_5$ 的最高浓度明显下降，这应当归因于 NO$_3$ 和 N$_2$O$_5$ 的加速分解。在较低的反应温度（60℃）下，N$_2$O$_5$ 的生成是非常缓慢的，大约需要 5s 才能达到反应平衡。当反应温度增加至 80℃时，平衡所需的反应时间则稍短些（约 3s），但是 N$_2$O$_5$ 最高浓度也出现了下降。随着反应温度的继续增加，N$_2$O$_5$ 生成速率有所提高，但是 N$_2$O$_5$ 的生成被阻碍。由此看出，提高 N$_2$O$_5$ 在低温下的生成速率应当是发展臭氧低温氧化脱硝技术的关键。

3.4　臭氧深度氧化 NO$_x$ 反应路径

臭氧深度氧化 NO 生成 N$_2$O$_5$ 过程所涉及的基元反应较多，任何反应参数的改变都有可能使反应发生变化。因此，对于关键基元反应进行敏感性分析，进而揭示 N$_2$O$_5$ 生成路径十分必要。整个反应过程中，关键的基元反应有 5 个，分别是 R2(O_3＋NO $\longrightarrow$ O_2＋NO_2）、R3（O_3＋NO_2 $\longrightarrow$ NO_3＋O_2）、R5（NO＋NO_3 $\longrightarrow$ $2NO_2$）、R14（NO_2＋NO_3 $\longrightarrow$ O_2＋NO＋NO_2）和 R24（NO_2＋NO_3 $\longrightarrow$ N_2O_5）。如图 3-6(a) 所示，在反应温度为 80℃时，反应 R2（O_3＋NO $\longrightarrow$ O_2＋NO_2）、R5（NO＋NO_3 $\longrightarrow$ $2NO_2$）和 R24（NO_2＋NO_3 $\longrightarrow$ N_2O_5）反应速率较快，主要集中在反应的前 0.2s。反应 R3（O_3＋NO_2 $\longrightarrow$ NO_3＋O_2）对 N_2O_5 的生成也表现出正面作用，但随着反应时间有明显的拖尾现象，说明反应速率较慢。这意味着 NO_3 的生成是导致 N_2O_5 生成速率慢的关键因素。当反应温度升至 130℃时，如图 3-6(b) 所示，基元反应的敏感性系数出现了几个明显的变化：①快速反应 R2、R5 和 R24 的敏感性系数曲线收缩，说明反应速率进一步提高；②反应 R3 对 N_2O_5 生成的敏感性系数开始下降，并在约 1.6s 后变为负值，说明正面效应下降最终演变为负面效应；③反应 R14（NO_2＋NO_3 $\longrightarrow$ O_2＋NO＋NO_2）的敏感性系数为负值并不断下降，表现出急剧增加的负面效应。因此，R3 和 R14 的共同作用抑制了高温下 N_2O_5 的生成。

图 3-6

N_2O_5 生成关键基元反应的敏感性分析

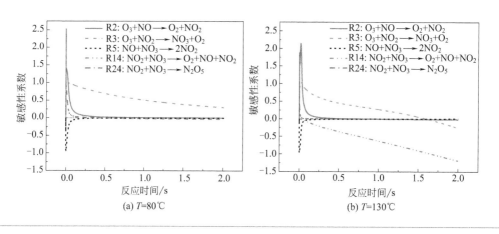

(a) T=80℃

(b) T=130℃

　　综合敏感性分析揭示出臭氧深度氧化 NO 生成 N_2O_5 的反应路径，如图 3-7 所示。NO 首先被臭氧氧化为 NO_2，NO_2 再被 O_3 氧化为 NO_3，NO_2 与生成的 NO_3 结合生成 N_2O_5。同时也伴随着 NO_3、N_2O_5 和 O_3 的分解过程，NO_3 被分解为 NO 和 NO_2，N_2O_5 被分解为 NO_2 和 NO_3，O_3 被分解为 O_2。这些反应的进行受反应温度和反应时间的影响。如图 3-8 所示为臭氧深度氧化 NO 生成 N_2O_5 的六步关键基元反应，包括三个对 N_2O_5 生成起正面作用的反应和三个对 N$_2$O$_5$ 分解起负面作用的反应。

图 3-7
臭氧深度氧化 NO 生成 N$_2$O$_5$ 反应
路径

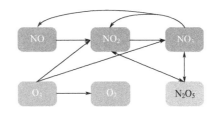

图 3-8
臭氧深度氧化 NO 生成 N$_2$O$_5$ 的六
步关键基元反应

生成反应	分解反应
R1: $O_3+NO \longrightarrow NO_2+O_2$	R4: $NO_3+NO_2 \longrightarrow O_2+NO+NO_2$
R2: $O_3+NO_2 \longrightarrow NO_3+O_2$	R5: $NO_3+NO \longrightarrow 2NO_2$
R3: $NO_2+NO_3 \longrightarrow N_2O_5$	R6: $O_3 \longrightarrow O_2+O$

3.5　水汽和 SO$_2$ 对 NO$_x$ 深度氧化的影响

脱硫塔前的烟气成分中同时存在大量的 SO$_2$ 和 H$_2$O，但相应工况下它们与 O$_3$ 的反应可以忽略不计，不会对臭氧深度氧化 NO 生成 N$_2$O$_5$ 造成影响。如图 3-9(a)～(c) 所示为 H$_2$O 和 SO$_2$ 单独、共同作用于臭氧深度氧化 NO 过程产生的 NO$_2$ 浓度的变化。可以看出在 80℃ 和 110℃ 两个反应温度下，SO$_2$、H$_2$O 以及二者的共同引入均对深度氧化过程没有产生明显的影响。由此可见，烟气中的 SO$_2$ 和 H$_2$O 基本不会与 O$_3$ 发生反应，不会造成 O$_3$ 的浪费。查询 NIST 数据库，SO$_2$ 与 O$_3$ 的基元反应主要包括式(3-1)和式(3-2)。在工业应用的工况下，O$_3$ 与 SO$_2$ 的反应是十分微弱的，可以忽略不计。此外，SO$_2$ 与 NO$_x$ 之间也存在如式(3-3)～式(3-5) 所示的基元反应，但反应速率与 O$_3$/NO$_x$ 的基元反应相比则低多个数量级，SO$_2$ 的氧化很难进行。同时，SO$_2$ 的引入不会产生 NO$_x$ 的还原，H$_2$O 引入不会消耗 O$_3$。

$$SO_2+O_3 \longrightarrow O_2+SO_3 \tag{3-1}$$

$$SO_2+O \longrightarrow SO_3 \tag{3-2}$$

$$SO_2+NO_2 \longrightarrow SO_3+NO \tag{3-3}$$

$$SO_2+NO_3 \longrightarrow SO_3+NO_2 \tag{3-4}$$

$$SO_2+N_2O_5 \longrightarrow SO_3+N_2O_4 \tag{3-5}$$

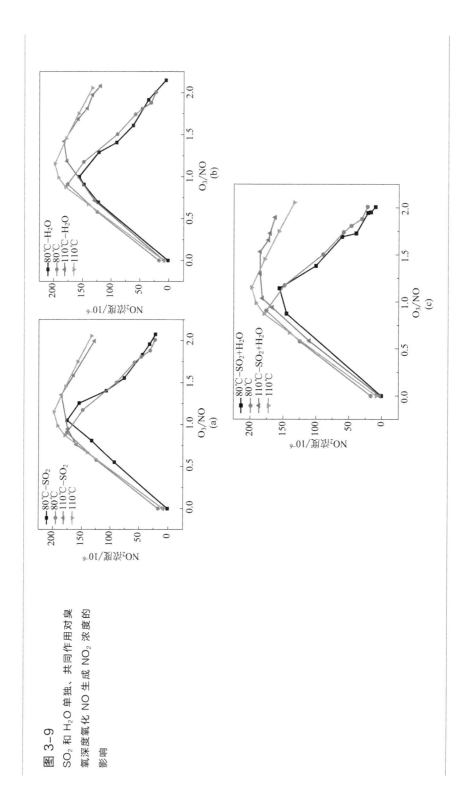

图 3-9

SO₂ 和 H₂O 单独、共同作用对臭氧深度氧化 NO 生成 NO₂ 浓度的影响

3.6　臭氧氧化 NO 过程的 PLIF 测试及 CFD 流场模拟

3.6.1　臭氧氧化 NO 过程中 NO、NO₂ 的 PLIF 测试

平面激光诱导荧光技术（PLIF）[41] 常被用来获取 NO 和 NO₂ 浓度分布的成像并研究 O₃ 射流和 NO 伴流模拟烟气的反应和混合过程。研究结果不仅为验证数值模拟提供了可靠数据，而且为工业应用提供了关键信息。

（1）层流射流

层流射流的结果如图 3-10 所示。为了得到 NO PLIF 测量的可靠数据，每种工况下都会收集 100 幅图像。图 3-10 显示了层流状态下的时均 NO PLIF 结果（由 Matlab 计算 50 个单次拍摄图像的平均值）。

图 3-10

层流状态下时均 NO PLIF 测量结果

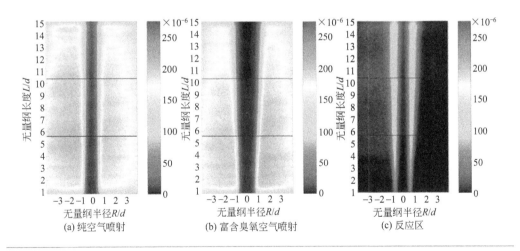

(a) 纯空气喷射　　(b) 富含臭氧空气喷射　　(c) 反应区

图 3-10(a) 显示了由纯空气组成的射流的测量结果。在这种情况下，只有扩散影响混合过程。该图清楚地显示了 NO 的分布、流结构以及射流的衰减和 NO 的扩散，而且在射流根部附近可以观察到锐边结构。图 3-10(b) 显示了相同流速下喷射富含臭氧的空气得到的测量结果。很明显，NO 被 O₃

消耗，中心的浓度间隙正在增大而不是如图 3-10(a) 一样缩小。根据我们之前的动力学计算结果[42]，NO 氧化成 NO_2 的过程很慢，化学反应时间约为 0.05～0.1s，在这种情况下，混合过程受化学动力学限制，预计会有一个厚的反应区。反应区域可由反应工况下 NO 的图像图 3-10(b) 减去纯扩散的 NO 图像图 3-10(a) 得，如图 3-10(c) 所示。由图 3-10(c) 可见，层流反应区在射流和伴流之间的剪切层内逐渐增大。

由于射流和伴流是同轴的，因此无论是层流还是湍流，NO 和 NO_2 的时均 PLIF 图像基本上是沿轴线对称的。因此可以从中心到外部只提取一半的 NO 浓度宽度，如图 3-11 所示。图 3-11 表示 NO 在中心和外部下游不同位置处的时均径向分布。其中，图 3-11(a) 显示了纯空气喷射条件下 NO 的径向分布。中心射流的半宽约为 $0.5d$，L/d 的三个不同值之间差别不大，其中 L 是距射流出口的距离。在射流出口附近，发现伴流中的 NO 浓度为 200×10^{-6}。随着半径的增大，NO 浓度略有下降，这是由于环境空气的扩散。供料气流、激光脉冲能量和激光空间模式分布的波动是测量 NO 浓度的主要不确定因素。由于扩散作用，随着 L/d 的增加，混合层中 NO 浓度梯度略有降低。图 3-11(b) 显示了富含 O_3 射流对应的 NO 浓度分布。由于发生了化学反应，中心射流的半宽从 $0.7d(L/d=3)$ 增加到 $1.2d(L/d=13)$。图 3-11(c) 表示从图 3-10(c) 中提取的径向截面。反应区半高宽（FWHM）沿射流方向增大，从 $0.23d(L/d=3)$ 增加到 $0.70d(L/d=13)$。

图 3-11
层流射流条件下不同下游位置 NO 的径向分布

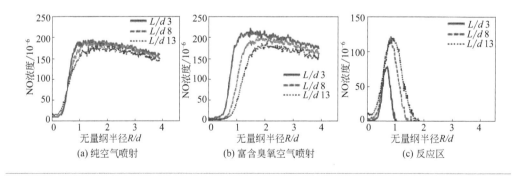

(a) 纯空气喷射　　(b) 富含臭氧空气喷射　　(c) 反应区

（2）湍流射流

图 3-12 展示了湍流射流条件下记录的单次拍摄 NO PLIF 图像。在一次激光射程（约 5ns）内，湍流流场可视为静止的。因此，单次拍摄的 PLIF

图像提供了流场的瞬时快照。在瞬时湍流情况下，由于湍流引起的拉伸和挤压效应，图像的不对称性与时均结果不同。图 3-12(a) 展示了纯空气扩散情况下的结果，而图 3-12(b) 展示了使用富含臭氧的空气射流获得的结果。两幅图像之间存在明显的差异，图 3-12(b) 中 NO 被 O_3 消耗的效果清楚可见。在这两幅图像中都能明显看到从小到大的湍流涡结构的存在。在射流的底部区域也可以看到由两个剪切层中的交替涡相互作用引起的射流扭曲。与图 3-12 (a) 相比，图 3-12(b) 中的涡流结构更加精细，这是富含臭氧的射流实验中存在的化学活性的影响。图 3-12(a) 和图 3-12(b) 之间的最显著差异发生在远下游区域。在该区域，图 3-12(a) 可见纯空气射流图像中的淹没和消散现象，图 3-12(b) 则显示了 NO 与湍流的富含 O_3 空气射流的有效混合和反应过程。

图 3-12
湍流射流条件下的单次拍摄 NO PLIF 图像

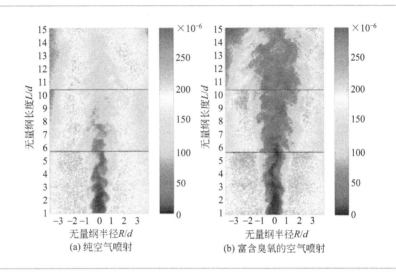

(a) 纯空气喷射 (b) 富含臭氧的空气喷射

图 3-13 展示了湍流射流情况下的时均 NO PLIF 测量结果。与层流条件不同的是，伴流和中心射流之间没有尖端结构。进行了与层流情况类似的操作之后得到了可视化的反应区图像，如图 3-13(c) 所示。与图 3-10(c) 所示的层流条件下获得的两个薄反应层相比，湍流情况下的反应区基本上是一个较宽的、相当均匀的结构，除了靠近射流出口处有两个单独的反应层。产生这种明显差异的原因是湍流的波动，在时均记录水平上，湍流涡结构变成宽而均匀的结构，使反应区比层流条件下厚得多。

图 3-14 表示从图 3-13 中提取的时均径向信号分布。图 3-14(a) 表示纯空气喷射条件下的结果。在 $L/d=13$ 时，射流中心的 NO 浓度为 140×10^{-6}，而在层流条件下接近零（见图 3-11）。对于富含臭氧的空气射流，从

湍流条件［图 3-14(b)］和层流条件［图 3-11(b)］的曲线图之间的比较来看，湍流运动显著增强了化学消耗。图 3-14(c) 表示了图 3-13(c) 中反应区的径向分布。从图 3-13(c) 中可以看出，$L/d \leqslant 3$ 时有两个独立的反应区，从图 3-14(c) 中可以看出，半高宽为 $0.55d$，即层流情况下相应值的两倍以上。当 $L/d=8$ 时，两个独立的反应层完全合并为一个相对均匀的区域，该区域随 L/d 的增加而逐渐增大。当 $L/d=15$ 时，反应区半高宽约为 $6d$。

图 3-13

湍流射流条件下时均 NO PLIF 测量结果

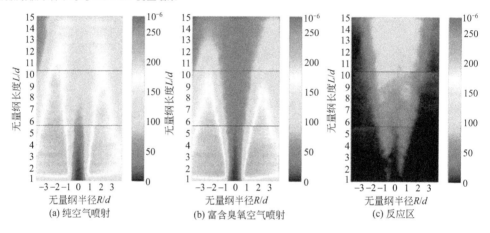

(a) 纯空气喷射　　(b) 富含臭氧空气喷射　　(c) 反应区

图 3-14

湍流射流条件下不同下游位置 NO 的径向分布

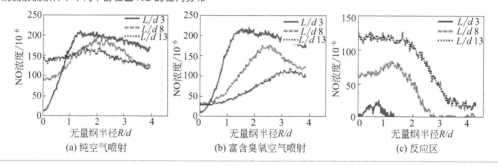

(a) 纯空气喷射　　(b) 富含臭氧空气喷射　　(c) 反应区

（3）NO 转化率

根据 NO PLIF 测量结果，沿下游长度的 NO 转化效率计算如下：

$$\eta(L) = \frac{\int y_0(r,L)\mathrm{d}r - \int y_1(r,L)\mathrm{d}r}{\int y_0(r,L)\mathrm{d}r} \tag{3-6}$$

式中，y_0 为纯空气喷射条件下的 NO 浓度；y_1 为富含 O_3 的空气喷射条件下的 NO 浓度；$\eta(L)$ 为沿下游长度的 NO 转化率；r 为径向距离；L 为下游长度。层流和湍流射流的结果如图 3-15 所示。可以看出，对于 NO 的转化，湍流射流比层流射流更有效率。在湍流情况下，反应开始于下游长度略低于 $4d$ 处，然后 NO 转化率随着 L/d 的增加呈线性增加，在 $15d$ 处约 62% 的 NO 被湍流 O_3 射流消耗。当射流速度为 30m/s 时，$15d$（$d =$ 2.2mm）的停留时间约为 1.1ms，在相同的层流富 O_3 射流位置（10m/s 射流速度），NO 转化率仅为 23%。这些结果清楚地说明了烟气与臭氧的有效混合对 NO 氧化至关重要。因此，在实际应用中，优化喷嘴的设计是至关重要的，以便在达到合适的 NO 氧化效率的条件下将所需的 O_3 浓度降至最低。另外，O_3 浓度也可能因分解而降低，这也强调了喷嘴优化设计的重要性。

图 3-15

不同射流条件下 NO 转化效率

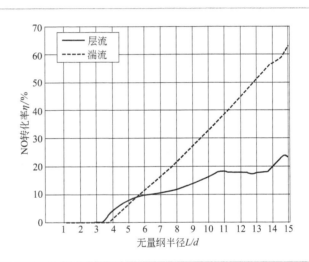

（4）NO_2 PLIF 结果

NO_2 是 NO 氧化过程中的主要产物。为了验证 NO PLIF 测量结果，在相同的流动几何条件下进行了 NO_2 PLIF 测量。由于来自 NO_2 的荧光光谱宽，覆盖范围大于 1000nm[43]，因此即使使用红外增强图像增强器，检测到的 NO_2 荧光信号也相对较弱。在 NO PLIF 测量条件下，只能获得微弱的 NO_2 PLIF 图像。为了更好地显示 NO_2 的分布，将伴流的 NO 浓度增加到约 2000×10^{-6}，即比上述实验中使用的 200×10^{-6} 高出约 10 倍。主要研究了射流上方的两个位置：位置 1，同轴混合器上方 2～14mm；位置 2，同轴混合器上方 14～26mm。此处没有使用进一步的校正和平滑技术，减去平均背景后得到的时均 NO_2 PLIF 结果如图 3-16 所示。图 3-16(a) 表示在位置 1 处获得的结果，而 3-16（b）所示的结果对应于位置 2。上排图像对应层流情况，下排图像对应湍流情况。因为在目前的流动条件下很难确定 NO_2 的绝对浓度，图像中只显示信号强度。然而，这两幅图像清楚地说明，反应区可以由 NO_2 PLIF 结果可视化。因此，从定性上讲，NO_2 PLIF 图像应该与从 NO PLIF 中提取的反应区图像相匹配。比较 3-16 和图 3-10（c）（层流）、图 3-13（c）（紊流）的同一位置可见该结果和上文中层流、紊流情况下的结果相当一致。

图 3-16

时均 NO_2 PLIF 测量结果

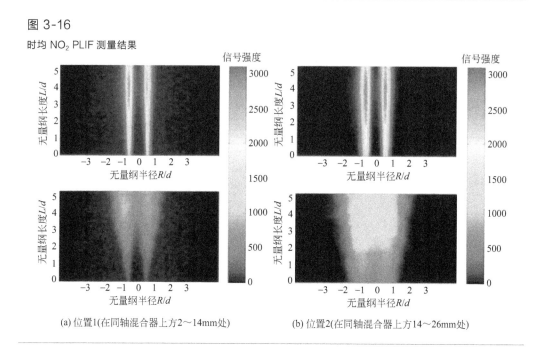

(a) 位置1(在同轴混合器上方2～14mm处)　　(b) 位置2(在同轴混合器上方14～26mm处)

3.6.2　臭氧混合反应器设计及 CFD 模拟

臭氧的分解与温度和停留时间密切相关，尤其在高温环境下臭氧的寿命极短[44]。工程应用中吸收塔前烟气温度往往高于 100℃，如何在保证此处喷入的臭氧尽量少分解的同时实现其与烟气中氮氧化物的充分混合反应是一个关键性问题。降低烟气温度可以减少臭氧的分解，但因成本问题不适合实际应用。通过在烟道中增加扰流、整流结构，从而提高臭氧与烟气的混合效率是一个符合实际应用的方法，也是目前工程上常用的手段。本书作者研发了活性分子反应器用于臭氧与烟气的高效混合。

活性分子反应器内部的扰流、整流结构可以有效地提高混合效率，但也受烟气中氮氧化物浓度、烟气量、烟道结构和臭氧喷射量等参数的影响，因此活性分子反应器无法实现量产，需要独立设计。同时，反应器尺寸较大，因而无法实现冷态实验模拟，采用 CFD（计算流体动力学）模拟是验证反应器效果的有效辅助手段。

实际应用中为实现烟气中 NOₓ 的高效氧化，必须首先使喷入的活性分子臭氧与烟气中的 NOₓ 快速充分混合、接触，而活性分子臭氧在高温下分解较为快速，因此必须实现臭氧与烟气的快速均匀混合。由此设计一款喷枪实现活性分子臭氧与烟气快速充分混合至为关键。

$$v_\sigma = \frac{v_{std}}{v_{avg}} \quad\quad\quad (3\text{-}7)$$

式中，v_{std} 为截面速度标准方差，m/s；v_{avg} 为截面平均速度，m/s。

$\sigma < 0.25$ 时气体流场分布为合格；$\sigma < 0.2$ 时气体流场分布为良好；$\sigma < 0.15$ 时气体流场分布为优秀。

臭氧混合情况评价参考气体均匀性分布的判断，公式为：

$$O_\sigma = \frac{O_{std}}{O_{avg}} \quad\quad\quad (3\text{-}8)$$

式中，O_{std} 为截面臭氧摩尔分数标准方差；O_{avg} 为截面平均臭氧摩尔分数。判断标准与速度分布偏差系数相同。

（1）原始烟道

分析原始烟道的流场可以为反应器的设计提供依据，在此基础上逐步增加并优化反应器结构可以有效提高计算效率。

活性分子反应器布置在脱硫塔入口的水平烟道上，此处烟道尺寸 4.1m（H）×11.2m（D）（水平侧视）。考虑到计算量，对模型进行了简化。简化后的原始烟道模型及网格划分如图 3-17 所示，模型烟气入口为引风机出口端，

图 3-17

简化后的原始烟道模型及网格划分

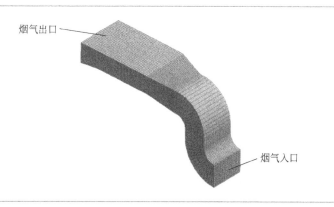

烟气出口

烟气入口

烟气出口为脱硫塔与烟道接口处。模型网格全部采用六面体网格，数量约为60万。湍流模型选择标准的 $k\text{-}\varepsilon$ 模型，边界条件选用速度入口以及压力出口，因尾气温度较低烟道壁定义为绝热墙面。

不同烟气量工况下原始烟道中速度分布如表 3-2 所示，不同烟气量工况下脱硫塔入口速度分布偏差如图 3-18 所示。从结果中可以发现吸收塔入口（模型烟气出口）截面上右上角（从脱硫塔侧往烟道的水平视角）速度偏高，这是由于两个原因：①烟道从垂直段拐入水平段，在离心力的作用下，烟气集中在上部；②水平段有一个只向一侧扩大的喇叭口，使得扩大侧的烟气被分散。因为脱硫塔入口水平段烟道比较长，可以使聚集的烟气有一定的时间恢复均匀，因此脱硫塔入口截面上的速度分布偏差并不是很大，处于及格范围内。

表 3-2 不同烟气量工况下原始烟道中速度分布情况

烟气量 /($10^4\mathrm{m}^3$/h)	反应器周围速度分布/(m/s)	脱硫塔入口速度分布/(m/s)
34.4	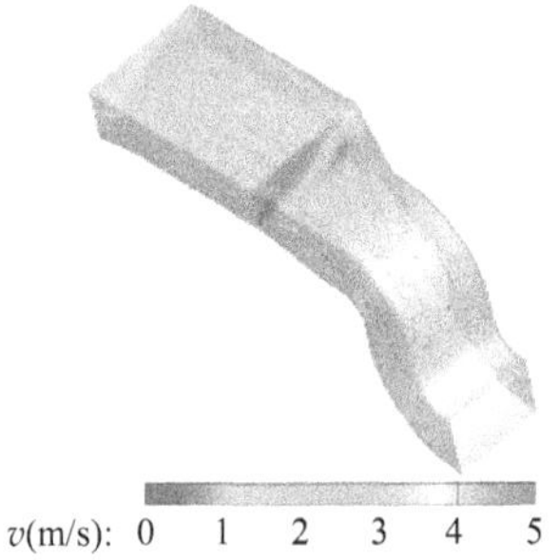 v(m/s): 0 1 2 3 4 5	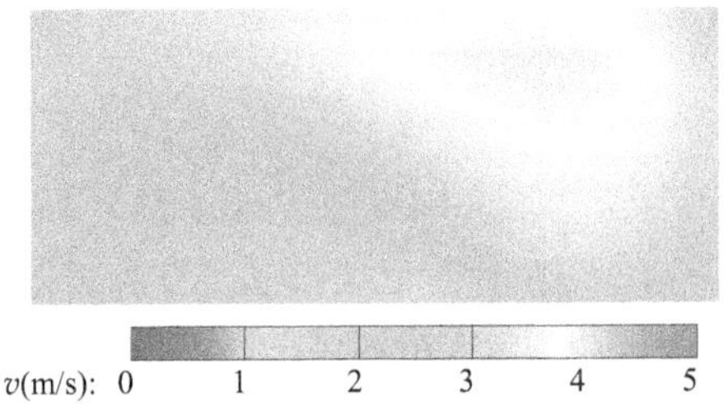 v(m/s): 0 1 2 3 4 5
68.8	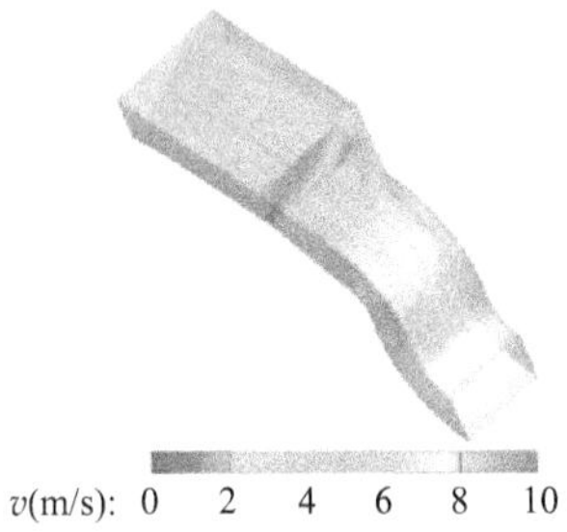 v(m/s): 0 2 4 6 8 10	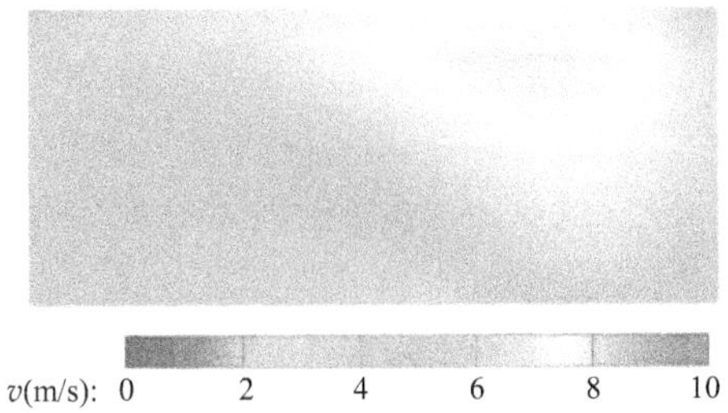 v(m/s): 0 2 4 6 8 10
103.2	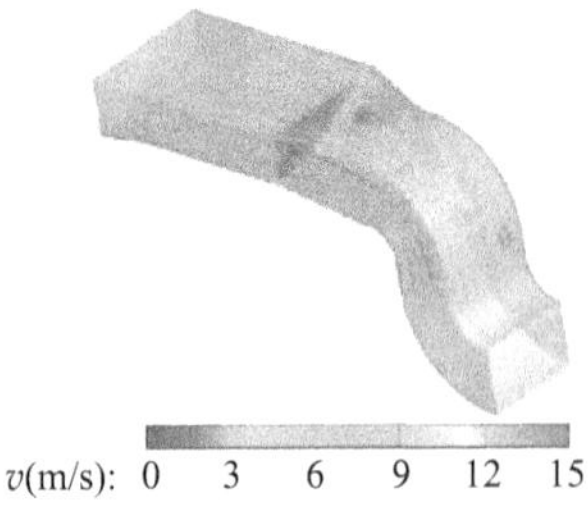 v(m/s): 0 3 6 9 12 15	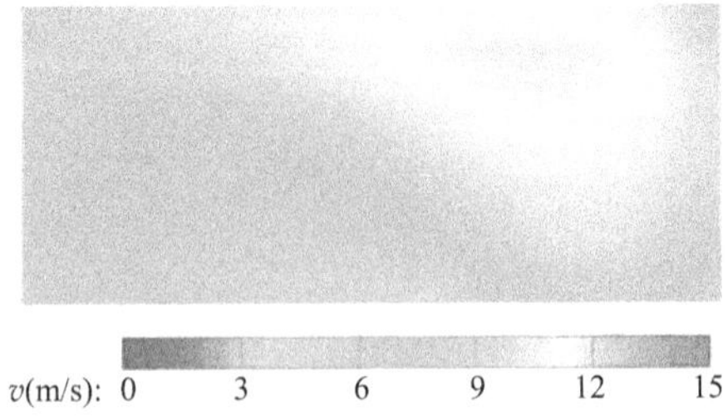 v(m/s): 0 3 6 9 12 15

续表

烟气量 /(10^4 m^3/h)	反应器周围速度分布/(m/s)	脱硫塔入口速度分布/(m/s)
137.6	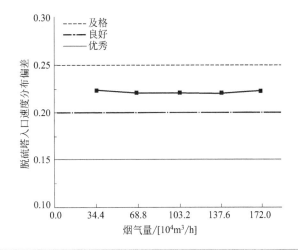 v(m/s): 0　4　8　12　16　20	v(m/s): 0　4　8　12　16　20
172.0	v(m/s): 0　5　10　15　20　25	v(m/s): 0　5　10　15　20　25

图 3-18

不同烟气量工况下脱硫塔入口速度分布偏差

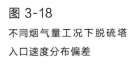

（2）整流格栅

整流格栅是反应器中重要的结构之一，主要作用为使尾气流场均匀化。

主体结构还是沿用原始烟道模型，在此基础上增加整流格栅，如图 3-19 所示。格栅部分因结构复杂采用四面体网格，其他部分采用六面体网格划分，网格数量约为 100 万。

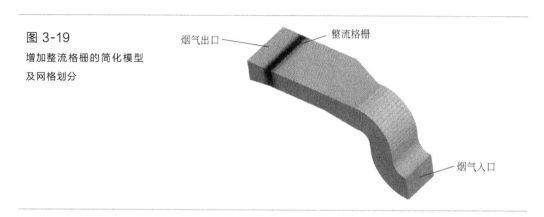

图 3-19

增加整流格栅的简化模型

及网格划分

　　首先通过计算甄选出最佳的整流格栅结构，之后模拟计算不同尾气量工况下此格栅的运行效果。

　　不同格栅结构反应器前后烟道在尾气量为 $172\times10^4\,\mathrm{m^3/h}$ 工况下的速度分布如表 3-3 所示，以及不同格栅脱硫塔入口速度分布偏差如图 3-20 所示。从结果中可以发现增加整流格栅后速度流场优化非常明显，4 个不同格栅在吸收塔入口速度分布偏差均提高到了优秀水平，考虑到阻力、成本及臭氧喷射位置等因素，这里优先选用 02 号整流格栅进行进一步验证。

表 3-3　不同格栅结构反应器前后烟道的速度分布

格栅编号	反应器周围速度分布/(m/s)	脱硫塔入口速度分布/(m/s)
01		
02		

续表

格栅编号	反应器周围速度分布/(m/s)	脱硫塔入口速度分布/(m/s)
03		
04		

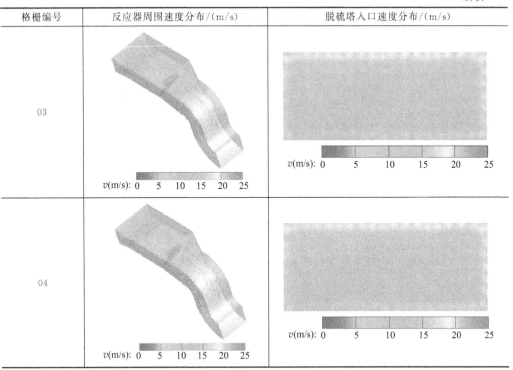

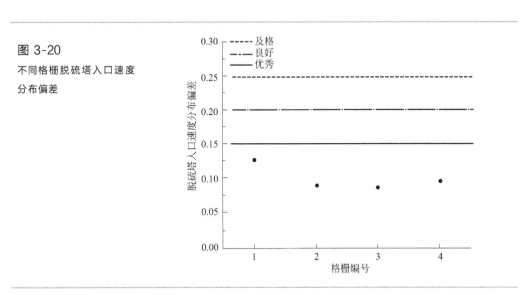

图 3-20

不同格栅脱硫塔入口速度
分布偏差

02 号格栅反应器前后烟道在不同烟气量工况下速度分布如表 3-4 所示，其对应的不同烟气量工况下 02 号格栅脱硫塔入口速度分布偏差如图 3-21 所示。与原始烟道的结果相似，烟气量的变化对速度分布影响较小，脱硫塔入口速度分布偏差均能位于优秀范围内，因此，将 02 号整流格栅作为后续设计的结构。

表 3-4　不同烟气量工况下 02 号格栅反应器前后烟道速度分布情况

烟气量 /(10⁴m³/h)	反应器周围速度分布/(m/s)	脱硫塔入口速度分布/(m/s)
34.4		
68.8		
103.2		
137.6		

续表

烟气量 /$(10^4 m^3/h)$	反应器周围速度分布/(m/s)	脱硫塔入口速度分布/(m/s)
172.0		

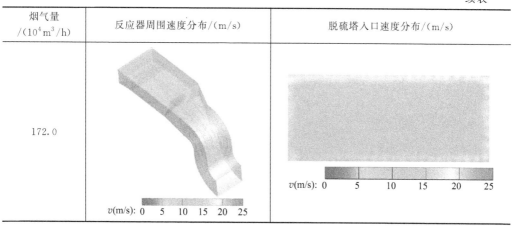

$v(m/s)$: 0　5　10　15　20　25

$v(m/s)$: 0　5　10　15　20　25

图 3-21

不同烟气量工况下 02 号格栅
脱硫塔入口速度分布偏差

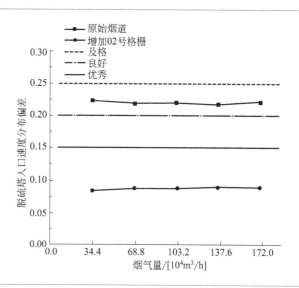

（3）活性分子反应器

在 02 号整流格栅的基础上设计活性分子反应器，通过计算优化反应器其他部分的结构。反应器设计在综合考虑成本和压力损失基础上，一般外壳尺寸与原烟道相同，内部增加喷射及整流结构。

反应器模型在 02 号整流格栅模型上建立，如图 3-22 所示。反应器部分因结构复杂采用四面体网格，其他部分均采用六面体网格划分，同时在反应器部分加密，网格数量约为 100 万。

和优化格栅的方法一样，首先通过计算甄选出最佳的反应器结构，随后模拟计算不同尾气量工况下此反应器的运行效果，判断此反应器的性能指标。

图 3-22
增加活性分子反应器的简
化模型及网格划分

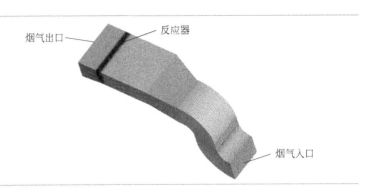

由于计算的第一个反应器吸收塔入口臭氧分布及速度分布均达到了优秀水平，所以这里直接选用了此反应器作为后续计算的结构，进行不同烟气量工况的验证。01 号反应器前后烟道在不同烟气量工况下速度分布如表 3-5 所示，以及不同烟气量工况下 01 号反应器脱硫塔入口速度分布偏差如图 3-23 所示。与之前结果相似，烟气量的大小对速度流场影响不大，但对臭氧的分布有一定影响，可能是为了保持臭氧浓度不变，在烟气量减少时臭氧喷口流速降低，导致混合效果变差。通过计算得到原始烟道进出口总压力损失约为 217Pa［尾气量为 $172 \times 10^4 \, \text{m}^3/\text{h}$ 工况时］，增加 01 号反应器后进出口总压力损失约为 191Pa［尾气量为 $10 \times 10^4 \, \text{m}^3/\text{h}$ 工况时］，因为反应器使得烟气分布更加均匀，动压损失减少，所以加装反应器后压降反而减小。烟气量减少时，动压减小，压力损失减少，所以这里只要考虑最大流量工况。因此，01 号活性分子反应器满足设计要求，将作为后续加工设计的结果。

表 3-5　不同烟气量工况下 01 号反应器前后烟道速度分布情况

烟气量 /($10^4 \, \text{m}^3$/h)	吸收塔入口臭氧分布(摩尔分数)	吸收塔入口速度分布/(m/s)
34.4	O_3: 2×10^{-5} 3×10^{-5} 4×10^{-5} 5×10^{-5} 6×10^{-5} 7×10^{-5} 8×10^{-5}	v(m/s): 0　1　2　3　4　5
68.8	O_3: 2×10^{-5} 3×10^{-5} 4×10^{-5} 5×10^{-5} 6×10^{-5} 7×10^{-5} 8×10^{-5}	v(m/s): 0　2　4　6　8　10

烟气量 /($10^4 m^3/h$)	吸收塔入口臭氧分布(摩尔分数)	吸收塔入口速度分布/(m/s)
103.2	O_3: 2×10^{-5} 3×10^{-5} 4×10^{-5} 5×10^{-5} 6×10^{-5} 7×10^{-5} 8×10^{-5}	$v(m/s)$: 0 3 6 9 12 15
137.6	O_3: 2×10^{-5} 3×10^{-5} 4×10^{-5} 5×10^{-5} 6×10^{-5} 7×10^{-5} 8×10^{-5}	$v(m/s)$: 0 4 8 12 16 20
172.0	O_3: 2×10^{-5} 3×10^{-5} 4×10^{-5} 5×10^{-5} 6×10^{-5} 7×10^{-5} 8×10^{-5}	$v(m/s)$: 0 5 10 15 20 25

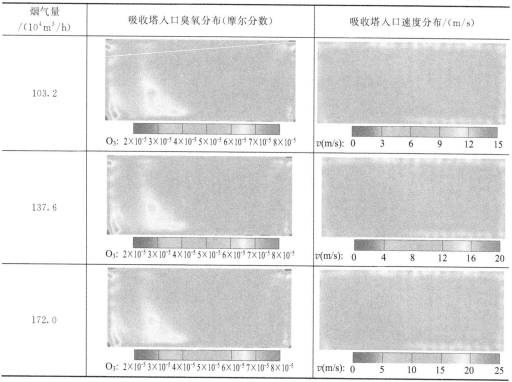

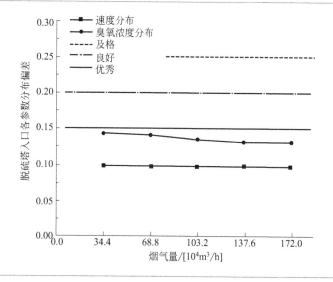

图 3-23

不同烟气量工况下 01 号反应器脱硫塔入口速度分布偏差

（4）结论

通过数值模拟的方法，基于原始烟道，逐步增加整流格栅以及活性分子反应器结构部分，高效地甄选出了最佳反应器结构。计算结果显示，01号活性分子反应器在烟气量为 $(34.4\sim172)\times10^4\,\mathrm{m}^3/\mathrm{h}$ 时，吸收塔入口截面速度分布偏差在 0.1 以下，位于优秀范围内，臭氧分布偏差在 $0.13\sim0.15$ 之间，属于优秀范围内，混合效果佳，可以使得臭氧与烟气中的氮氧化物快速充分反应。因此，活性分子反应器的加工设计依据 01 号反应器的结构进行。

第4章

臭氧深度催化氧化 NO_x 生成 N_2O_5 反应机理

　　臭氧深度氧化 NO 生成 N_2O_5，结合洗涤吸收具有广泛的应用前景。但是，均相深度氧化过程存在臭氧消耗大、反应时间长和臭氧残留等问题。根据臭氧深度氧化 NO 生成 N_2O_5 的总反应($2NO+3O_3 \longrightarrow N_2O_5+3O_2$)，臭氧消耗理论当量比应当是 $O_3/NO=1.5$，而实际应用中由于动力学限制，臭氧消耗往往需要达到 $O_3/NO>2.0$ 才可以实现 NO 的高效深度氧化。作者团队研究发现引入催化剂可以提高化学反应速率，进而降低臭氧消耗量、缩短反应时间并降低臭氧残留量。本章主要介绍臭氧深度催化氧化 NO_x 生成 N_2O_5 的反应机理。

4.1　不同金属氧化物对臭氧深度氧化的催化特性

4.1.1　催化剂制备方法

　　单一金属氧化物包括 MnO_x、CeO_x、FeO_x、CuO_x、CrO_x 和 CoO_x。选取硝酸锰、六水合硝酸铈、九水合硝酸铁、三水合硝酸铜、九水合硝酸铬和六水合硝酸钴作为前驱物，借助一水合柠檬酸，采用溶胶凝胶法合成：①将金属盐用去离子水配制成 0.5mol/L 的溶液，将一水合柠檬酸用去离子水配制成 0.5mol/L 的溶液；②按照"柠檬酸/金属离子=2"的摩尔比加入柠檬酸溶液；③在室温下剧烈搅拌 48h，形成溶胶；④在烘箱中 90℃氛围下静置，直至生成凝胶；⑤将生成的凝胶研磨成粉末状，空气氛围 400℃下焙烧 3h。

4.1.2　催化剂理化特性

　　上述单金属氧化物催化剂的 X 射线衍射（XRD）谱图如图 4-1 所示。对这些催化剂而言，均只观测到单一的晶体结构，分别是 CeO_2、Mn_2O_3、Fe_2O_3、CuO、CoO 和 Cr_2O_3。

　　所有金属氧化物催化剂的孔结构参数如表 4-1 所示。其中铬氧化物具有最高的比表面积（38.1m^2/g）和最大的孔容（0.27cm^3/g）；铜氧化物则具有最低的比表面积（0.5m^2/g）和最小的孔容（0.002cm^3/g）。比表面积和孔容越大，催化剂的吸附性能越好。因此，铬氧化物的催化活性相对较好，而铜氧化物的催化活性则非常差。

图 4-1

单金属氧化物催化剂 XRD 谱图

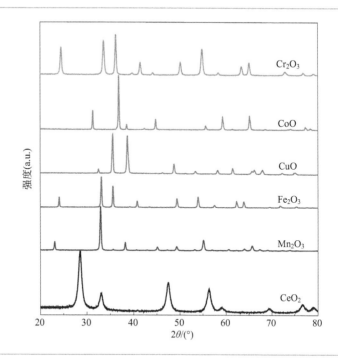

表 4-1　单金属氧化物催化剂孔结构参数

催化剂	BET 比表面积/(m^2/g)	总孔容[①]/(cm^3/g)	平均孔径[②]/nm
锰氧化物	15.4	0.13	27.0
铈氧化物	18.2	0.06	10.3
钴氧化物	1.6	0.01	38.8
铁氧化物	12.2	0.15	45.1
铜氧化物	0.5	0.002	33.7
铬氧化物	38.1	0.27	23.2

① BJH 脱附孔总体积。

② BJH 脱附平均孔径。

4.1.3　催化活性评价

在反应温度为 70℃时研究了 N_2O_5 的生成特性，总催化反应时间为 0.24s。分别测试了不同催化剂下 NO_x 深度氧化效率与 O_3/NO（摩尔比）的关系，结果如图 4-2 所示。催化剂的引入可以有效提高深度氧化效率。

总体上来看，这些催化剂的活性顺序是：Mn＞Fe＞Cr＞Co＞Cu＞Ce。催化臭氧分解也常常选用 Mn 作为催化剂[45]。因此，金属锰应当是催化臭氧深度氧化 NO 的最佳选择。在随后的催化剂优化过程中，应当以锰作为催化剂的核心和基础，通过选择催化剂载体和掺杂其他金属进一步提高臭氧深度催化氧化 NO 效率。此外，锰氧化物在 NO_x 封存[46]、氧化[47] 和还原[48] 领域都有很好的效果。催化 NO 深度氧化是臭氧分解、NO_x 封存和氧化三个反应的共同结果。因此，锰氧化物催化剂表现出最佳活性也符合预期。

图 4-2

单金属氧化物催化臭氧深度氧化 NO 效率

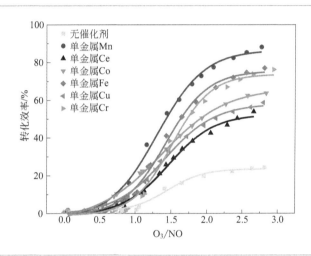

在均相反应中，当 $O_3/NO<1.0$ 时，NO 主要被转化为 NO_2。但由图 4-2 可见，在 $O_3/NO<1.0$ 时，深度氧化效率已经开始出现，说明部分 NO 或者 NO_2 已经被氧化为 N_2O_5。尤其是单金属锰氧化物催化剂，在 $O_3/NO=0.9$ 时，深度氧化效率已经达到了 15%。这种情况下，NO尚没有完全被氧化为 NO_2，部分 NO_2 已经开始向 N_2O_5 转化。而相比之下，NO_2 向 N_2O_5 氧化的活化能要比 NO 向 NO_2 氧化的活化能高很多。当没有催化剂时，在 NO 尚未完全氧化为 NO_2 之前，N_2O_5 是几乎不会生成的。这一现象说明催化剂的引入确实降低了 NO_2 向 N_2O_5 氧化的活化能。

如图 4-2 所示，深度氧化效率在 $O_3/NO=2.0$ 时达到最高。尽管催化剂的引入提高了深度氧化效率，但距离在 $O_3/NO=1.5$ 时实现高效深度氧化这一目标仍很遥远。催化剂仅仅提高了化学反应速率，在较短时间内实现了较高的氧化效率，但是臭氧的消耗依然很大。

4.2　球形氧化铝负载锰氧化物催化臭氧深度氧化 NO

单一的锰氧化物催化剂仅能在一定程度上缩短催化反应时间，仍然无法解决臭氧消耗量大的问题。粉末状催化剂的集中布置具有很大的气体流动阻力，不利于低温反应环境下催化中间产物的及时脱附分离。而选用球形氧化铝作为载体负载金属锰氧化物时，球形的布置可以大大降低流动阻力，扩大换热面积，促进对流换热，同时延长反应气体与催化剂的接触时间（催化反应时间）。而且球形氧化铝的高比表面积可以进一步促进催化剂的吸附性能，进而提高催化活性。

4.2.1　催化剂制备方法与理化特性

（1）制备方法

球形氧化铝负载锰金属氧化物催化剂通过传统的湿式浸渍法合成。球形氧化铝采用 2～3mm 直径的氧化铝球。将 50g 球形氧化铝浸入 30mL 包含 11.14g 四水合醋酸锰的去离子水溶液中，超声促进扩散 2h 后，室温下静置 24h，随后烘干。最后空气氛围下 400℃焙烧 3h。相对载体，金属 Mn 的负载量为 5%（质量分数）。

（2）催化剂理化特性

对所有催化剂分别进行了低温氮吸附、XRD、X 射线光电子能谱（XPS）、H_2-程序升温还原（TPR）、热重分析（TGA）、程序升温脱附（TPD）和傅里叶红外光谱（FTIR）表征。除去新鲜催化剂，所有用于表征的样品都经过了不同的预处理或试验处理，分别编号如下：A 为新鲜催化剂；B 为用于臭氧分解 200min 后的催化剂；C 为用于臭氧深度氧化 NO 200min 后的催化剂；D 为在 SO_2 气氛下进行臭氧深度氧化 NO 200min 后的催化剂；E 为球形氧化铝；F 为在 NO 和 O_2 氛围下吸附 200min 后的催化剂；G 为在 NO、O_2 和 SO_2 氛围下吸附 200min 后的催化剂。此后的表征中，将用字母符号标注样品。

4.2.1.1　晶体结构

A～E 五个催化剂的 XRD 谱图如图 4-3 所示。对于球形氧化铝载体，如曲线 E 所示，XRD 衍射光谱包括多个衍射峰，分别对应勃姆体 AlO(OH)、三水铝石 Al(OH)$_3$ 和 Al$_2$O$_3$。当载体负载锰氧化物后（A），仅可以检测到与 Al 相关的衍射峰。但是三水铝石 Al(OH)$_3$ 的衍射峰彻底消失，勃姆体 AlO(OH) 的衍射峰则变弱了许多，而 Al$_2$O$_3$ 的衍射峰则有所加强。这说明锰氧化物在球形氧化铝载体上高度分散，催化剂制备中的焙烧过程导致了一定的晶相转变。其余三个经历过臭氧分解和臭氧深度催化氧化 NO 样品的 XRD 谱图几乎没有变化。由此可以说明催化反应过程并没有破坏催化剂的晶体结构，反应过程中间产物的生成应当只是聚集在催化剂表面。

图 4-3

球形氧化铝负载锰氧化物催化剂
XRD 谱图

A—新鲜催化剂；B—臭氧分解后
催化剂；C—深度氧化后催化剂；
D—SO$_2$ 气氛下深度氧化后催化剂；
E—球形氧化铝

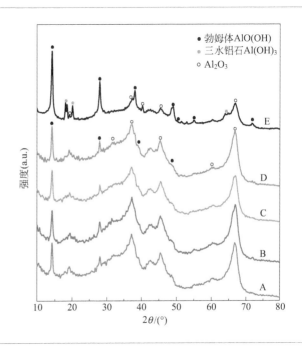

4.2.1.2　表面元素价态

Mn 2p 的 XPS 谱图如图 4-4(a) 所示，各个特征峰的结合能位置和通过面积积分计算出的各 Mn 价态的摩尔比列在表 4-2 中。对新鲜催化剂 A，经过催化臭氧深度氧化 NO 的催化剂 C 和 D，可以观测到 Mn^{3+} 和 Mn^{4+}[49] 两个特征峰。但对于经过催化臭氧分解的催化剂 B，却有一个代表 Mn^{7+}[50,51] 的新特征峰出现。同时由表 4-2 可以看出，Mn^{4+} 的比例也有所上升，说明臭氧分解过程中，Mn 确实经过反应式(4-1) 和反应式(4-11) 被氧化。Reed 等[52] 也指出由催化剂向臭氧的电子转移是引发臭氧分解为活性氧的起因。

图 4-4

Mn 2p、 O 1s、 N 1s 和 S 2p 的 XPS 谱图

A—新鲜催化剂；B—臭氧分解后催化剂；C—深度氧化后催化剂；D—SO$_2$ 气氛下深度氧化后催化剂

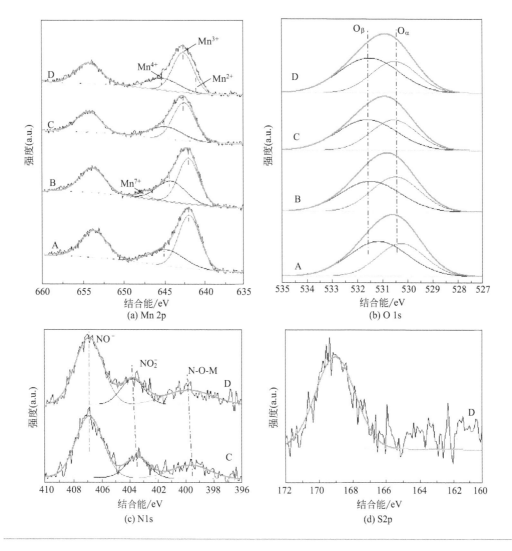

(a) Mn 2p XPS 谱图

(b) O 1s

(c) N1s

(d) S2p

在表 4-2 中，对比样品 A 和 C，催化剂经过臭氧深度氧化 NO 后表面的 Mn^{3+} 和 Mn^{4+} 并没有发生变化。据此可以得出氧化后的锰氧化物最终经过深度氧化 NO 过程被消耗掉，如反应式(4-2) 和式(4-15)。但是，当 SO$_2$ 通入 NO/N$_2$ 烟气中后 (D)，催化剂在深度氧化 NO 后 Mn^{4+} 发生了下降。在这个反应过程中，SO$_2$ 同样参与到催化反应过程中，如反应式(4-3) 所示。

因此，SO_2 的引入会导致 Mn^{4+} 被还原。此外，对催化剂 D，可以观测到一个新的特征峰，应当归属于 Mn^{2+}[53]。这个 Mn^{2+} 应当是通过反应（4-4）生成的。由此可得，SO_2 的引入会造成催化剂表面的锰离子被还原，这应当是导致催化剂活性降低的原因之一。

$$3O_3+2[Mn^{4+}] \longrightarrow 2O^{2-}[Mn^{7+}]+O^{2-}+3O_2 \qquad (4-1)$$

$$2O^{2-}[Mn^{7+}]+O^{2-}+3NO_2\text{-}Mn \longrightarrow 3NO_3\text{-}Mn+2[Mn^{4+}] \qquad (4-2)$$

$$O^-[Mn^{4+}]+SO_2\text{-}Mn \longrightarrow SO_3\text{-}Mn+[Mn^{3+}] \qquad (4-3)$$

$$O^-[Mn^{3+}]+SO_2\text{-}Mn \longrightarrow SO_3\text{-}Mn+[Mn^{2+}] \qquad (4-4)$$

表 4-2　Mn $2p_{3/2}$ 各特征峰的结合能和价态分布

催化剂	Mn^{2+}/eV	Mn^{3+}/eV	Mn^{4+}/eV	Mn^{7+}/eV	Mn^{2+}/Mn	Mn^{3+}/Mn	Mn^{4+}/Mn	Mn^{7+}/Mn
A	—	641.7	644.5	—	—	0.67	0.33	—
B	—	641.7	643.9	647.4	—	0.59	0.37	0.04
C	—	642.3	644.5	—	—	0.67	0.33	—
D	640.8	642.4	644.9	—	0.07	0.64	0.29	—

O 1s 的 XPS 谱图如图 4-4（b）所示，分为两个主要的峰，代表晶格氧 O_α 和化学吸附氧 O_β[54,55]。各氧物种的晶格能和通过面积积分得到的氧物种摩尔比例见表 4-3。经过臭氧分解后，O_β/O_α（摩尔比）从 1.30（催化剂样品 B）下降至 1.07（催化剂样品 A）。如前所述，通过第一条反应路径，臭氧分解会产生吸附在催化剂表面的活性氧物种，而通过第二条反应路径，臭氧分解会引发锰氧化物的氧化还原反应。因此，在臭氧分解中，如果第一条反应路径占主导地位的话，催化剂表面化学吸附氧 O_β 的比例将会增加；如果第二条反应路径占主导地位的话，晶格氧 O_α 的比例将会增加。至此，可以初步得出结论，第二条反应路径应当是臭氧分解过程的主要反应路径。对于经过深度氧化 NO 反应的催化剂 C，表面氧物种的变化与前文所述锰离子的变化相同，O_β/O_α 和新鲜催化剂 A 相比没有变化。但是，当在 SO_2 氛围下进行深度氧化 NO 后，催化剂样品的 O_β/O_α 和新鲜催化剂 A 相比有明显

表 4-3　O 1s 中各特征峰的结合能及氧物种分布

催化剂	O_α/eV	O_β/eV	O_β/O_α
A	530.2	531.1	1.30
B	530.5	531.5	1.07
C	530.5	531.6	1.30
D	530.5	531.5	1.44

增加。这是由于 SO$_2$ 与金属氧化物相结合，如反应式（4-3）所示，进而产生一定的 SO$_3$ 或者硫酸盐，这些物质会存留在催化剂表面，因此会增加化学吸附氧的比例。此后，催化剂表面的电子分布由于硫酸盐的生成而变得不平衡，进而产生更多氧空位吸附氧物种[56]。

进一步分析催化剂表面的硝酸盐，对 N 元素进行了 XPS 分析得到 N 1s 的 XPS 谱图如图 4-4(c) 所示。各自的结合能和面积积分比例如表 4-4 所示。三个特征峰按结合能由低向高依次对应 N-O-Mn[57]、NO$_2^-$ [58,59] 和 NO$_3^-$ [60]。其中 N-O-Mn 代表与金属相连接的氮物种，它们在晶格结构中分散良好。但是对于由 NO$_2$-Mn 产生的 NO$_2^-$ 和由 NO$_3$-Mn 转化来的 NO$_3^-$，它们都属于化学吸附类氮物种。经过深度氧化 NO 反应后，氮物种的主要存在形式是 NO$_3^-$，而 NO$_2^-$ 和 N-O-Mn 的比例则十分相近。在 SO$_2$ 气氛下进行深度氧化 NO 反应后，NO$_3^-$ 的比例有所下降。这应当是 SO$_2$ 的存在使催化剂表面原有的硝酸盐被硫酸盐取代的缘故。在如图 4-4(d) 所示的 S 元素的 XPS 结果中也确实观测到 S 的特征峰。但是仅有一个结合能位于 168.9eV 的特征峰，这个峰应当属于无机硫酸盐 (S-O)[61]。

表 4-4　N 1s 中各特征峰的结合能及氮物种分布

催化剂	N-O-Mn/eV	NO$_2^-$/eV	NO$_3^-$/eV	N-O-Mn/N	NO$_2^-$/N	NO$_3^-$/N
C	399.6	403.4	406.8	0.20	0.18	0.62
D	399.8	403.7	406.8	0.21	0.20	0.59

4.2.1.3　氧化还原性能（H$_2$-TPR）

通过 H$_2$-TPR 结果展示出催化剂在臭氧分解和深度氧化后氧化还原性能的变化，如图 4-5 所示。对于新鲜催化剂 A，在 100℃ 和 450℃ 之间有一个较宽的还原区域，对应着 MnO$_2$ 的两段还原：MnO$_2$ → Mn$_2$O$_3$ → Mn$_3$O$_4$。在 600℃ 和 700℃ 之间同样有一个微弱的还原区域，这应当是较大颗粒锰氧化物的还原引起的。在催化剂进行臭氧分解反应后（如曲线 B 所示），H$_2$-TPR 曲线没有表现出明显的变化。但是当催化剂经过深度氧化 NO 后（如曲线 C 所示），H$_2$-TPR 变化显著。在 253℃ 时出现一个非常大的还原峰，这个还原峰应当是由硝酸盐的还原引发的。而在 SO$_2$ 气氛下进行深度氧化 NO 后，催化剂的 H$_2$-TPR 变化更为明显，检测到分别位于 284℃、380℃、476℃ 和 613℃ 的四个还原峰。最低温度的还原峰应当依旧属于硝酸盐的还原，而其余的还原峰应当对应硫酸盐的还原。有研究表明对于晶相 MnSO$_4$ 的 H$_2$ 还原应当位于 540～800℃ 之间，这一还原过程如反应式（4-5）所示。但

$MnSO_4$ 物种在催化剂表面分散良好，可以降低还原温度。晶相 $Al_2(SO_4)_3$ 的 H_2 还原温度区间是在 430～800℃ 之间，这一还原过程如反应式（4-6）所示。位于 380℃ 和 476℃ 的还原峰应当属于具有较弱吸附键的化学吸附硫酸盐，而位于 613℃ 的还原峰应当是晶相硫酸盐引发的。通过对比催化剂 C 和 D 的还原峰大小可以发现，硝酸盐所对应的 H_2 消耗在 SO_2 氛围下明显下降。此外，催化剂 D 中 $Al_2(SO_4)_3$ 的还原还可能通过如反应式（4-7）所示的方式进行：

$$2MnSO_4 + 5H_2 \longrightarrow MnO + MnS + SO_2 + 5H_2O \tag{4-5}$$

$$Al_2(SO_4)_3 + 3H_2 \longrightarrow Al_2O_3 + 3SO_2 + 3H_2O \tag{4-6}$$

$$Al_2(SO_4)_3 + 12H_2 \longrightarrow Al_2S_3 + 12H_2O \tag{4-7}$$

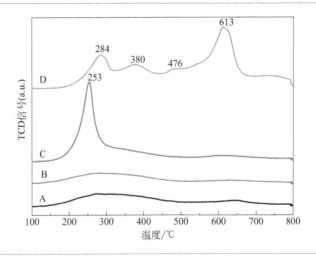

图 4-5

H_2-TPR 结果

A—新鲜催化剂；B—臭氧分解后催化剂；C—深度氧化后催化剂；D—SO_2 气氛下深度氧化后催化剂

4.2.1.4　程序升温脱附（TPD）

对四个催化剂进行定性测试表面吸附的 NO、NO_2、O_2 和 SO_2，可以分别得到 NO-TPD、NO_2-TPD、O_2-TPD 和 SO_2-TPD 曲线，结果如图 4-6 所示。各个物质的脱附峰的面积积分如表 4-5 所示。因为硫酸盐的分解也会产生 O_2，为了避免这一过程对判断 O_2 脱附量的影响，表 4-5 中的 O_2 脱附峰的面积仅仅计算了在 70～700℃ 之间的脱附。

由 TPD 结果可以发现催化剂吸附的主要氮氧化物是 NO。NO 和 NO_2 的脱附曲线可以大致分成两个区域：第一个区域在 130～280℃，这部分主要来自表面弱吸附的硝酸盐，包括桥状连接的硝酸盐和亚硝酸盐[62,63]；第二个在 280～420℃ 之间的峰应当由单配位基和双配位基的硝酸盐脱附而得[64,65]。前两个区域的硝酸盐和亚硝酸盐的分解以及氧物种的分解共同构

图 4-6

NO、NO$_2$、O$_2$ 和 SO$_2$ 的 TPD 曲线

C—深度氧化后催化剂；D—SO$_2$ 气氛下深度氧化后催化剂；F—NO 和 O$_2$ 吸附饱和的催化剂；G—NO、O$_2$ 和 SO$_2$ 吸附饱和的催化剂

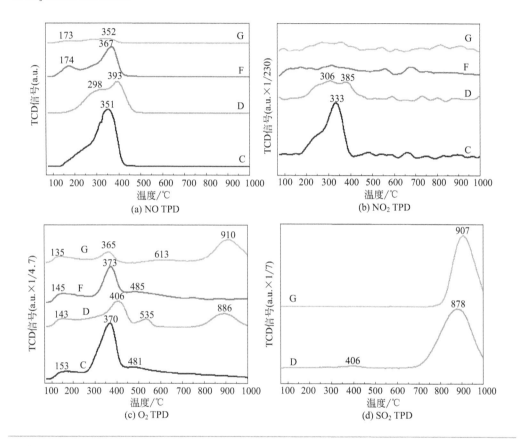

表 4-5　催化剂 TPD 信号的面积积分（a. u. ×10^8）

催化剂	NO	NO$_2$	O$_2$（70～700℃）	SO$_2$
C	188	1.80	79.84	—
D	133	1.28	52.76	79.4
F	104	0.73	49.44	—
G	19.7	0.90	22.75	64.6

成了 420℃ 以下的 O$_2$ 脱附。从 MnO$_2$ 向 Mn$_2$O$_3$ 的转化也会分解产生 O$_2$，引发了位于 420℃ 以上的第三个 O$_2$ 脱附峰。如图 4-6（d）所示的 SO$_2$-TPD

结果，催化剂 D 和 G 的 SO_2 脱附峰分别位于 878℃ 和 907℃。晶相 $MnSO_4$ 和 $Al_2(SO_4)_3$ 的分解温度分别是 850℃ 和 770℃[66]。但是催化剂表面的硫酸盐分解温度肯定要比晶相硫酸盐分解温度低。然而 TPD 结果表明，这些硫酸盐的分解温度并没有比晶相分解温度低，说明这些 SO_2 脱附峰应当来自晶相硫酸盐分解。尽管催化剂 G 的 SO_2 脱附峰要比催化剂 D 的脱附峰高些，但如表 4-5 所示，前者的脱附量要比后者低，这是由于前者的脱附温度区间较后者窄，前者形成的硫酸盐分解难度更高。由此可见，臭氧的存在促进了硫酸盐的生成。高于 700℃ 的 O_2 脱附峰是由硫酸盐的分解导致的，出峰温度几乎与 SO_2 出峰温度一致。

这四个催化剂的 NO、NO_2 和 O_2 脱附量的大小顺序依次为：C＞D＞F＞G（催化剂 F 和 G 相对微弱的 NO_2 脱附量在此暂作忽略）。臭氧的存在大幅改善 NO_x 和 O_2 的吸附（对比催化剂 C 和 F）。尤其是在 SO_2 存在的情况下，臭氧的存在可以使催化剂维持一定的 NO_x 和 O_2 的吸附（对比催化剂 D 和 G），这一意义更加重大。由此也可以解释催化臭氧深度氧化 NO 同催化氧气氧化 NO 相比表现出更好的抗硫性能。

4.2.1.5 催化剂孔结构测试

在催化过程中，尤其对催化臭氧氧化催化剂而言，催化剂的比表面积等孔结构参数是影响催化过程的重要因素。催化剂催化反应前后的比表面积和孔结构参数如表 4-6 所示。与球形氧化铝载体（样品 E）相比，负载锰氧化物后催化剂（样品 A）的比表面积有所下降。当催化剂进行臭氧分解反应后，反应过程使催化剂表面聚集大量的活性氧物种，因此催化剂 B 的比表面积也有所下降。但是在经过催化臭氧深度氧化后，催化剂（样品 C）的比表面积几乎恢复到反应前的量级，这是催化反应过程将聚集的氧物种消耗的缘故。当然催化反应过程也不可避免地让催化剂表面聚集一定的硝酸盐等物种，因此比表面积和新鲜催化剂相比依然有所下降。对催化剂 D 而言，硫酸盐的生成最终导致催化剂的比表面积进一步下降。

表 4-6　催化剂的比表面积和孔结构参数

催化剂	BET 比表面积/(m^2/g)	总孔容/(mL/g)	平均孔径/nm
A	268.3	0.38	5.6
B	239.9	0.35	5.9
C	263.0	0.38	5.8
D	253.9	0.36	5.7
E	294.3	0.37	5.1

4.2.2　催化活性评价

在固定床反应平台上分别测试没有催化剂、纯球形氧化铝载体作为催化剂和球形氧化铝负载锰氧化物作为催化剂的反应过程。NO 初始浓度定为 600×10^{-6}，除去研究催化反应时间对催化活性影响的试验外，所有的催化反应时间为 0.12s，从臭氧喷入到烟气测量之间的反应总时间为 0.24s。通过 Gasmet 烟气分析仪测得反应后烟气中 NO、NO_2 的浓度和 N_2O_5 的红外吸收光谱，将光谱图中吸收峰的强度作为 N_2O_5 浓度的半定量指标，结果如图 4-7 所示。同时，借助低浓度臭氧分析仪测量反应后臭氧残留浓度。由图 4-7(a) 可见，在不借助任何催化剂的情况下，当 $O_3/NO_x < 1.0$ 时，NO、NO_2 和 O_3 浓度变化与第 3 章所述均相反应过程完全一致。在 $O_3/NO_x =$

图 4-7

球形氧化铝负载金属锰氧化物催化臭氧深度氧化 NO 活性

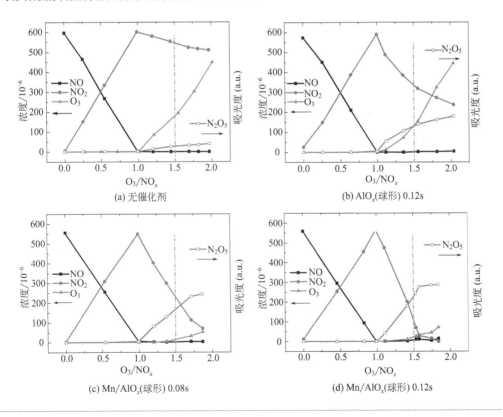

1.0 时，NO 基本完全氧化为 NO_2。当 O_3/NO_x（摩尔比）从 1.0 增加到 1.5 时，NO_2 浓度仅仅下降了 50×10^{-6}，下降比例不足 10%，这主要是由于 0.24s 的反应时间完全无法达到高效深度氧化。当把球形氧化铝填充到反应器中后，在 $O_3/NO_x < 1.0$ 时，氧化过程没有显著差异；但当 O_3/NO_x（摩尔比）从 1.0 增加到 1.5 时，NO_2 浓度下降了 280×10^{-6}，深度氧化效率接近 50%，如图 4-7(b) 所示。由此可见，单纯的球形氧化铝这种惰性载体由于具有一定的孔结构，仍然表现出一定的催化活性，可以提高 N_2O_5 生成速率。

当把球形氧化铝负载锰氧化物的催化剂填充到反应器中时，NO_2 浓度随着 O_3/NO_x（摩尔比）的增加迅速下降，如图 4-7(c) 和（d）所示。首先，通过紧密布置得到的催化反应时间为 0.08s。如图 4-7(c) 所示，当 O_3/NO_x（摩尔比）从 1.0 增加到 1.5 时，NO_2 浓度下降了 360×10^{-6}，深度氧化效率接近 60%，但仍未达到理想的氧化效率。如图 4-7(d) 所示，当催化反应时间延长至 0.12s 时，NO_2 浓度下降速度明显提升。当 O_3/NO_x（摩尔比）从 1.0 增加到 1.5 时，NO_2 浓度下降了 500×10^{-6}，深度氧化效率接近 83%。由此可见，合理匹配催化反应时间对提高 NO 深度氧化速率至关重要。在 O_3/NO_x 达到 1.57 时，NO 深度氧化效率达到 95%。在上述工况下，均未检测到 N_2O 和 NO_3。

如前文所述，将催化剂引入臭氧深度氧化 NO 系统中的目的之一是降低臭氧残留。在 $O_3/NO_x = 1.5$ 时，臭氧残留由未引入催化剂时的 150×10^{-6} [图 4-7(a)] 下降至引入球形氧化铝负载锰氧化物催化剂的 20×10^{-6} [图 4-7(d)]。一方面这是由于深度氧化速率提高，臭氧利用率提高，进而导致臭氧残留减少。另一方面，催化剂对臭氧也有一定的分解作用。

催化臭氧氧化过程主要是通过加速催化剂表面的臭氧分解来提高氧化反应效率。臭氧在锰氧化物催化剂表面的分解有两条可能的路径。第一条分解路径如式(4-8)～式(4-10) 所示[67,68]，这一过程导致活性氧原子的生成。第二条分解路径如式(6-11)～式(4-13) 所示[69,70]，这涉及 Mn 元素价态的转变。在这些反应中，"Mn^*"代表催化剂活性位点，"-Mn"代表吸附在催化剂活性位点的一个原子或者分子。相似地，本书提出的催化臭氧深度氧化 NO 的反应机理也包括两条反应路径。两条路径唯一的不同在于 NO_3 的生成过程。第一条路径中的活性氧或者第二条路径中氧化后的 Mn^{4+} 和吸附在催化剂表面的 NO_2(NO_2-Mn) 反应生成 NO_3(NO_3-Mn)，如式(4-14)～式(4-15) 所示。随后催化剂表面的 NO_3 与 NO_2 结合生成 N_2O_5，如式(4-16) 所示。最终 N_2O_5 从催化剂表面脱附 [式(4-17)]，催化反应完成。由于 NO_x 的源头是 NO，活性氧或 Mn^{4+} 也许会与吸附的 NO(NO-Mn) 反应生成 NO_2

（NO$_2$-Mn），如式（4-18）和式（4-19）所示。

$$O_3 + Mn^* \longrightarrow O_2 + O\text{-}Mn \tag{4-8}$$

$$O_3 + O\text{-}Mn \longrightarrow O_2 + O_2\text{-}Mn \tag{4-9}$$

$$O_2\text{-}Mn \longrightarrow O_2 + Mn^* \tag{4-10}$$

$$O_3 + [Mn^{3+}] \longrightarrow O^-[Mn^{4+}] + O_2 \tag{4-11}$$

$$O_3 + O^-[Mn^{4+}] \longrightarrow [Mn^{3+}] + 2O_2 \tag{4-12}$$

$$2O^-[Mn^{4+}] \longrightarrow 2[Mn^{3+}] + O_2 \tag{4-13}$$

$$O\text{-}Mn + NO_2\text{-}Mn \longrightarrow NO_3\text{-}Mn + Mn^* \tag{4-14}$$

$$O^-[Mn^{4+}] + NO_2\text{-}Mn \longrightarrow NO_3\text{-}Mn + [Mn^{3+}] \tag{4-15}$$

$$NO_2\text{-}Mn + NO_3\text{-}Mn \longrightarrow N_2O_5\text{-}Mn + Mn^* \tag{4-16}$$

$$N_2O_5\text{-}Mn \longrightarrow N_2O_5 + Mn^* \tag{4-17}$$

$$O\text{-}Mn + NO\text{-}Mn \longrightarrow NO_2\text{-}Mn + Mn^* \tag{4-18}$$

$$O^-[Mn^{4+}] + NO\text{-}Mn \longrightarrow NO_2\text{-}Mn + [Mn^{3+}] \tag{4-19}$$

4.2.3　催化剂稳定性

催化剂稳定性是决定一个催化剂工业化应用的关键因素，因为它直接影响催化剂的运行时间和运行成本。尤其对于催化臭氧氧化反应，往往需要在低温下进行，催化剂表面副产物的分解是催化剂长时间稳定运行的挑战。在 100℃下，O$_3$/NO$_x$＝1.57，NO 初始浓度为 600×10^{-6} 时，稳定性测试结果如图 4-8(a) 所示。结果显示在 200min 的运行时间内，深度氧化效率呈现微弱的下降趋势，最终下降到约 90％。

实际工况下烟气中 SO$_2$ 和 H$_2$O 对催化剂活性的影响也应该被考虑。当 SO$_2$ 通入烟气中时，NO$_2$ 浓度下降要比图 4-8(a) 中快，尤其在 120min 后。最终 200min 后，深度氧化效率下降至接近 80％，同时 NO$_2$ 出口浓度增加至 100×10^{-6} 以上。但与本书本章的催化氧气氧化 NO 催化剂抗硫性能相比，该结果已属较好抗硫性能。也许 O$_3$ 存在导致的强氧化性氛围可以及时将钝化的活性位修复。当 H$_2$O 通入反应系统后 10min 内，如图 4-8(b) 所示，深度氧化效率骤降至 70％，出口 NO$_2$ 浓度也超过了 170×10^{-6}，随后则变化微弱。和其他催化剂水中毒原因一致，H$_2$O 的引入会使催化剂的活性位优先吸附 H$_2$O 分子，进而导致对反应气体的吸附性能大幅下降。同时 H$_2$O 的引入还会大幅降低催化剂的比表面积，最终导致催化剂失活。

臭氧的分解效率是影响催化反应的重要因素。温度 100℃时臭氧分解稳定性测试结果如图 4-8(c) 所示。可以看出臭氧分解效率并无明显下降。之前亦有较多论文针对锰氧化物催化臭氧开展研究，但大多不能达到类似的稳定性效果。Einaga 等[71] 研究了 γ-Al_2O_3 负载锰氧化物催化臭氧分解，发现其在 120min 内维持良好的稳定性。Wang 等[72] 研究了活性炭负载锰氧化物催化臭氧分解，结果发现臭氧分解效率在开始的几分钟内即下降显著，并将其归因于催化剂的吸附。这或许说明催化剂的载体是锰氧化物催化臭氧分解稳定性的关键因素。

图 4-8

催化臭氧深度氧化和臭氧分解稳定性测试结果

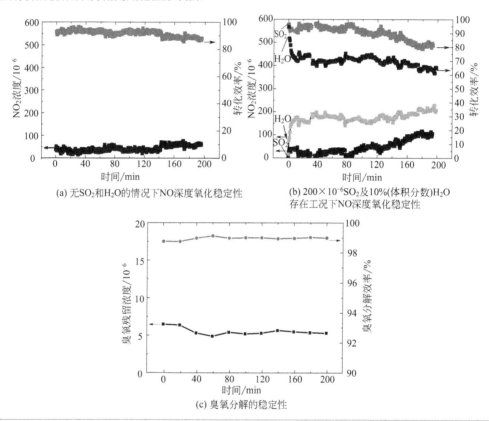

(a) 无SO_2和H_2O的情况下NO深度氧化稳定性

(b) 200×$10^{-6}$$SO_2$及10%(体积分数)$H_2O$存在工况下NO深度氧化稳定性

(c) 臭氧分解的稳定性

4.2.4 催化臭氧分解效果

如前文所述的催化臭氧深度氧化 NO 反应机理，臭氧分解是整个催化反应过程的起始步骤。如图 4-9 所示，在没有催化剂，且温度低于 160℃时，臭氧几乎不会发生分解。即使当温度升至 200℃后，分解效率也仅仅

达到 53%。当把球形氧化铝填充入反应器后，从 30℃ 臭氧分解就已经开始。随着反应温度的升高，分解效率不断增大，而且始终比均相自然分解效率高。在 200℃ 时，分解效率接近 80%。当把球形氧化铝负载锰氧化物的催化剂填充入反应器后，臭氧分解效率显著提高，在 40℃ 下分解效率即已超过 60%，当温度超过 100℃ 后，分解效率始终维持在 99% 以上。前文已经罗列臭氧在该催化剂催化下的分解反应式，研究发现这些步骤的反应速率基本处于相同的等级[73]。在臭氧分解过程中，催化剂表面不断重复进行氧化和还原反应[74]。锰氧化物则比其他氧化物有更强的还原性能，而且具有更加多变的氧化态形式，因此对臭氧分解表现出极强的活性。

图 4-9
催化剂臭氧分解活性

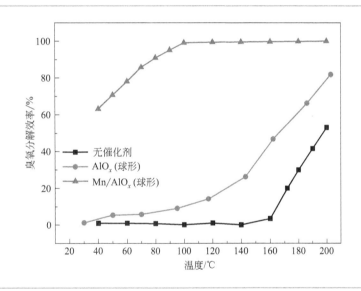

4.3　球形氧化铝负载锰基双金属氧化物催化臭氧深度氧化 NO

球形氧化铝负载锰氧化物催化剂可以在 $O_3/NO=1.5$ 时实现 83% 的深度氧化效率。从热力学角度上看，在该摩尔比下，具备实现 100% 深度氧化效率的潜力。作者研究表明球形氧化铝负载锰基双金属氧化物可表现出更为优越的催化臭氧深度氧化 NO 活性。

4.3.1 催化剂制备方法与活性评价

（1）制备方法

对于锰基双金属氧化物催化剂，采用各自的金属硝酸盐作为前驱物，可以分别合成 Ce-Mn、Fe-Mn、Cu-Mn、Cr-Mn 和 Co-Mn 系列催化剂。金属 Mn 的负载量同样固定为 5%（质量分数），掺杂金属与 Mn 的摩尔比固定为 1/5，其余制备过程与 4.2.1 小节中的球形氧化铝负载锰金属氧化物催化剂的制备方法相同。催化剂依次标记为 Ce-Mn/SA（SA 即球形氧化铝，下同）、Fe-Mn/SA、Cu-Mn/SA、Cr-Mn/SA 和 Co-Mn/SA。

（2）催化活性评价

在 4.2 节的基础上介绍双金属催化剂催化臭氧深度氧化 NO 活性。NO 初始浓度设定为 $410mg/m^3$，O_3 喷入量固定为 $642mg/m^3$，专门研究 $O_3/NO=1.5$ 时臭氧深度氧化 NO 效率。锰基双金属氧化物催化剂的活性数据如图 4-10 和图 4-11 所示。考虑到出口烟气往往依然保留部分 NO（$<10\times 10^{-6}$），图 4-10 中展示的是催化臭氧深度氧化 NO 反应后出口处的 $NO+NO_2$ 浓度。从开始记录时臭氧即喷入模拟烟气中开始参与反应。可以看到当臭氧喷入时，出口 $NO+NO_2$ 浓度立即下降，说明 N_2O_5 已经生成。在所有的催化剂中，Fe-Mn/SA 和 Ce-Mn/SA 表现出最高的催化活性。臭氧喷入 20min 后，出口 $NO+NO_2$ 浓度趋于稳定。其中催化剂 Fe-Mn/SA 的出口稳定浓度低于 $25mg/m^3$，催化剂 Ce-Mn/SA 的出口稳定浓度低于 $50mg/m^3$，相应的深度氧化效率分别高于 94% 和 88%。与前文所采用的 Mn/SA 单金属氧化物催化剂（83%）相比，效率有一定提升。更为重要的是，两种催化剂使用后出口 NO_x 浓度已经可以满足国家超低排放标准（$NO_x<50mg/m^3$）。因此，借助这两种催化剂，催化臭氧深度氧化 NO 技术可以应用于工业烟气超低排放治理。但是，其他三种催化剂的出口稳定浓度却高于 $100mg/m^3$。尤其是催化剂 Co-Mn/SA，出口 $NO+NO_2$ 浓度波动较大，而且高于 $200mg/m^3$。这说明 Cu、Cr、Co 的引入反而抑制了催化活性。

从图 4-10 中还可发现加入催化剂后反应稳定所需的时间较长，尤其是催化剂 Cr-Mn/SA、Cu-Mn/SA 和 Co-Mn/SA，出口 $NO+NO_2$ 浓度一直呈现出一定的波动。这是由于新生成的 N_2O_5 会吸附在催化剂表面，直到吸附饱和后再从催化剂表面脱附。此外，在和反应气体（NO、NO_2）反应前，金属原子的价态会首先因臭氧的氧化而提高。因此，出口 $NO+NO_2$ 浓度在臭氧喷入后不断下降直到平衡。这也可以解释图 4-11 中出口臭氧浓度在开始测试的前一段时间不断增加。

图 4-10

锰基双金属氧化物催化剂催化臭氧深度氧化 NO 活性（出口 NO+NO₂ 浓度）

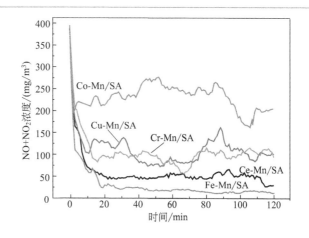

图 4-11

锰基双金属氧化物催化剂的催化臭氧深度氧化 NO 活性（出口 O₃ 浓度）

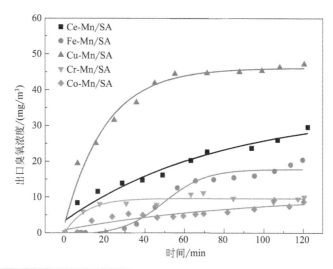

　　如前所述，提高臭氧深度氧化 NO 效率的同时势必会提高臭氧的利用率，进而降低臭氧消耗量，臭氧的残留量也会随之减少。而降低残留臭氧浓度也是引入催化剂的初衷之一。因此，专门测试了催化臭氧深度氧化 NO 反应后出口臭氧浓度与催化剂的关系，结果如图 4-11 所示。奇妙的是，出口残留臭氧稳定浓度的高低顺序并不与图 4-10 中所示的出口 NO＋NO₂ 浓度高低顺序一致。催化剂 Cu-Mn/SA 使用后，出口臭氧浓度最高，而催化剂 Co-Mn/SA 使用后的出口臭氧浓度最低。这说明催化臭氧深度氧化 NO 并不完全取决于催化剂催化臭氧分解的活性。而且，需要强调的是图 4-11 所示的出口臭氧浓度是经过催化臭氧深度氧化 NO 反应后的臭氧残留，并不能直接

反映催化剂催化臭氧的活性。可以看出，催化剂 Co-Mn/SA 由于出口臭氧浓度最低，而催化臭氧深度氧化 NO 活性最差。也许正因为此，大量的 NO+NO$_2$ 会吸附在催化剂表面，进而将金属离子还原，而残留的臭氧又不足以将被还原的离子修复。所以，催化剂 Co-Mn/SA 的出口 NO+NO$_2$ 浓度有较大的波动。

可以看出催化剂 Ce-Mn/SA 和 Fe-Mn/SA 的出口残留臭氧浓度均低于 25mg/m^3。如图 4-10 所示的氧化结果，这两种催化剂使用后的 NO+NO$_2$ 浓度都低于 50mg/m^3。这一数值十分接近残留臭氧浓度的 2 倍，而 N$_2$O$_5$ 生成过程中 NO$_2$/O$_3$（化学当量比）恰好为 2.0。因此可以得出结论，在这两种催化剂引入后，臭氧充分参与了 NO 深度氧化过程。

4.3.2 催化剂稳定性

如上文所述，催化剂 Ce-Mn/SA 和 Fe-Mn/SA 在所有锰基双金属氧化物催化剂中具有最高的催化活性。本节选择这两种催化剂介绍其稳定性及抗硫抗水性能，结果如图 4-12 所示。首先，在没有 SO$_2$ 和 H$_2$O 通入的情况进行催化剂空白工况的稳定性测试。在反应温度 100℃、催化反应时间 0.12s 的工况下，两种催化剂在测试的 120min 内均维持良好的稳定性。尤其是催化

图 4-12

不同气氛下催化剂稳定性结果 ［催化反应时间 0.12s，反应温度 100℃。 SO$_2$：在 285mg/m^3 SO$_2$ 气氛下深度氧化；H$_2$O：在 10%（体积分数）H$_2$O 气氛下深度氧化；SO$_2$+H$_2$O：在 285mg/m^3 SO$_2$ 和 10%（体积分数）H$_2$O 气氛下深度氧化；空白：没有 SO$_2$ 和 H$_2$O 的深度氧化］

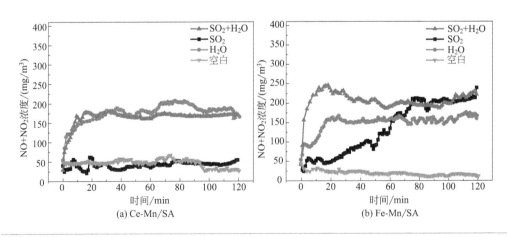

剂 Fe-Mn/SA 的出口 NO＋NO_2 浓度甚至出现不断下降的趋势。但是，当 SO_2 通入模拟烟气中后，两种催化剂的出口 NO＋NO_2 浓度呈现出不同的趋势。对催化剂 Ce-Mn/SA，在 120min 的测试过程中，SO_2 的通入并没有产生显著影响，说明该催化剂呈现出良好的抗硫性能。但是对催化剂 Fe-Mn/SA，在 SO_2 通入后，出口 NO＋NO_2 浓度上升明显。仅仅经过 80min 的测试，出口 NO＋NO_2 浓度就超过了 $200mg/m^3$，说明该催化剂受 SO_2 钝化严重。一般情况下，在催化剂硫中毒后，催化剂的 NO_x 吸附性能会被严重抑制。但是前文对 Mn/SA 催化剂的表征研究发现，在 SO_2 存在的情况下，臭氧的喷入可以使催化剂依旧保持较好的 NO_x 吸附性能。也许正因为此，催化剂 Ce-Mn/SA 的催化活性在 SO_2 喷入后依旧得到维持，催化剂 Fe-Mn/SA 的催化活性虽有下降，但与前文催化氧气氧化 NO 硫中毒后活性几近消失相比，仍表现尚好。

H_2O 的存在会催化臭氧分解和催化臭氧氧化钝化。因为 H_2O 的吸附能要比其他反应气体低，在催化剂表面会优先吸附 H_2O。而且吸附在催化剂表面的 H_2O 分子在低温且有湿度的氛围下很难从催化剂表面脱附。如图 4-12 所示，出口 NO＋NO_2 浓度在引入 H_2O 后急剧增加。在大约 20min 后，出口浓度趋于稳定。相比之下，催化剂 Ce-Mn/SA 最终的稳定浓度大约为 $200mg/m^3$，催化剂 Fe-Mn/SA 的稳定浓度大约为 $150mg/m^3$，后者表现出更强的抗水性能。

最后，同时将 SO_2 和 H_2O 引入模拟烟气中，研究二者共同存在时对催化活性的影响。一般情况下，SO_2 和 H_2O 的共存会加速催化剂表面硫酸盐的生成。因此，这种工况下催化剂的钝化也会更加严重。如图 4-12 所示，催化剂 Ce-Mn/SA 在 SO_2 和 H_2O 共存条件下的出口 NO＋NO_2 浓度和仅有 H_2O 存在时相似。催化剂 Fe-Mn/SA 在 SO_2 和 H_2O 共存时出口 NO＋NO_2 浓度在 15min 后骤增至 $250mg/m^3$，高于其他工况。随后出口浓度再次降低，并稳定在 $200mg/m^3$ 左右，和加入 SO_2 的稳定出口浓度相似。除了最初的骤然钝化外，最终的稳定结果表明催化剂钝化并没有因为 SO_2 和 H_2O 共存而有所加强。

4.3.3 催化剂反应过程变化

分别对各个工况下反应后的催化剂和新鲜催化剂进行 XPS 和 TPD 表征，可以获取催化剂反应过程变化关键信息。为方便对比，分别对不同工况下反应后的催化剂进行编号，如表 4-7 所示。

表 4-7　催化剂编号统计

编号		催化剂
Ce-Mn/SA-a	Fe-Mn/SA-a	新鲜催化剂
Ce-Mn/SA-b	Fe-Mn/SA-b	稳定性测试 120min 后的催化剂
Ce-Mn/SA-c	Fe-Mn/SA-c	在 H_2O 环境下稳定性测试 120min 后的催化剂
Ce-Mn/SA-d	Fe-Mn/SA-d	在 SO_2 环境下稳定性测试 120min 后的催化剂
Ce-Mn/SA-e	Fe-Mn/SA-e	在 SO_2 和 H_2O 共存环境下稳定性测试 120min 后的催化剂

（1）表面元素价态分析（XPS）

催化剂 Ce-Mn/SA 和 Fe-Mn/SA 在进行不同稳定性测试后，不同价态 Mn 和不同氧物种的结合能如表 4-8 和表 4-9 所示。通过谱图去卷积分面积对比求得 Mn^{4+} 和化学吸附氧的摩尔比，同样列在表 4-8 和表 4-9 中。

表 4-8　催化剂 Ce-Mn/SA 稳定性测试后表面 Mn 和氧物种的分布及结合能

催化剂	Mn^{3+} /eV	Mn^{4+} /eV	Mn^{4+}/Mn	O_α/eV	O_β/eV	O_β/O
Ce-Mn/SA-b	642.1	644.3	0.41	530.6	531.6	0.60
Ce-Mn/SA-c	642.0	644.1	0.34	530.4	531.3	0.53
Ce-Mn/SA-d	642.1	644.0	0.40	530.6	531.5	0.49
Ce-Mn/SA-e	642.2	645.4	0.26	530.4	531.4	0.48

表 4-9　催化剂 Fe-Mn/SA 稳定性测试后表面 Mn 和氧物种的分布及结合能

催化剂	Mn^{3+} /eV	Mn^{4+} /eV	Mn^{4+}/Mn	O_α/eV	O_β/eV	O_β/O
Fe-Mn/SA-b	642.5	644.1	0.44	530.7	531.8	0.53
Fe-Mn/SA-c	642.6	644.2	0.43	530.8	531.8	0.52
Fe-Mn/SA-d	642.2	644.4	0.37	530.5	531.5	0.48
Fe-Mn/SA-e	642.2	644.7	0.35	530.6	531.6	0.51

首先，对催化剂 Ce-Mn/SA 而言，和新鲜催化剂 Ce-Mn/SA-a 相比（Mn^{4+}/Mn＝0.55，如表 4-8 所示），经过稳定性测试后，Mn^{4+} 比例有所下降。在前文描述催化臭氧深度氧化 NO 机理时曾提到，主要的反应路径是 Mn 首先被臭氧氧化为高价态，进而氧化氮氧化物，如反应式（4-11）和式（4-15）所示。因此，Mn^{4+} 是深度氧化反应过程的关键中间氧化剂。故经过深度氧化反应后，催化剂表面 Mn^{4+} 比例的下降也符合预期。此外，由反应式（4-15）可发现晶格氧（O^-[Mn^{4+}]）向化学吸附氧（NO_3-Mn）的变化，最终导致稳定性测试后催化剂表面化学吸附氧 O_β 的增加（由 Ce-Mn/SA-a 的 O_β/O＝0.43 到 Ce-Mn/SA-b 的 O_β/O＝0.60），如表 4-8 所示。和无 SO_2 和 H_2O 环境下稳定性反应后的催化剂 Ce-Mn/SA-b 相比，催化剂分别

在 H_2O（Ce-Mn/SA-c）、SO_2（Ce-Mn/SA-d）以及 SO_2 和 H_2O 共存（Ce-Mn/SA-e）的环境下进行稳定性反应后，Mn^{4+} 进一步下降。这应当是 Mn^{4+} 与新增加的气体分子之间的电子转移所致。换言之，引入的 SO_2 和 H_2O 进一步造成了 Mn^{4+} 的消耗。如前所述，Mn^{4+} 对 NO 氧化有利，Mn^{3+} 对臭氧分解有利。因此，Mn^{4+} 和 Mn^{3+} 之间的均衡分布更有利于催化臭氧深度氧化 NO。和催化剂 Ce-Mn/SA-d 相比，有 H_2O 参与反应的催化剂 Ce-Mn/SA-c 和 Ce-Mn/SA-e 的 Mn^{4+} 摩尔比更低些，最终导致在 H_2O 以及 SO_2 和 H_2O 共存环境下的催化剂钝化。催化剂 Ce-Mn/SA-c、Ce-Mn/SA-d 和 Ce-Mn/SA-e 同 Ce-Mn/SA-b 相比，化学吸附氧的比例均有不同程度的下降。催化剂表面硫酸盐的聚集可使化学吸附氧的比例显著提升，因此在 SO_2 存在的环境下并没有在催化剂表面聚集大量硫酸盐。

然后，对催化剂 Fe-Mn/SA 而言（如表 4-9 所示），SO_2 环境下的 Mn^{4+}/Mn 下降显著，从 Fe-Mn/SA-b 的 0.44 下降至 Fe-Mn/SA-d 的 0.37。与 Ce-Mn/SA 的从 0.41 下降至 0.40 相比，这一显著变化与其 SO_2 环境下钝化严重的现象吻合。如前所述，SO_2 的存在会使表面 Mn^{4+} 与 SO_2 发生反应，进而造成 Mn^{4+} 比例下降。因此，Ce-Mn/SA 与 Fe-Mn/SA 相比具有更好的抗硫性能。在 SO_2 和 H_2O 共存时，Mn^{4+}/Mn 进一步下降至 0.35。SO_2 和 H_2O 的共存进一步促进了催化剂表面 Mn^{4+} 的消耗。对表面氧物种而言，暴露在 SO_2、H_2O 存在环境下的三种催化剂的化学吸附氧比例有微弱下降，分别从 0.53 下降至 0.52、0.48 和 0.51，如表 4-9 所示。

催化剂 Ce-Mn/SA 的 Ce 3d 各特征峰的结合能位置和 Ce^{4+} 的摩尔比如表 4-10 所示。在稳定性测试后，催化剂 Ce-Mn/SA-b 表面的 Ce^{4+} 摩尔比由新鲜催化剂 Ce-Mn/SA-a 的 0.47 增加到 0.53，这是在氧化性氛围下 Ce^{3+} 向 Ce^{4+} 氧化的结果。当 H_2O、SO_2 存在时，催化剂 Ce-Mn/SA-c、Ce-Mn/SA-d 和 Ce-Mn/SA-e 的 Ce^{4+} 摩尔比则分别减少到 0.47、0.46 和 0.50。同样，这是由于 H_2O 和 SO_2 造成的 Ce^{4+} 向 Ce^{3+} 的还原。

表 4-10　催化剂 Ce-Mn/SA 稳定性测试后表面 Ce 的价态分布及结合能

催化剂	v/eV	v'/eV	v''/eV	v'''/eV	u/eV	u'/eV	u''/eV	Ce^{4+}/Ce
Ce-Mn/SA-b	882.4	—	885.0	898.8	901.4	903.7	916.9	0.53
Ce-Mn/SA-c	882.2	—	885.3	898.5	—	902.9	916.8	0.47
Ce-Mn/SA-d	—	883.6	885.4	899.1	—	903.7	917.3	0.46
Ce-Mn/SA-e	882.7	—	885.2	898.8	900.8	903.1	917.0	0.50

催化剂 Fe-Mn/SA 的 Fe 2p 各特征峰的结合能及 Fe^{3+} 的摩尔比如表 4-11 所示。在 H_2O、SO_2 存在的环境下，Fe^{3+} 的比例均有不同程度的下降，尤其是 SO_2 存在时，Fe^{3+} 比例分别下降至 0.48（Fe-Mn/SA-d）和 0.42（Fe-Mn/SA-e）。说明 SO_2 对 Fe^{3+} 向 Fe^{2+} 的还原贡献很大。结合上文 Mn 的价态变化可以发现，在 SO_2 存在时，Ce-Mn/SA 表面 Mn^{4+} 变化微弱，而 Fe-Mn/SA 下降明显，Ce-Mn/SA 的 Ce^{4+} 比例和 Fe-Mn/SA 的 Fe^{3+} 比例均有明显下降。因此，Mn^{4+} 应当是参与催化臭氧深度氧化的关键物种，而 Ce 在一定程度上代替 Mn^{4+} 被 SO_2 还原，最终导致催化剂 Ce-Mn/SA 表现出良好的抗硫性能。高价态的元素更有利于催化臭氧深度氧化 NO，如 Ce^{4+}、Fe^{3+} 和 Mn^{4+}。因此，H_2O、SO_2 的存在引发的高价态元素摩尔比下降是导致催化剂钝化的原因之一。

表 4-11　催化剂 Fe-Mn/SA 稳定性测试后表面 Fe 的价态分布及结合能

催化剂	Fe^{3+}/eV	卫星峰/eV	Fe^{2+}/eV	$Fe^{3+}/Fe_{总}$
Fe-Mn/SA-b	712.1	—	725.1	0.56
Fe-Mn/SA-c	711.9	—	724.9	0.54
Fe-Mn/SA-d	711.5	717.1	725.7	0.48
Fe-Mn/SA-e	711.5	715.7	725.5	0.42

（2）程序升温脱附（TPD）

通过程序升温脱附，检测稳定性测试后催化剂在不同温度下脱附出的 NO、O_2 和 SO_2，可以半定量测试不同反应环境下催化剂表面 NO、O_2 和 SO_2 吸附的变化，进而揭示催化剂吸附性能变化以及反应和中毒机理。分别选取催化剂 Ce-Mn/SA 和 Fe-Mn/SA 在不同环境下稳定性测试后的样品进行 TPD 测试，得到相应的 TPD 曲线，如图 4-13 所示。由于脱附结果中氮氧化物的主要产物是 NO，因此 TPD 图中略去了 NO_2。此外，Fe-Mn/SA 中各物质的脱附峰相对较弱，为方便比较，催化剂 Fe-Mn/SA 的 TPD 信号是 Ce-Mn/SA 的 1/2。

由 NO-TPD 曲线可看出，NO 从 150℃ 即开始缓慢脱附，在 300℃ 后脱附明显加速。在 150~300℃ 之间的脱附应当属于催化剂表面弱吸附的氮物种的脱附。随后在 363℃ 附近形成一个脱附峰，此温度区间的脱附应当来源于单配位基和双配位基硝酸盐的分解。通过对比四种催化剂样品的脱附曲线可以发现：①催化剂 Ce-Mn/SA-c 的脱附峰较 Ce-Mn/SA-b 有所加强，这是由于在 100℃ 的反应温度下，部分 H_2O 会以液相形式存在，进而与 N_2O_5 反应生成硝酸，最终导致 NO 的脱附峰显著增强；②Ce-Mn/SA-d 在 300℃ 以下的脱附几乎消失，主脱附峰也显著下降，说明 SO$_2$ 存在的环境会抑制催化剂表面 NO 的吸附；③Ce-Mn/SA-e 的 NO 吸附性能进一步下降，说明在 SO$_2$ 和 H$_2$O 共存时，催化剂表面硫酸盐的生成进一步抑制了硝酸盐的生成。对催化剂 Fe-Mn/SA-b 而言，NO 的脱附峰与 Ce-Mn/SA-b 相比变弱许多，而且在 300℃ 以下没有显著的脱附。这是由于铈氧化物表面丰富的氧空位可有效促进 NO 的吸附。通过对比四种催化剂可以发现，NO 脱附曲线没有发生明显变化，可见在各环境下进行稳定性测试后催化剂的 NO 吸附性能没有发生显著改变。

相比之下，O$_2$-TPD 的曲线较为复杂，包括两个主要的脱附峰和两个微弱的脱附峰。无论是催化剂 Ce-Mn/SA 还是 Fe-Mn/SA，四个脱附峰所处的温度相同。位于 190℃ 的脱附峰应当是表面化学吸附氧和表面晶格氧脱附的结果。位于 366℃ 的脱附峰和 NO-TPD 中的脱附峰温度相近，显然，这是表面吸附硝酸盐等氮物种脱附的结果。位于 578℃ 左右的脱附峰则是金属氧化物晶相转变的结果。位于 929℃ 的脱附峰对应着 SO$_2$-TPD 的脱附曲线，应当来源于表面硫酸盐的分解。两个弱脱附峰变化微弱，而 366℃ 和 929℃ 的脱附峰大小的变化则分别与 NO-TPD 和 SO$_2$-TPD 完全一致，在此不再详述。

综上所述，催化剂 Ce-Mn/SA 的 NO 和 O$_2$ 吸附性能受 SO$_2$ 和 H$_2$O 影响巨大。SO$_2$ 的存在大大降低了其吸附性能。而 H$_2$O 的存在则可以促进表面硝酸盐的生成，进而表现出较强的 NO 脱附。但这些硝酸盐的生成同时会占据催化剂的孔隙和活性位，进而抑制催化反应的进行，最终导致催化剂钝化。但对催化剂 Fe-Mn/SA 而言，SO$_2$ 和 H$_2$O 的存在没有明显抑制 NO 和 O$_2$ 的吸附性能。其活性结果依然表现出显著的钝化，因此，催化臭氧分解活性的下降或许是催化剂钝化的主要原因。尤其 H$_2$O 的存在是抑制催化臭氧分解的重要因素。

催化剂 Mn/SA 的 SO$_2$ 脱附峰的温度为 878℃，而 Ce-Mn/SA 和 Fe-Mn/SA 的 SO$_2$ 脱附峰的温度则分别为 929℃ 和 927℃。一般情况下，硫酸盐的热分解分为两步：初步分解生成含氧硫酸盐；再次分解生成金属氧化物和 SO$_2$[75]。毋庸置疑，SO$_2$-TPD 中的 SO$_2$ 来自第二步分解，对应着较高的分解温度。晶相 MnSO$_4$ 和 Al$_2$(SO$_4$)$_3$ 的分解温度分别为 850℃ 和 770℃[66]。晶相硫酸铈分解生成 SO$_2$ 的温度为 750℃[76]，硫酸铁分解生成 Fe$_2$O$_3$ 和 SO$_2$ 的温度为 658℃。而图中所示 SO$_2$-TPD 脱附峰的温度明显高于上述温度，这应当是硫酸盐与金属氧化物之间的相互作用导致的。对比催化剂 d 和 e 可以看出，H$_2$O 的存在使 SO$_2$ 的脱附减少，说明由于 H$_2$O 较低的吸附能，H$_2$O 的存在也会抑制 SO$_2$ 的吸附。

图 4-13

催化剂 Ce-Mn/SA 和 Fe-Mn/SA 稳定性测试后 NO、 O₂ 和 SO₂ 的 TPD 曲线

(a) 和 (b): NO-TPD; (c) 和 (d): O₂-TPD; (e) 和 (f): SO₂-TPD

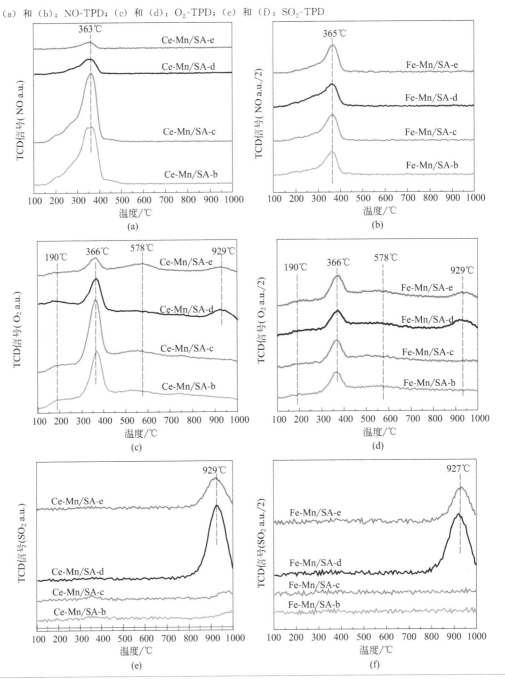

4.4　催化反应机理

　　根据试验与催化剂表征结果，提出催化臭氧深度氧化 NO 生成 N_2O_5 的反应机理，分为两条反应路径：①臭氧在催化剂表面分解为活性氧原子，然后与吸附在表面的 NO_2 反应生成 NO_3 或其他硝酸盐，随后 NO_3 与 NO_2 结合生成 N_2O_5，最终脱离催化剂表面；②臭氧在催化剂表面将 Mn^{3+} 氧化为 Mn^{4+}，随后 Mn^{4+} 将吸附在催化剂表面的 NO_2 氧化为 NO_3，进而最终生成 N_2O_5 并脱离催化剂表面。但根据上文的催化剂表征结果可以发现第二条反应路径应当是主导，根据第二条反应路径绘制了球形氧化铝负载锰氧化物催化臭氧深度氧化 NO 生成 N_2O_5 的机理图，如图 4-14 所示。

图 4-14
球形氧化铝负载锰氧化物催化臭氧深度氧化 NO 生成 N_2O_5 的机理图

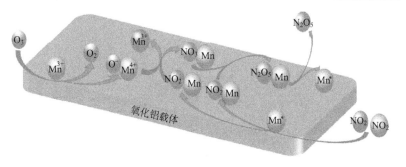

第 5 章

烟气中 O_2 催化氧化实现 NO 的转化

臭氧仍然需要消耗氧气和电能进行制备，为降低运行成本，减少臭氧投加量，除增加深度氧化催化剂外，也可以考虑利用烟气中残留 O_2 对 NO 进行初步氧化，节省下游深度氧化所需臭氧。为保证燃烧效率，烟气中 O_2 往往是过量的，比如燃煤锅炉约 3%～6%，工业链条炉约 9%，垃圾焚烧炉约 11%，可以充分利用这部分 O_2 实现 NO 向 NO_2 的转化，从而节约下游 O_3 投加量。

5.1　催化 O_2 氧化 NO 的热力学基础

制约化学反应的发生有两个条件：反应动力学决定反应进行的快慢；化学热力学决定反应所能达到的程度。对 NO 与 O_2 的均相反应进行实验分析发现：在 20～160℃温度范围内（相应停留时间 25～17s）的单独氧气氧化的效果很差（如图 5-1 所示）。NO 与 O_2 的反应速率与温度呈负相关，只在室温时有约 1% 的氧化效果，高温时几乎没有反应。Ashmore[77] 与 Olbregts[78] 等认为 $2NO+O_2 \longrightarrow 2NO_2$ 涉及了三原子间复杂反应，包含了如 $NO+O_2 \rightleftharpoons NO_3$ 或 $2NO \rightleftharpoons (NO)_2$ 等受温度影响的可逆反应和分子间的平衡。

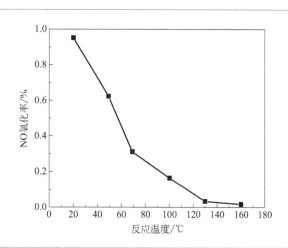

图 5-1

不同温度下 NO 与 O_2 均相反应的氧化率

利用动力学模拟软件对 $NO+O_2$ 进行动力学分析，结果如图 5-2 所示。在 $300 \times 10^{-6}NO + 5\% \ O_2 + N_2$（平衡气）的条件下，一般经历 $10^2 s$ 级别的反应时间，才会有比较明显的氧化效果。在 150℃时，1000s 后 NO 的氧化率不到 10%，高温下 O_2 氧化 NO 反应速率更慢。改变 O_2 浓度，利用吉布斯自由能最小化原则对 NO、O_2 和 NO_2 这三种物质的反应进行热力平衡分析后，得出在 250℃ 以下温度区间非常利于 $2NO+O_2 \longrightarrow 2NO_2$ 反应向右进行，恰好对应锅炉尾部烟气的温度范围。在氧浓度 5%，温度 150～250℃时，理论上 NO 可以达到 95% 以上的转化率。对 $2NO+O_2 \longrightarrow 2NO_2$ 反应的热力学和动力学分析表明，在锅炉尾部烟气温度范围内，热力学上允许反应发生，然而反应速率较慢，可以采用催化的方法加快反应。

图 5-2

NO+O$_2$ 反应的动力学模拟 (a) 和 $2NO+O_2 \rightleftharpoons 2NO_2$ 热力平衡曲线 (b)

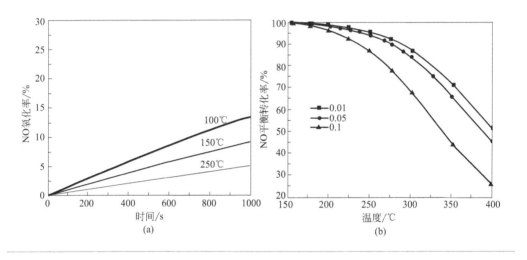

5.2　锰基氧化物催化剂

5.2.1　催化剂制备方法

中空球状 MnO_2 催化剂的制备过程如下：首先，分别将 0.01mol $MnSO_4 \cdot H_2O$ 和 0.1mol $NaHCO_3$ 溶解在 700mL 去离子水中，然后向 $MnSO_4 \cdot H_2O$ 溶液中加入 70mL 无水乙醇，随后将 $NaHCO_3$ 溶液导入 $MnSO_4 \cdot H_2O$ 和乙醇的混合溶液中，剧烈搅拌 3h，溶液出现乳白色沉淀。抽滤后放入烘箱于 50℃ 下烘 6h。取 1g 烘干的白色粉末放入 50mL 浓度为 0.032mol/L 的 $KMnO_4$ 溶液中搅拌 10min，随后加入 1L 浓度为 0.01mol/L 的 HCl 溶液。1min 后，开始抽滤并洗涤至滤液呈中性。烘干后的粉末在 400℃ 下煅烧 2h，得到 H-MnO_2。H-$MnCeO_x$ 和 H-$MnFeO_x$ 催化剂的制备方法是将 0.01mol $MnSO_4 \cdot$

H_2O 分别替换成 0.002mol 的 $Ce_2(SO_4)_3 \cdot 8H_2O$ 或 0.02mol 的 $FeSO_4 \cdot 7H_2O$ 和 0.008mol 的 $MnSO_4 \cdot H_2O$，之后的制备过程和 H-MnO_2 一致。

棒状结构的 MnO_2 催化剂采用 $KMnO_4$ 和 $(NH_4)_2C_2O_4 \cdot H_2O$ 的氧化还原反应制备，具体制备流程如下：首先将 2g $KMnO_4$ 和 3.597g $(NH_4)_2C_2O_4 \cdot H_2O$ 溶解在 260mL 去离子水中，将混合溶液在 90℃ 的水浴中搅拌 10h，离心得到黑色沉淀。洗涤烘干后的粉末在 400℃ 下煅烧 2h，获得 MnO_2-R。$MnCeO_x$-R 和 $MnFeO_x$-R 催化剂的制备过程是在前驱体溶液中以 M/Mn＝0.1 的比例加入 $Ce(NO_3)_2 \cdot 6H_2O$ 和 $Fe(NO_3)_3 \cdot 9H_2O$，之后的制备流程和 MnO_2-R 一致。

作为对照的 MnO_2-C 催化剂采用溶胶凝胶法制备[47]，前驱体是 $Mn(NO_3)_2$ 溶液。根据之前的研究[47,79]，溶胶凝胶法制备的催化剂是无定形的，因此作为对照组。

5.2.2　催化剂理化特性

（1）形貌特征

MnO_x 催化剂的 SEM 形貌如图 5-3 和图 5-4 所示。从图 5-3 中可以看出 H-MnO_2、H-$MnCeO_x$ 和 H-$MnFeO_x$ 催化剂整体呈球状结构，其中几个破

图 5-3
中空结构 MnO_x 催化剂的 SEM 图像

图 5-4
棒状结构 MnO$_x$ 催化剂的 SEM 图像

损的球证明存在中空结构。但是，从形貌上来看这些球的大小不一，表面光滑度也不同。H-MnO$_2$ 催化剂球状结构的表面布满了密密麻麻的网状外壳。从 H-MnCeO$_x$ 的 SEM 图像中可以看出球的直径更大，而且球的表面更为光滑，并且小球周围一些无定形结构的颗粒也较少。说明 Ce 负载以后，催化剂变得更加规则，也在一定程度上抑制了酸处理时对结构的破坏。从图 5-3(e) 中可以看出 H-MnFeO$_x$ 催化剂呈现出了一种红毛丹状结构，球的形态并没有特别明显，表面布满了丰富的网状毛刺结构。从放大的图 5-3(f) 中依然可以看到球状的中空结构。

从图 5-4 中可以看出这些催化剂均呈棒状结构，并且周围还分布一些无定形的颗粒。此外，这些棒更加偏向于粘连在一起，在图 5-4(c) 中 MnCeO$_x$-R 催化剂表现得更为显著。然而，MnFeO$_x$-R 催化剂棒状似乎有些稀少，结合周围的一些无定形颗粒，其形貌看起来更像花苞发芽的形态。图 5-5 和图 5-6 为 MnCeO$_x$-R 和 MnFeO$_x$-R 催化剂的能谱扫描结果。一般来说负载金属在催化剂表面分布越均匀，越有利于其催化反应的进行[80]。从能谱扫描结果图中可看出，Fe 面扫描的图像要比 Ce 的更加清晰，说明 Fe 更容易在棒状结构的催化剂上进行负载。

（2）晶体结构

图 5-7 展示了这些 MnO$_x$ 催化剂的 XRD 图谱。根据图中样品的衍射峰，可以发现这些 MnO$_x$ 催化剂和 β-MnO$_2$（JCPDS：24-0735）的晶型十分接

图 5-5
MnCeOₓ-R 催化剂元素的
能谱分析

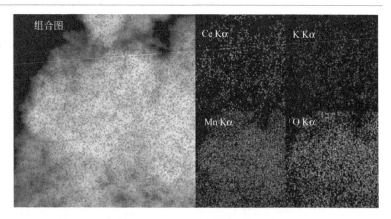

图 5-6
MnFeOₓ-R 催化剂元素的
能谱分析

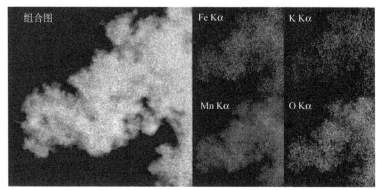

图 5-7
催化剂的 XRD 曲线
（a）H-MnO₂、H-MnCeOₓ 和 H-MnFeOₓ；（b）MnO₂-R、MnCeOₓ-R 和 MnFeOₓ-R

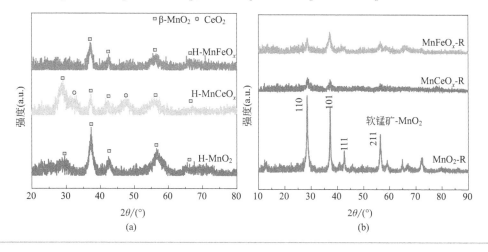

近。除了 H-MnCeO$_x$ 催化剂之外，其他催化剂只能找到 MnO$_2$ 相的衍射峰。H-MnCeO$_x$ 催化剂的 XRD 图谱还发现了 CeO$_2$ 相的衍射峰，说明 Ce 在 H-MnO$_2$ 催化剂上的分散性并不是很好。此外，Ce 和 Fe 负载后所有催化剂的衍射峰都有一定程度的降低，这是由金属之间的相互作用引起的[81]。相比之下，Ce 和 Fe 负载到 MnO$_2$-R 催化剂上后，衍射峰的强度下降得更加明显，说明金属之间的相互作用变得更强，也和 MnCeO$_x$-R 和 MnFeO$_x$-R 具有较好的 NO 催化活性和较好的 SO$_2$ 抗性有一定的对应关系。

（3）孔结构参数

催化剂的比表面积和孔结构参数如表 5-1 所示。H-MnCeO$_x$ 和 H-MnFeO$_x$ 催化剂分别具有 141.7m^2/g 和 161.3m^2/g 的比表面积，相比于 H-MnO$_2$ 催化剂的 121.4m^2/g 有了较大的提高。同样的，Ce 和 Fe 负载到 MnO$_2$-R 上后催化剂的比表面积从 105.6m^2/g 分别增大到了 222.9m^2/g 和 133.3m^2/g。然而，催化剂的平均孔径和孔容都随着金属的负载有所减小。催化剂的 N$_2$ 吸脱附曲线和孔径分布如图 5-8 所示。总体上来看，所有催化剂的 N$_2$ 吸脱附曲线都是 IV 类等温线[82]，但表现出不同类型的滞后回环。H-MnO$_2$ 催化剂相比于 Ce 和 Fe 负载后的催化剂，不同孔径的分布较为分散，反映出其不规整的孔径分布。Ce 和 Fe 负载后会占据催化剂表面较大的孔，从而导致 H-MnCeO$_x$ 和 H-MnFeO$_x$ 催化剂孔径的缩小。因此，这些大孔的塌陷和填充使催化剂孔径分布更加均为，具有更加丰富的微小孔。这也是 H-MnCeO$_x$ 和 H-MnFeO$_x$ 催化剂具有较大的比表面积，较小的平均孔径和孔容的原因。

表 5-1　锰系催化剂的比表面积和孔结构参数

催化剂	比表面积/(m^2/g)	孔容[①]/(mL/g)	平均孔径[②]/nm
H-MnO$_2$	121.4	0.51	8.4
H-MnCeO$_x$	141.7	0.34	4.8
H-MnFeO$_x$	161.3	0.39	4.8
MnO$_2$-R	105.6	0.88	7.7
MnCeO$_x$-R	222.9	0.67	6.5
MnFeO$_x$-R	133.3	0.47	4.5

① BJH 脱附孔总体积。② BJH 脱附平均孔径。

从图 5-8(c) 中可以看出 MnO$_2$-R 和 MnFeO$_x$-R 催化剂具有 H3 类型的

滞后回环，而 MnCeO$_x$-R 催化剂具有 H2 类型的滞后回环，这和它们复杂的棒状同时带有无定形状颗粒的形态有关系[83,84]。如图 5-8(d) 所示，MnO$_2$-R 催化剂也具有较宽的孔径分布，负载 Ce 和 Fe 后，样品的孔径分布更加狭窄。MnCeO$_x$-R 和 MnFeO$_x$-R 主要的孔径分布分别在 2～10nm 和 2～7nm。总而言之，MnCeO$_x$-R 和 MnFeO$_x$-R 催化剂相比于 MnO$_2$-R 催化剂具有较大的比表面积，较小的平均孔径和孔容。

图 5-8

锰系催化剂的 N$_2$ 吸脱附曲线和孔径分布

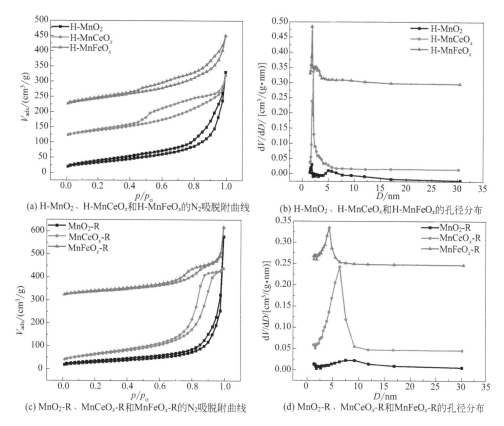

(a) H-MnO$_2$、H-MnCeO$_x$和H-MnFeO$_x$的N$_2$吸脱附曲线

(b) H-MnO$_2$、H-MnCeO$_x$和H-MnFeO$_x$的孔径分布

(c) MnO$_2$-R、MnCeO$_x$-R和MnFeO$_x$-R的N$_2$吸脱附曲线

(d) MnO$_2$-R、MnCeO$_x$-R和MnFeO$_x$-R的孔径分布

（4）氧化还原性能

催化剂的氧化还原能力和其对 NO 的催化氧化能力息息相关。图 5-9 展示了这些 MnO$_x$ 催化剂的 H$_2$-TPR 曲线，其中，中空结构的催化剂用实线表示，棒状结构催化剂用虚线表示。从图中可以看出这些催化剂主要有两个还原峰，代表锰氧化物的两步还原过程：MnO$_2$→Mn$_2$O$_3$→MnO[85,86]。中

空结构的催化剂的两个还原峰相互独立，而棒状催化剂的两个还原峰则连在一起。棒状结构的催化剂的第二个还原峰的温度相对较低，向第一个还原峰靠拢。两种结构催化剂的第一个还原峰比较相似，但 H-MnO$_2$ 催化剂的还原峰相对比较尖锐，并有些稍微提前，这和表 5-2 中催化氧化 NO 的活性结果相对应。MnCeO$_x$-R 催化剂比 H-MnCeO$_x$ 催化剂有更好的低温还原峰，MnFeO$_x$-R 催化剂的还原峰比 H-MnFeO$_x$ 催化剂的要滞后，这些发现都可以和表 5-2 中催化氧化 NO 的转化效率相对应。

图 5-9

H-MnO$_2$、H-MnCeO$_x$、H-MnFeO$_x$、MnO$_2$-R、MnCeO$_x$-R 和 MnFeO$_x$-R 催化剂的 H$_2$-TPR 曲线

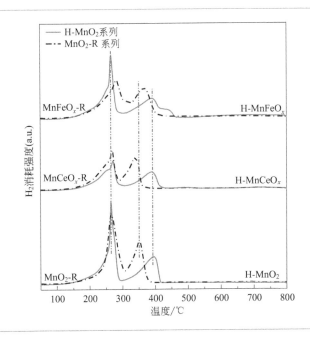

5.2.3　NO 催化氧化活性评价

图 5-10 展示了不同形貌催化剂催化氧化 NO 的效率曲线。总体来看，NO 的转化效率随着温度的升高而逐渐增大，又由于热力学限制到达峰值后逐渐减小。以采用溶胶凝胶法制备的 MnO$_2$-C 催化剂作为对比，可以发现中空结构和棒状结构的催化剂都表现出比 MnO$_2$-C 催化剂更好的催化活性，说明催化剂的形貌对于催化反应活性有一定的影响。表 5-2 列出了这些催化剂在不同温度下的 NO 转化率，可以看出 MnO$_2$-C 催化剂在 310℃时达到了最大的 NO 转化率 72.2%。相比之下，通过对催化剂形貌的调控，催化活性的促进作用在低温时就有很好的表现。比如，H-MnO$_2$ 催化剂在 160℃时就可

以达到 53.6％ 的 NO 转化率，而此时 MnO₂-C 催化剂只有 18.5％。H-MnO₂ 催化剂在温度为 250℃ 时，达到了最大的 NO 转化率，为 84.4％，说明中空结构极大地提升了催化剂催化氧化 NO 的活性。棒状的 MnO₂-R 催化剂当温度达到 250℃ 时可获得最大的 NO 转化率，为 85.5％。对比 H-MnO₂ 和 MnO₂-R 催化剂，虽然 MnO₂-R 催化剂的最大 NO 转化率要稍微高一些，但是 H-MnO₂ 催化剂低温活性更好，高活性的温度区间更宽。中空的结构更有利于反应物的吸附与转化，故能更好地降低反应的活化能。总而言之，通过对催化剂形貌的合理调控可以达到增强催化剂催化活性的目的。

图 5-10
不同形貌 MnOₓ 催化剂催化氧化 NO 效率曲线

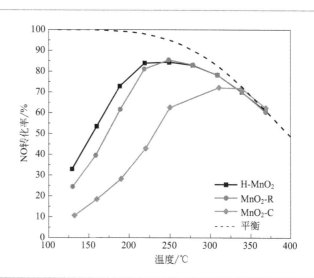

表 5-2　不同形貌 MnOₓ 催化剂在不同温度下的 NO 转化率

催化剂	160℃	190℃	220℃	250℃	310℃
MnO₂-C	18.5％	28.3％	43.0％	62.6％	72.2％
H-MnO₂	53.6％	72.9％	84.0％	84.4％	78.3％
H-MnCeOₓ	46.5％	68.5％	81.2％	84.1％	77.6％
H-MnFeOₓ	61.9％	82.9％	89.8％	89.5％	80.7％
MnO₂-R	39.6％	61.7％	81.1％	85.5％	78.3％
MnCeOₓ-R	44.8％	68.8％	85.3％	86.7％	80.2％
MnFeOₓ-R	42.9％	63.0％	80.7％	87.1％	80.0％

　　为了更进一步地提升催化剂催化氧化 NO 的能力，将 Ce 和 Fe 分别负载到 H-MnO₂ 和 MnO₂-R 催化剂上，结果如图 5-11 和图 5-12 所示。对于 H-

MnO$_2$ 催化剂，Ce 和 Fe 的负载呈现出两种截然相反的结果，Fe 的负载增强了催化氧化 NO 能力，而 Ce 的负载则在一定程度上抑制了反应。H-Mn-FeO$_x$ 催化剂在 220℃时达到了 89.8% 的催化氧化 NO 效率，这在近期报道的文献中已经达到了较高的水平。红毛丹状的 H-MnFeO$_x$ 催化剂可以提供更多的活性位点供催化氧化 NO 反应的进行，从而获得了理想的活性。然而，对于图 5-12 中棒状的 MnO$_2$-R 催化剂，Ce 和 Fe 的负载并没有明显的促进和抑制作用，Ce 负载在一定程度上拓宽了 MnO$_2$-R 催化剂的高活性温度区间。例如，在 190℃的时候，MnCeO$_x$-R 催化剂达到了 68.8% 的 NO 转化率，而此时 MnO$_2$-R 只有 61.7%，在 220℃时，MnCeO$_x$-R 催化剂有 85.3% 的 NO 转化率，MnO$_2$-R 为 81.1%。总而言之，Fe 负载到 H-MnO$_2$ 催化剂上和 Ce 负载到 MnO$_2$-R 催化剂上都在一定程度上提高了催化剂催化氧化 NO 的能力。

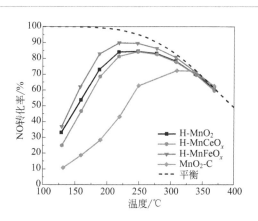

图 5-11

中空结构锰系催化剂催化氧化 NO 的效率曲线

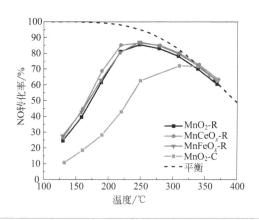

图 5-12

棒状结构锰系催化剂催化氧化 NO 的效率曲线

5.2.4　SO_2 对催化剂催化氧化性能的影响

众所周知，烟气中 SO_2 的存在会导致催化剂催化氧化 NO 硫中毒的现象，这是催化剂工业化应用的主要障碍之一。很多研究者为了解决催化剂中毒问题通过催化剂改性来设计一些新颖的催化剂，但是目前为止并没有很大的突破。在氧化性气氛中，SO_2 被催化氧化为 SO_3，在一定程度上加剧了催化剂的钝化现象。因此，在催化氧气氧化 NO 的过程中，催化剂的 SO_2 中毒现象看起来是不可避免的。在以下工业烟气中（如生物质电厂等），也会存在一些 SO_2 初始浓度较低的情况。因此，作者尝试解决催化剂在低浓度 SO_2 下存在的中毒现象。

在 250℃下，SO_2 对催化剂催化氧化 NO 的影响结果如图 5-13 所示。由图 5-13(a) 所示，一旦 SO_2 通入反应体系中，NO 的转化率迅速下降。仅仅通入 $20×10^{-6}$ 的 SO_2，66min 后 NO 的转化效率下降到了 10.8%，可见 MnO_2-C 催化剂对 SO_2 的耐受能力不强。

图 5-13(b)~(f) 的结果显示形貌设计后的催化剂的抗硫性能得到了明显的提升。对于图 5-13(b) 中的 H-MnO_2 催化剂，通入 $20×10^{-6}$ 的 SO_2 后，NO 的转化率在 360min 内没有明显的变化。当 SO_2 浓度增大到 $40×10^{-6}$ 后，出口 NO_2 的浓度略有增加，这是由 NO_x 和 SO_2 的竞争吸附造成的。进一步增大 SO_2 浓度到 $80×10^{-6}$，NO 的转化率出现了下降。最终停止 SO_2 后催化氧化 NO 的效率为 77.1%。而 Fe 的添加并没有使 H-$MnFeO_x$ 催化剂获得更好的抗硫性能。

图 5-13(d)~(f) 展示了 MnO_2-R、$MnCeO_x$-R 和 $MnFeO_x$-R 催化剂的抗硫试验结果。相比于中空结构的 H-MnO_2 催化剂，棒状结构的 MnO_2-R 的抗硫效果较差。通入 $20×10^{-6}$ 的 SO_2 后，NO 的转化率从 160min 开始下降，经历了 480min 的抗硫试验后，NO 的转化率从 88.4% 下降到了 55.2%。但 Ce 和 Fe 负载的 $MnCeO_x$-R 和 $MnFeO_x$-R 催化剂的抗硫性能都得到了增强，NO 的转化率分别在 300min 和 240min 开始下降。480min 后，NO 转化率分别降低到 87.5% 和 81.9%。由此可见，对于棒状 MnO_2 催化剂，Ce 和 Fe 的负载可以在一定程度上提高其抗硫能力。

从图 5-13(c)~(f) 可以发现相对于 NO 的浓度变化，NO_2 的浓度变化有一定的滞后性。SO_2 和 NO_x 的竞争吸附会导致催化剂表面原本吸附的 NO_x 脱附，因此总 NO_x 量略有升高。此外，从模拟烟气中移除 SO_2 以后，NO 的转化率并没有改变，这表明催化氧化 NO 过程 SO_2 中毒后的不可逆性。

图 5-13

250℃下 SO₂ 对催化剂催化氧化 NO 效率的影响

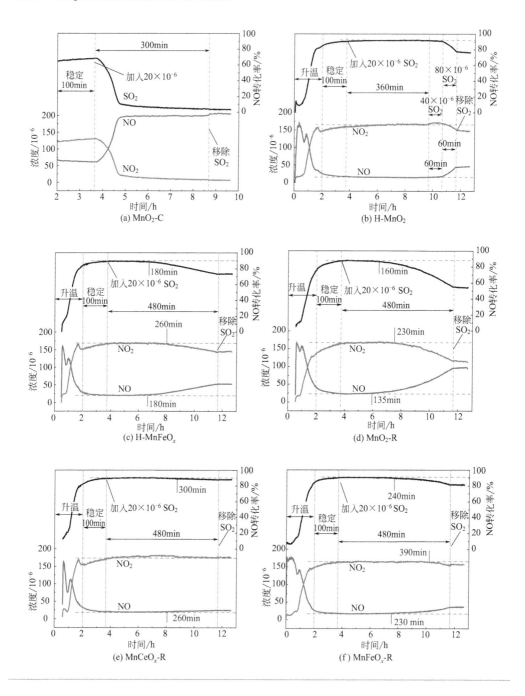

5.2.5　催化反应机理

  H-MnO$_2$ 催化剂催化氧气氧化 NO 和抗硫过程中催化剂表面的中间产物的变化由 In-situ DRIFTS 方法检测，结果如图 5-14 所示。图 5-14（a）展示了 NO 和 O_2 的反应过程。前 20min，桥接亚硝酸盐（1380cm^{-1}）和双齿硝酸盐（1310cm^{-1}）的吸收峰逐渐增加。接着，亚硝酸盐的吸收峰迅速增加，在 40min 变成主要的吸收峰。此外，从 30min 开始在 1035cm^{-1} 和 827cm^{-1} 处观察到了 $cis\text{-}N_2O_2^{2-}$ 和硝酸根离子的存在[82,87]。经过 50min 的反应后，向模拟烟气中通入 SO$_2$ 气体后结果如图 5-14（b）所示。20min 后在约 1115cm^{-1} 位置处出现了很强的吸收峰，并且迅速增加，成为 SO$_2$ 存在时主要的吸收峰。在约 1115cm^{-1} 位置处的主峰是块状双齿硫酸盐的特征吸收峰，而它在 1043cm^{-1} 和 978cm^{-1} 处的两个伴峰则是归因于吸附的亚硫酸盐物种[88-90]。随着催化剂表面硫酸盐等物质的积累，催化剂表面原有的桥接亚硝酸盐和双齿硝酸盐物种的吸收峰逐渐减弱，在 70min 完全消失。因此，催化剂表面上硫酸盐物质的累积和硝酸盐、亚硝酸盐等中间产物的减少是造成催化剂硫中毒的主要原因。

  图 5-14（c）展示了 SO$_2$ 和 O_2 的同时吸附反应过程。前 30min，SO$_2$ 的

图 5-14

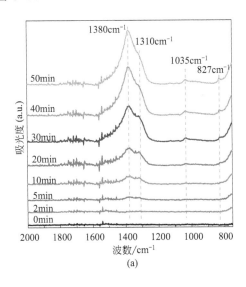
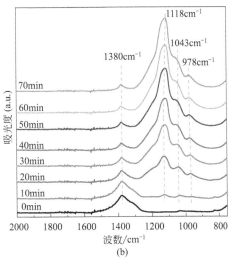

(a)   (b)

图 5-14

H-MnO$_2$ 催化剂 In-situ DRIFTS 图谱

（a）NO+O$_2$（200×10^{-6}NO+10% O$_2$）；（b）NO+O$_2$+SO$_2$（200×10^{-6}NO+10% O$_2$+20×10^{-6}SO$_2$）；

（c）SO$_2$+O$_2$（20×10^{-6}SO$_2$+10% O$_2$）；（d）硫化后 NO+O$_2$（200×10^{-6}NO+10% O$_2$）

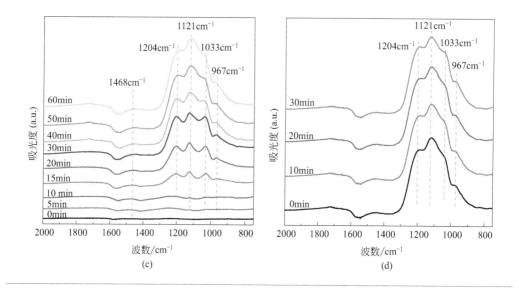

初始浓度为 20×10^{-6}，在 967cm^{-1}、1035cm^{-1}、1128cm^{-1} 和 1210cm^{-1} 处存在明显的吸收峰。在波长为 850～1100cm^{-1} 处的吸收峰主要是吸附的亚硫酸盐和亚硫酸氢盐造成的，而在波长为 1100～1300cm^{-1} 范围内的吸收峰是硫酸盐的拉伸运动造成的[91]。30min 后通入 10% O$_2$，1118cm^{-1} 和 1204cm^{-1} 处的吸收峰不断增加，而 1033cm^{-1} 处的吸收峰逐渐变成 1121cm^{-1} 处吸收峰的伴峰，这是催化剂表面的亚硫酸盐物种向硫酸盐物种转化的结果。60min 后移除 SO$_2$ 和 O$_2$，采用 N$_2$ 吹扫 20min，随后通入 200×10^{-6}NO 和 10% O$_2$，催化剂表面的吸收峰的变化如图 5-14(d) 所示。在 N$_2$ 吹扫的 20min 中，催化剂表面的硫酸盐的吸收峰并没有明显变化，说明这些硫酸盐在催化剂表面是稳定存在的，这也从侧面解释了催化剂硫中毒过程的不可逆性。当通入 NO 和 O$_2$ 后，原来的桥接亚硝酸盐和双齿硝酸盐的吸收峰并没有出现，可见表面积累的硫酸盐物种已经造成了催化剂的完全失活。

图 5-15(a) 展示了 MnO$_2$-R 催化剂催化氧气氧化 NO 过程中表面官能团的变化。经过 30min 的反应，除了 1382cm^{-1} 处的桥接亚硝酸盐物种和 1026cm^{-1} 处的 *cis*-N$_2$O$_2^{2-}$ 物种外，在 1128cm^{-1} 和 968cm^{-1} 两处出现了新

的吸收峰，它们分别是 NO$^-$ 和 NO$_2^-$ 的特征吸收峰[92]。模拟烟气中 NO 的初始浓度依次提高到 400×10^{-6}（30min）和 800×10^{-6}（40min）后，1382cm^{-1} 位置处的桥接亚硝酸盐的吸收峰迅速增强并且成了最主要的吸收峰。SO$_2$ 通入后，图 5-15(b) 显示出和图 5-14(b) 相同的现象：硝酸盐等一些中间产物的吸收峰逐渐减弱，硫酸盐（1210cm^{-1}、1118cm^{-1} 和 1044cm^{-1}）的吸收峰逐渐增强。

图 5-15

MnO$_2$-R 催化剂 In-situ DRIFTS 图谱

(a) NO+O$_2$(NO+10% O$_2$)；(b) NO+O$_2$+SO$_2$(200×10^{-6} NO+10% O$_2$+20×10^{-6} SO$_2$)

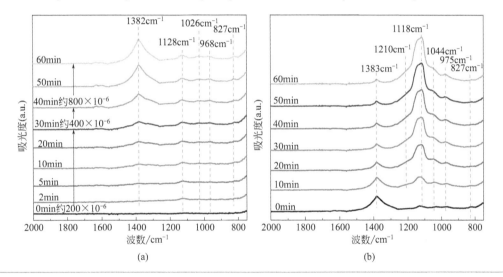

基于上述研究结果，我们总结出这两种催化剂催化氧化 NO 的反应机理，如图 5-16 所示：对于 H-MnO$_2$ 催化剂，NO 在催化剂上吸附后在催化剂表面被氧化为 NO$_2^-$ 和 NO$_3^-$，然后进一步被吸附的氧气或者氧物种氧化为 NO$_2$，从催化剂表面释放。对于 MnO$_2$-R 催化剂，由于在催化剂表面检测到了桥接亚硝酸盐物种，所以这条反应路径和 H-MnO$_2$ 是一致的。此外，另一条反应路径是 NO 被 MnO$_2$-R 催化剂表面丰富的化学吸附氧物种（O$_2^{2-}$ 和 O$^-$）转化为 NO$^-$ 和 N$_2$O$_2^{2-}$，然后这些中间产物进一步被氧化为 NO$_2$。根据 In-situ DRIFTS 的分析结果，在两种催化剂表面上反应的最主要中间产物是约 1380cm^{-1} 处的桥接亚硝酸盐，因此，反应路径 1（NO $\xrightarrow{Mn^{n+}}$ NO$_2^-$ $\xrightarrow{O_2}$ NO$_2$）应当是两种催化剂催化氧化 NO 的主要反应路径。

图 5-16
H-MnO₂ 和 MnO₂-R
催化氧化 NO 反应
机理

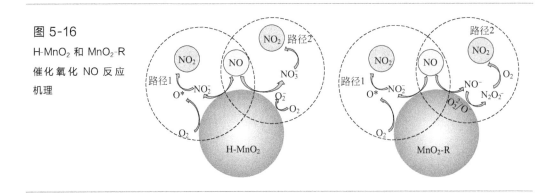

5.3 复合金属氧化物催化剂

5.3.1 催化剂制备方法

共沉淀法：首先将 0.01mol Ce(NO₃)₃ · 6H₂O 和 0.005mol Mn (CH₃COO)₂ · 4H₂O 溶解在 75mL 去离子水中。然后，将 120mL 过量的 (NH₄)₂CO₃ 溶液以 10mL/min 的速度缓缓滴入不断搅拌的 Ce-Mn 前驱体溶液中，持续搅拌 2h 后，室温下静置 3h。离心洗涤后的样品在 110℃ 下烘一晚，最后分别在 350℃、450℃ 和 550℃ 下焙烧 3h，得到 MnCe(350)、MnCe(450) 和 MnCe(550) 催化剂，用来研究焙烧温度对催化活性的影响。关于三金属催化剂的制备，在 Mn-Ce 前驱体溶液中分别加入 0.001mol SnCl₄ · 7H₂O、Fe(NO₃)₃ · 9H₂O、Co(NO₃)₂ · 6H₂O、Cr(NO₃)₃ · 9H₂O 和 Cu (NO₃)₂ · 3H₂O，同时将 Mn(CH₃COO)₂ · 4H₂O 减少至 0.004mol。其他的制备流程和 MnCe 催化剂相一致，样品在 450℃ 下焙烧 3h，得到 MnCeSn、MnCeFe、MnCeCo、MnCeCr 和 MnCeCu 催化剂。

5.3.2 催化剂理化特性

(1) 晶体结构

不同煅烧温度和不同金属负载量的 MnO_x-CeO_2 基催化剂的 XRD 图谱如图 5-17 所示。从图中可以看出所有催化剂均有立方体结构的 CeO_2 的特征衍射峰出现。在 28.6°、33.1°、47.5°、56.3°、59.1°、69.4°、76.7°、79.1°

和 88.4°处的衍射峰分别代表了 CeO_2 的 (111)、(200)、(220)、(311)、(222)、(400)、(331)、(420) 和 (422) 晶面 (JCPDS：34-0394)[93]。在 XRD 图谱中并没有发现 MnO_x 物种的衍射峰，说明 MnO_x 在催化剂表面上的分散性较好[47,94,95]。Mn^{3+} 的半径为 0.066nm，而 Ce^{4+} 的半径为 0.1098nm，因此，Mn^{3+} 有可能嵌入 CeO_2 晶格中。Machida 等[96] 研究发现当 Mn/ (Mn＋Ce)＞0.75 时，催化剂表面会检测到 Mn_2O_3 晶体，而本节制备的 MnO_x-CeO_2 基催化剂的 Mn/(Mn＋Ce) 为 0.29。

图 5-17

MnO_x-CeO_2 基催化剂的 XRD 图谱

(a) 不同煅烧温度；(b) 不同金属负载量

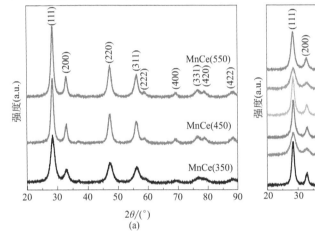
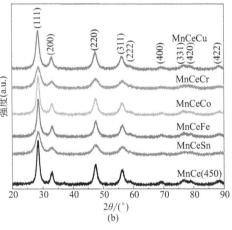

从图 5-17(a) 中可以发现催化剂的 XRD 衍射峰的强度随着焙烧温度的升高而增强。图 5-17(b) 中展示了第三种金属添加到 MnO_x-CeO_2 催化剂中的 XRD 图谱。可以发现，第三种金属负载后，均没有出现相应金属氧化物的特征衍射峰。反而 CeO_2 晶体的衍射峰会变宽和变弱，尤其是 MnCeSn 和 MnCeCr 催化剂，相应地，它们的晶粒大小分别减小至 8.8nm 和 9.9nm。

(2) 孔结构参数

MnO_x-CeO_2 基催化剂的比表面积和孔结构信息如表 5-3 所示。三金属催化剂 (MnCeSn、MnCeFe 和 MnCeCr) 的比表面积和孔容都比双金属催化剂 [MnCe(450)] 要大。虽然 MnCeCo 相比于 MnCe(450) 比表面积有所增大，但是孔容相对减小了。而 MnCeCu 的比表面积和孔容都比 MnCe(450) 催化剂要小。其中，MnCeSn (比表面积 106.6m^2/g 和孔容 0.19mL/g) 和 MnCeCr (比表面积 126.5m^2/g 和孔容 0.26mL/g) 催化剂的比表面积和孔容都明显地增加，这个和它们的 XRD 图谱中变宽和变弱的衍射峰相对应。催化剂较低的结晶度表明了催化剂较大的比表面积和孔容。然而，催化剂的比表面积和孔容并不是决定催化剂催化活性的唯一影响因素，这在催化剂的 TPR 分析中也可以体现。

表 5-3   MnO$_x$-CeO$_2$ 催化剂的比表面积和孔结构参数

催化剂	比表面积/(m^2/g)	孔容[1]/(mL/g)	平均孔径[2]/nm
MnCe(450)	73.3	0.10	9.8
MnCeSn	106.6	0.19	14.1
MnCeFe	111.7	0.11	5.5
MnCeCo	95.9	0.08	5.0
MnCeCr	126.5	0.26	14.3
MnCeCu	63.8	0.07	7.7

① p/p_0＝0.95 时孔径小于 40.3nm 的孔隙的单点吸附总孔体积。
② BJH 解吸平均孔径。

（3）氧化还原性能

三金属催化剂的 H$_2$-TPR 曲线如图 5-18 所示，其中，MnCe(450) 的 H$_2$ 消耗量曲线也在图中展示，作为参考。除了 MnCeCu 外，其他催化剂的 H$_2$-TPR 曲线都由两个主要的还原峰组成，代表了 MnO$_x$ 的两步还原过程：

图 5-18

三金属催化剂的 H$_2$-TPR 曲线

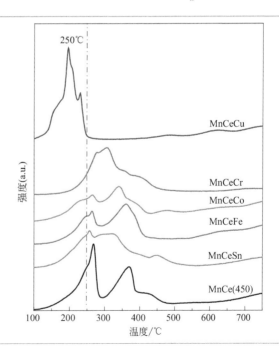

$MnO_2 \rightarrow Mn_2O_3 \rightarrow Mn_3O_4 \rightarrow MnO^{[97,98]}$。另外，在温度大于 400℃ 位置处的还原峰是 Ce^{4+} 被还原成 Ce^{3+} 造成的[99,100]。第三种金属添加后并未出现其金属氧化物的还原峰，说明它们的还原峰和 MnO_x 还原峰的位置相重合。第三种金属的添加在一定程度上影响了 MnO_x 的还原过程，使其 H_2 还原峰的位置向高温方向偏移。

在催化 O_2 氧化 NO 的过程中，催化剂的氧化还原性能和其催化活性息息相关。从催化剂的活性测试曲线中可以看到，NO 转化率最大值的温度在 250℃ 附近，因此，在此温度附近的还原峰和 NO 催化氧化活性的关联性最大。相比于 MnCe(450)，三金属催化剂在约 265℃ 附近的第一个还原峰相对较微弱，但是在 330~400℃ 处的第二个还原峰却有所增强。MnCeCr 的两个还原峰几乎重合在了一起，并且整体向高温方向偏移，H_2-TPR 曲线的变化可以解释其催化氧化 NO 活性下降的现象，即它具有较好的孔结构参数。由于 Cu 本身具有很好的低温还原性，所以 Cu 添加后使 MnO_x 的还原峰向低温方向偏移（<250℃）。CuO_x 和 MnO_x 之间的相互作用在催化剂表面形成了更多的氧空缺，提高了催化剂的低温氧化还原性能[39]。尽管如此，MnCeCu 相比于 MnCe（450），并没有表现出更好的催化氧化 NO 性能。一方面，结合表 5-3 分析，MnCeCu 的比表面积和孔容最小，不利于反应物的吸附；另一方面，CuO_x 较强的低温还原性影响了 MnO_x 的还原反应，也会影响 NO 的催化氧化过程[101]。NO 的催化氧化过程，实质上是由催化剂表面上的 MnO_x 中 Mn^{4+} 和 Mn^{3+} 之间的相互转化所推动的[47,102]。因此，锰离子被 Cu 还原会抑制 NO 的氧化，从而导致了 MnCeCu 较低的 NO 转化率。

5.3.3　NO 催化氧化活性评价

（1）焙烧温度对催化活性的影响

在 350℃、450℃ 和 550℃ 下焙烧的催化剂性能如图 5-19 所示。图中虚线为催化氧化 NO 的热力学平衡曲线。MnCe(350) 和 MnCe(450) 对于 NO 的催化活性比较接近，在 220~250℃ 附近时，达到了其最大的 NO 转化率，约为 88%。但是当焙烧温度升高到 550℃ 后，催化剂的 NO 转化率出现了明显的下降。MnCe(550) 催化剂在 280℃ 时仅仅有 83% 的 NO 转化率，在此温度后其 NO 转化率也迅速下降。可见，焙烧温度对催化剂催化氧化 NO 的活性有很大的影响，最佳的焙烧温度在 350~450℃。

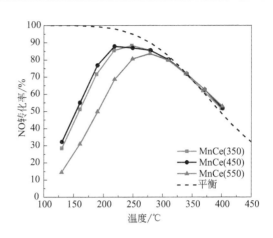

图 5-19

不同温度焙烧的 MnO$_x$-CeO$_2$ 基催化剂 NO 转化率随温度的变化曲线

（2）金属掺杂对催化活性的影响

Sn、Fe、Co、Cr 和 Cu 作为负载金属分别被添加到 MnO$_x$-CeO$_2$ 中，选取 MnCe(450) 催化剂作对比，其与三金属催化剂催化氧化 NO 的活性如图 5-20 所示。出人意料的是添加这些金属后，三金属催化剂的 NO 催化活性均有所下降。其中，MnCeSn、MnCeFe 和 MnCeCo 催化剂的 NO 转化率曲线随温度的变化基本一致，它们均在 250℃ 时达到最大的 NO 转化率（约 85%）。MnCeCu 和 MnCeCr 催化剂的 NO 转化率向高温方向移动，尤其 MnCeCr 在 310℃ 时才达到最大的 NO 转化率，仅为 70%。

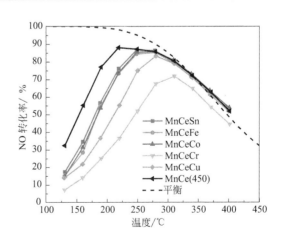

图 5-20

金属掺杂的 MnO$_x$-CeO$_2$ 基催化剂的 NO 转化率随温度的变化

5.3.4　SO₂ 对催化剂催化氧化性能的影响

　　三金属催化剂的低浓度抗硫试验在 250℃ 下开展，MnCe、MnCeFe、MnCeSn 和 MnCeCo 催化剂的 NO 转化率随时间的变化如图 5-21 所示。13 个小时的抗硫试验可以分成 4 个部分：60min 程序升温到 250℃；100min 稳定；20×10^{-6} 和 40×10^{-6} 的 SO₂ 分阶段通入和停止 SO₂。100min 稳定后，各催化剂的 NO 转化率都达到了最大值。通入 SO₂ 后，MnCe 在 166min 内 NO 转化率保持不变，随后逐渐下降，20×10^{-6} 的 SO₂ 通入 360min 后，NO 转化率为 77%。然而，MnCeFe、MnCeSn 和 MnCeCo 在 SO₂ 通入后 NO

图 5-21

SO₂ 对 NO 转化率的影响

（a）MnCe；（b）MnCeFe；（c）MnCeSn；（d）MnCeCo

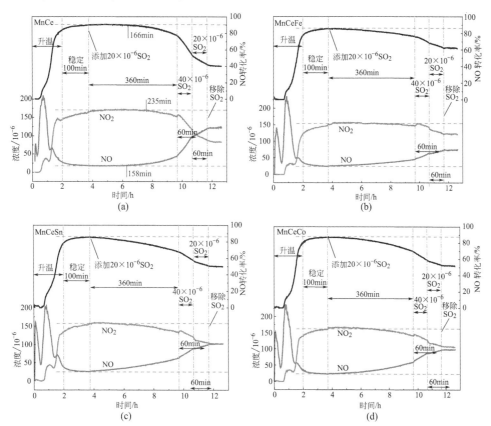

转化率立即下降，360min 后，分别减小到 76%、68% 和 70%。但是，MnCeFe 下降速率最为缓慢，从 86% 下降到了 76%，而 MnCe 虽然开始下降的时间点相对滞后，但是下降速率比 MnCeFe 要快，从 90% 下降到了 77%。此外，出口 NO 浓度的增加始终滞后于 NO_2 浓度的减少，这是由于硫酸盐在催化剂表面的积累占据了 NO_2 的吸附位点，从而加剧了 NO_2 的脱附过程。在 360min 的 $20\times10^{-6}SO_2$ 耐受性试验中，MnCeFe 催化剂出口的 NO_2 浓度基本不变。随后，SO_2 浓度提高到 40×10^{-6}，NO 转化率显著下降，尤其是 MnCe 从 77% 下降到了 54%，NO 转化率降低了 23%。MnCeFe、MnCeSn 和 MnCeCo 在 $40\times10^{-6}SO_2$ 耐受性试验中，NO 转化率分别下降了 7%、11% 和 12%。这说明三金属催化剂在相对较高浓度的 SO_2 耐受能力上具有促进作用。接着，SO_2 再一次减少到 20×10^{-6} 后，除了 MnCeFe 外，其他三金属催化剂的 NO 转化率的下降速率均有所缓解。可见，虽然 MnCeNO 转化率下降得最晚，但是其开始中毒后的下降速率较快，第三金属的添加在一定程度上提高了催化剂的抗硫性能。总的来说，MnCeFe 相对来说抗硫能力最优。

5.4 镧锰钙钛矿催化剂

5.4.1 催化剂制备方法

$LaMnO_{3+\delta}$ 镧锰钙钛矿催化剂采用柠檬酸法制备，制备流程如下：将 0.02mol 的 $La(NO_3)_2\cdot6H_2O$ 和 $Mn(NO_3)_2$ 按照 La/Mn=1.0 的比例溶解在 40mL 去离子水中，接着按照柠檬酸和阳离子的比例为 1:1 加入 0.5mol/L 的柠檬酸溶液，磁力搅拌 24h。然后放入 90℃烘箱中，直至形成一种黏性非晶态物质，在 110℃下烘干后，粉末在 300℃的空气氛围下焙烧 1h，随后在 750℃下再焙烧 5h。$La_{0.8}A_{0.2}MnO_{3+\delta}$ 和 $LaMn_{0.8}B_{0.2}O_{3+\delta}$ 的制备采用 $Ce(NO_3)_2\cdot6H_2O$、$Fe(NO_3)_3\cdot9H_2O$、$Co(NO_3)_2\cdot6H_2O$ 和 $Cu(NO_3)_2\cdot3H_2O$ 以 M/La=0.25 和 M/Mn=0.25 的比例分别部分代替 $La(NO_3)_2\cdot6H_2O$ 和 $Mn(NO_3)_2$ 前驱体配制中的硝酸盐前驱体溶液。之后的制备流程和 $LaMnO_{3+\delta}$ 一致。LaCoMnO-A 的制备是将 0.8g 的 LaCoMnO 放入 20mL 浓度为 1mol/L 的 HNO_3 溶液中，磁力搅拌 6h。抽滤洗涤至中性，最后于 90℃下烘干。

5.4.2　催化剂理化特性

（1）晶体结构

$La_{0.8}A_{0.2}MnO_{3+\delta}$ 和 $LaMn_{0.8}B_{0.2}O_{3+\delta}$ 的 XRD 曲线分别显示在图 5-22（a）和（b）中，LaCoMnO-A 的 XRD 曲线显示在图 5-22（c）中。图 5-22（a）和（b）中的 XRD 曲线都和 $LaMnO_{3.26}$ 结构（JCPDS：50-0299）相吻合，是一种菱形的对称结构[103,104]。这意味着 $LaMnO_{3+\delta}$ 中钙钛矿相的生成，而不是 $LaMnO_3$。$LaMnO_{3+\delta}$ 具有更丰富的 Mn^{4+} 含量[105,106]。另外，

图 5-22

$LaMnO_{3+\delta}$ 钙钛矿催化剂 XRD 曲线

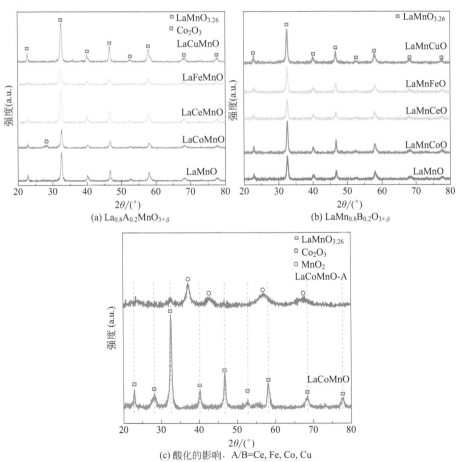

(a) $La_{0.8}A_{0.2}MnO_{3+\delta}$

(b) $LaMn_{0.8}B_{0.2}O_{3+\delta}$

(c) 酸化的影响，A/B=Ce, Fe, Co, Cu

LaCoMnO 在衍射角 $2\theta = 28.11°$ 处发现了 Co_2O_3 相（JCPDS：02-0770）的衍射峰，这是钴原子在其表面解离形成的[103]。然而，Fe、Ce、Cu 相关物种的衍射峰并未出现，说明 Fe、Ce、Cu 物种在钙钛矿催化剂上有良好的分散性。值得注意的是，第三种金属引入后相比于 LaMnO 原有的衍射峰既有增强亦有减弱。LaCoMnO 和 LaFeMnO 的衍射峰呈现减弱的趋势，说明较小的晶格结构的形成，很巧是图 5-25 中 Co 和 Fe 的加入都增强了 LaMnO 催化氧化 NO 的活性。

与图 5-22(a) 和（b）不同的是，图 5-22(c) 中酸化后的 LaCoMnO-A 的 XRD 图谱有了很明显的变化，所有的原有衍射峰都变得很微弱，有些甚至消失了。此外，MnO_2（JCPDS：14-0644）晶相成了 LaMnO-A 的主要晶相。XRD 衍射峰发生如此巨大的变化，说明 HNO_3 酸化处理对原有的钙钛矿催化剂的晶型造成了严重的破坏，大量的 La^{3+} 和 Co_2O_3 从钙钛矿的晶格中消失，形成了丰富的氧空位，这在一定程度上有利于催化氧气氧化 NO 的进行。

（2）孔结构参数

制备的这些 $LaMnO_{3+\delta}$ 钙钛矿类催化剂的比表面积和孔结构参数如表 5-4 所示。由于制备催化剂的过程中煅烧的温度过高，所以可以发现这些 $LaMnO_{3+\delta}$ 钙钛矿类催化剂的比表面积都比较小，大部分在 $10\sim30m^2/g$ 范围内。除了 Cu 的添加以外，其他金属的添加都在一定程度上增大了催化剂的比表面积。LaMnCeO 催化剂比表面积最大而平均孔径最小，分别为 $84.7m^2/g$ 和 3.4nm。LaCeMnO 催化剂有最大的平均孔径，为 30.9nm。关于 Ce 的添加可以发现，对于 La 和 Mn 的部分取代，在催化剂比表面积和平均孔径方面有完全相反的作用。总的来说，除了 Ce 外，其他金属部分取代 La 相比于部分取代 Mn 会呈现出较大的比表面积。

表 5-4　$LaMnO_{3+\delta}$ 钙钛矿催化剂比表面积和孔结构参数

催化剂	比表面积/(m^2/g)	孔容①/(mL/g)	平均孔径②/nm
LaMnO	16.1	0.15	17.5
LaCoMnO	47.0	0.29	17.3
LaCeMnO	24.2	0.20	30.9
LaFeMnO	37.4	0.29	12.4
LaCuMnO	15.4	0.15	17.0
LaMnCoO	16.3	0.16	17.0
LaMnCeO	84.7	0.19	3.4

续表

催化剂	比表面积/(m²/g)	孔容①/(mL/g)	平均孔径②/nm
LaMnFeO	18.2	0.12	3.8
LaMnCuO	13.5	0.11	17.6
LaCoMnO-A③	212.0	1.12	17.6

① BJH 脱附孔总体积。
② BJH 脱附平均孔径。
③ A 酸化处理。

　　LaCoMnO 催化剂酸化处理以后，比表面积和孔容都有了巨大的提升，分别增大到了 212.0m²/g 和 1.12mL/g。但是平均孔径却没有很大的变化，这说明酸化处理后催化剂中孔的数量明显增加。另外，下文的 TEM 图像证明钙钛矿结构的塌陷破坏会形成一种疏松的结构，直接导致了比表面积的增大[107]。

　　（3）元素表面特性

　　LaMnO、LaMnCoO、LaCoMnO 和 LaCoMnO-A 的 Mn 2p 信息在表 5-5 中列出。Co 添加（LaMnCoO 和 LaCoMnO）后，催化剂的 Mn⁴⁺ 含量有所降低，并且结合能向高结合能方向偏移。Co 的添加会导致催化剂表面产生阴离子的空缺，部分 Mn^{4+} 被还原成 Mn^{3+}[108]。当 LaCoMnO 经过 HNO₃ 酸化处理后，可以发现峰的强度有明显的增强，说明酸化处理后催化剂表面 Mn 物种含量的增加。同时，相比于 LaCoMnO，LaCoMnO-A 的 Mn^{4+} 含量有所提高，从 40.4% 增加到 42.7%。经学者研究，催化剂表面的 Mn^{4+} 有利于催化氧化 NO 的反应进行[109,110]。因此，LaCoMnO-A 较好的催化氧化 NO 活性也和 Mn^{4+} 的含量有一定关系。

表 5-5　LaMnO、LaMnCoO、LaCoMnO 和 LaCoMnO-A 的 Mn 2p 分析

催化剂	Mn 2p₃/₂			
	Mn⁴⁺		Mn³⁺	
	结合能/eV	Mn⁴⁺/Mnⁿ⁺/%	结合能/eV	Mn³⁺/Mnⁿ⁺/%
LaMnO	643.2	49.2	641.7	50.8
LaMnCoO	643.8	41.2	641.7	58.8
LaCoMnO	643.6	40.4	641.6	59.6
LaCoMnO-A	643.5	42.7	641.9	57.3

　　氧物种的比例和相关结合能的信息列在表 5-6 中。其中，Oβ 和 Oγ 都属于表面吸附氧物种。Co 取代 Mn 后，LaMnCoO 表面晶格氧的含量减少，化学吸附氧含量增加。但是，Co 取代 La 后，LaCoMnO 的表面晶格氧增多，化学吸附氧的含量减少。并且，LaCoMnO 和 LaCoMnO-A 的晶格氧的结合

能均向高结合能的方向移动，说明晶格氧的结合强度有所降低，电子的移动性增强[107]。和 Mn 2p 的结果一致，LaCoMnO 和 LaCoMnO-A 的 O 1s 的峰都有所增强，这表明其表面氧物种更加丰富。这些氧物种和 Mn 物种会提供更多的活性位点用作 NO 和氧气的吸附和反应，从而达到提高 NO 转化率的结果。

表 5-6　LaMnO、LaMnCoO、LaCoMnO 和 LaCoMnO-A 的 O 1s 分析

催化剂	O 1s					
	O_α		O_β		O_γ	
	结合能/eV	O_α/O/%	结合能/eV	O_β/O/%	结合能/eV	O_γ/O/%
LaMnO	529.1	36.1	531.0	30.3	531.7	33.6
LaMnCoO	529.3	29.8	530.9	70.2	—	—
LaCoMnO	529.3	42.9	530.8	57.1	—	—
LaCoMnO-A	529.5	42.1	531.2	57.9	—	—

（4）氧化还原性能

图 5-23 显示了 $LaMnO_{3+\delta}$ 钙钛矿催化剂的 H_2-TPR 分析结果。LaMnO 的 H_2-TPR 曲线中可以在 50~600℃ 和 600~800℃ 范围内看到两个很明显的还原峰。其中，第一个还原峰根据高斯函数被分成了 α、β 和 γ 三个峰。这三个峰的出现分别归因于具有高移动性的表面晶格氧的去除[111,112]、Mn^{4+} 被还原为 Mn^{3+}[109,113] 和不饱和的 Mn^{3+} 被还原为 Mn^{2+}[107,111,113]。结合图 5-22 中催化剂的 XRD 结果分析，$LaMnO_{3.26}$ 为其主要的钙钛矿晶相，这种晶相和低配位数的阳离子有关系，将导致低温下的还原峰的出现，对应 α 峰。高温还原峰是因 Mn^{3+} 被还原为 Mn^{2+} 和钙钛矿结构的破坏而产生的[113,114]。

第三种金属部分取代 La 的催化剂的 TPR 结果如图 5-23（a）所示。除了 LaCuMnO 外，其他催化剂低温下都可以分解成三个还原峰。LaCuMnO 在更低的温度下出现了还原峰，这是由 CuO_x 物种的还原造成的[115,116]。而且由于其较好的低温还原性，α 峰和 CuO_x 物种的还原峰有所重叠。对于 Co、Fe 和 Ce 部分取代后的催化剂，α 峰出现在 230~240℃ 的位置，正好和图 5-25（a）中催化氧化 NO 的最佳温度范围相吻合。与 LaMnO 相比较，LaCoMnO、LaCeMnO 和 LaFeMnO 的 α 峰都有所增强。同时，负载后催化剂的 β 和 γ 峰都有所增强并向低温方向移动。另外，LaCoMnO 和 LaFeMnO 的 α 峰峰面积较大，并且 LaCoMnO 的 β 和 γ 峰向低温方向的移动明显。这些结果都和 Co、Fe 和 Ce 部分取代 La 后，催化剂催化氧气氧化 NO 活性的增强相对应。同时这也是 LaCoMnO 具有最高的催化氧化 NO 活性的原因。

图 5-23

LaMnO₃₊δ 钙钛矿催化剂 H₂-TPR 曲线

（a）La₀.₈A₀.₂MnO；（b）LaMn₀.₈B₀.₂O；（c）酸化的影响，A/B=Ce，Fe，Co，Cu

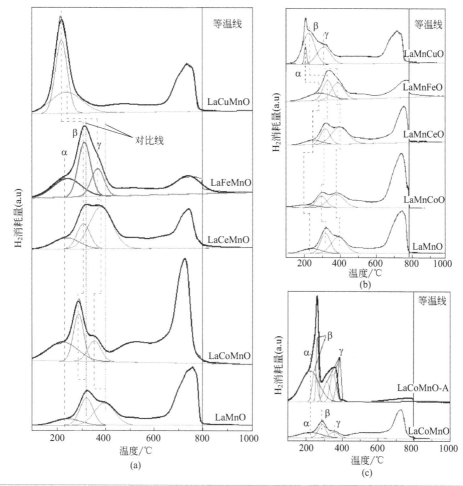

第三种金属部分取代 Mn 的催化剂的 TPR 结果如图 5-23（b）所示。LaMnCeO 和 LaMnFeO 的还原峰反而向高温方向移动。虽然 LaMnCuO 依然具有明显的低温还原峰，但是相比较 LaCuMnO，它的还原峰的位置仍处于较高温度。此外，第三种金属部分取代 Mn 后的还原峰相比于 LaMnO 并没有明显增强。尽管如此，Co 部分取代 Mn 后，三个特征还原峰均向低温方向略有移动，对应了 LaMnCoO 催化剂稍微增强的催化氧化 NO 能力。总而言之，Co、Ce、Cu 和 Fe 部分取代 La 相比于部分取代 Mn 后的催化剂具有更好的低温氧化还原能力。

图 5-23(c) 展示了 LaCoMnO-A 和 LaCoMnO 的 H_2-TPR 曲线。相比之下，HNO_3 酸化后的催化剂的 H_2 还原峰有明显的增强，表明了 LaCoMnO-A 表面丰富的氧空位。并且，LaCoMnO-A 的 α 峰变得更高更宽，对应更高的催化氧化 NO 活性。此外，β 峰和 γ 峰也都向低温方向移动，表明了较好的氧物种的移动性。这些结果都反映了酸化以后的催化剂会创造出更多的活性氧物种，有利于催化氧化 NO 的进行。

（5）形貌特征

图 5-24 为 LaCoMnO 和 LaCoMnO-A 催化剂的 TEM 和 HRTEM 图像。LaCoMnO 呈现出明显的紧凑颗粒感，而 LaCoMnO-A 是一种线网状结构。根据 HRTEM 图像分析看出，3.85Å（$1Å = 10^{-10} m$）、2.74Å 和 2.33Å 的晶格间距分别代表了 $LaMnO_{3.26}$ 的（012）、（110）和（113）晶面。晶格间距为 3.21Å 的晶面代表了 Co_2O_3。此外，MnO_2 的（131）晶面在 LaCoMnO-A 的图像中可以发现，这和 XRD 结果图 5-22(c) 中 $2\theta = 37.12°$ 位置处的 MnO_2 衍射峰相对应。

图 5-24
LaCoMnO 和 LaCoMnO-A 催化剂的 TEM 和 HRTEM 图像

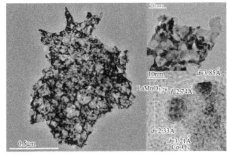

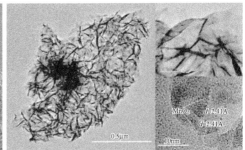

(a) LaCoMnO   (b) LaCoMnO-A

5.4.3　NO 催化氧化活性评价

（1）活性金属的添加对催化活性的影响

使用 Ce、Fe、Co 和 Cu 金属部分取代 $LaMnO_{3+\delta}$ 钙钛矿催化剂中 La 和 Mn，制备 $La_{0.8}A_{0.2}MnO_{3+\delta}$ 和 $LaMn_{0.8}B_{0.2}O_{3+\delta}$，测试活性金属的添加对钙钛矿催化剂催化氧化 NO 的活性，如图 5-25(a) 和（b）所示。其中催化剂的制备方法、试验条件和装置图在本书 5.4.1 和 5.4.2 节中详细说明。所有催化剂催化氧化 NO 的转化率曲线趋势一致，随着温度的升高，NO 转化率升高，然后在 300℃ 左右达到峰值，最后由于热力学的限制，转化率逐渐降低。经过对比可以发现过渡金属部分取代 La 的 $La_{0.8}A_{0.2}MnO_{3+\delta}$ 展现出了对 NO 催化氧化的促进作用，而部分取代 Mn 的 $LaMn_{0.8}B_{0.2}O_{3+\delta}$ 大部分出现了抑制效果。这说明对于 $LaMnO_{3+\delta}$，对其中的 La 进行部分取代是 $LaMnO_{3+\delta}$ 改性的一个方向。总的来说，对于 $La_{0.8}A_{0.2}MnO_{3+\delta}$ 催化剂活性金属的取代的促进作用从高到低的顺序为 $Co > Fe \sim Ce > Cu$，此外，$LaMn_{0.8}Co_{0.2}O_{3+\delta}$ 和 $LaMnO_{3+\delta}$ 催化氧化 NO 的活性相接近。表 5-7 显示了不同温度下 LaMnO 和 LaCoMnO 具体催化氧化 NO 的数值。可以看出 LaMnO 在 280℃ 时达到了最大的氧化效率，为 76.37%，而 LaCoMnO 在 250℃ 达到了 83.74% 的催化氧化 NO 的效率。结合图 5-25 中的曲线可以看出 Co 部分取代 La 使 $LaMnO_{3+\delta}$ 具有了更好的低温活性，在 220℃ 时 NO 转化率有高达 31.16% 的提升。

图 5-25

$LaMnO_{3+\delta}$ 催化氧化 NO 的转化率随温度的变化

(a) $La_{0.8}A_{0.2}MnO_{3+\delta}$；(b) $LaMn_{0.8}B_{0.2}O_{3+\delta}$ (A/B=Ce, Fe, Co, Cu)

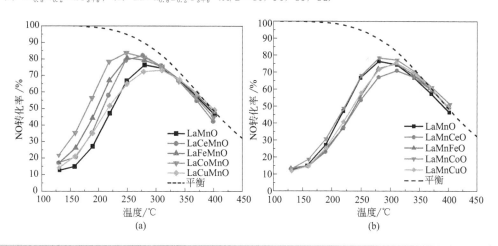

表 5-7　使用 Co 部分代替 La 催化剂在不同温度下催化氧化 NO 效率

催化剂	130℃	160℃	190℃	220℃	250℃	280℃	310℃
LaMnO/%	12.66	14.94	27.10	47.19	66.72	76.37	74.42
LaCoMnO/%	21.61	35.27	56.40	78.35	83.74	80.97	75.52
转化率增加值/%	8.95	20.33	29.30	31.16	17.02	4.60	1.10

催化剂	130℃	160℃	190℃	220℃	250℃	280℃	310℃
LaCoMnO-A/%	42.12	61.59	81.66	89.78	89.96	86.73	81.27
转化率增加值/%	20.51	26.32	25.26	11.43	6.22	5.76	5.75

（2）催化剂酸化对催化活性的影响

HNO_3 酸化处理的 LaCoMnO 催化剂（LaCoMnO-A）和 LaMnO、La-CoMnO 的催化性能如图 5-26 所示，具体温度下的数值如表 5-7 所示。La-CoMnO 催化剂经酸化处理后催化氧化 NO 的活性有了明显的提升，特别是在低温下的活性。其中在 130℃时，催化剂催化氧化 NO 的效率为 42.12%，相比于 LaCoMnO 催化剂有了 20.51% 的提升。LaCoMnO-A 催化剂在 190℃时，NO 转化率达到了 81.66%，并且温度进一步提高到 250℃后，NO 转化率达到了最大值 89.96%，说明此催化剂具有较宽的高活性温度区间。这些试验结果说明，使用 HNO_3 酸化处理 LaCoMnO 催化剂可以使催化剂的氧化 NO 的活性进一步提升，为工程应用中低温烟气的处理提供了可能。

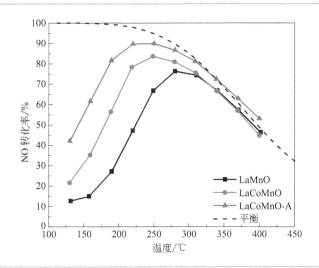

图 5-26
LaCoMnO 催化剂酸化后
催化氧化 NO 效率随温度
变化曲线

5.4.4　SO_2 对催化剂催化氧化性能的影响

（1）过渡金属的添加对催化剂低浓度 SO_2 耐受性的影响

图 5-27 展示了 LaCoMnO 和 LaCoMnO-A 的低浓度 SO_2 耐受力试验结

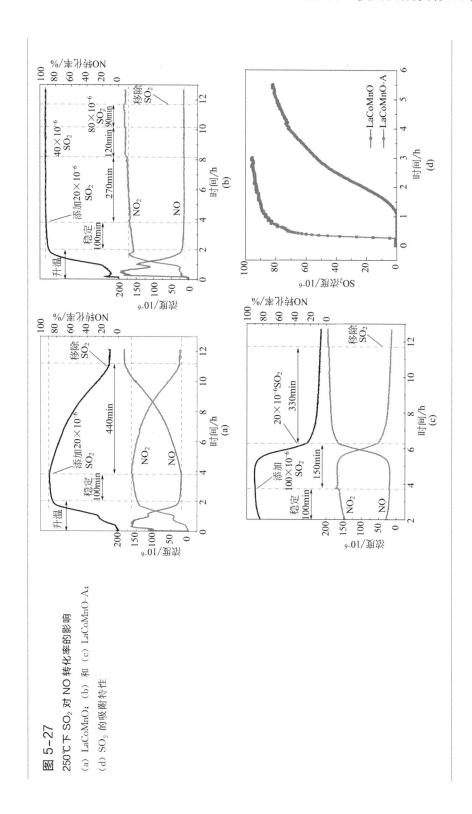

图 5-27

250℃下 SO$_2$ 对 NO 转化率的影响

(a) LaCoMnO；(b) 和 (c) LaCoMnO-A；

(d) SO$_2$ 的吸附特性

果。试验流程分成四个阶段：① $25 \sim 250℃$ 的催化剂程序升温过程；②100min 的稳定过程；③通入 SO_2；④停止通入 SO_2。在第一个阶段中，NO 的转化率随温度的升高逐渐提高。出口 NO 浓度先增加到最大值，然后逐渐下降，同时，NO_2 的浓度逐渐升高。在这个过程中可以看到，NO 和 NO_2 连续变化的过程中有一个平台期，这可能是由于此温度下催化剂饱和吸附能力的提升。图 5-27(b) 中这个现象更加明显，说明 LaCoMnO-A 催化剂有较好的 NO_2 吸附能力。

催化剂经过 100min 稳定达到最大的 NO 转化率，此时向模拟烟气中通入 $20×10^{-6}$ 的 SO_2。LaCoMnO 催化剂催化氧化 NO 的效率立即下降，但是，LaCoMnO-A 催化氧化 NO 的效率并没有变化，始终保持稳定。经过 440min 的抗硫试验，LaCoMnO 催化剂催化氧化 NO 的效率下降到了约 12%，催化剂基本完全失活。从模拟烟气中移除 SO_2 后，NO 的转化率并没有一直下降，也没有恢复，而是保持了 12% 的转化率，这说明催化剂的硫中毒是永久性不可逆的。由于 LaCoMnO-A 催化剂催化转化 NO 的效率并没有发生明显的变化，分阶段继续增大 SO_2 通入的初始浓度为 $20×10^{-6}$，270min 升至 $40×10^{-6}$，120min 升至 $80×10^{-6}$，保持 90min。但是，NO 的转化率始终没有变化，480min 分阶段通入 SO_2 的试验过后，LaCoMnO-A 催化剂始终保持了约 93% 的 NO 转化率。此外，当 SO_2 引入后，反应器出口的 NO_2 略有增加，这是由 SO_2 和 NO_2 在催化剂表面的竞争吸附造成的。

在 LaCoMn-A 催化剂达到最大 NO 转化率后，直接通入 $100×10^{-6}$ 的 SO_2，结果如图 5-27(c)。前 80min 内，NO 的转化率依然保持不变。但是 80min 后，NO 转化率开始极速下降。150min 后，将入口的 SO_2 浓度改为 $20×10^{-6}$，NO 转化率下降的速度明显减缓。可见酸化后的催化剂对 SO_2 的耐受能力明显提升，在低浓度 SO_2 时有较好的效果，当 SO_2 浓度升高后，催化剂中毒现象依然会发生。

（2）催化剂酸化处理对 SO_2 吸附能力的影响

正如之前讨论的结果，LaCoMnO-A 催化剂有较好的抗硫能力是由于其有丰富的活性位点供 SO_2 吸附和 NO 反应。虽然 SO_2 可以部分占据催化活性位点，但是剩余的活性位点依然可以满足 NO 催化反应的进行。换句话说，酸化后的催化剂对 SO_2 的吸附能力也相应得到了增强。如图 5-27(d) 所示，LaCoMnO 和 LaCoMnO-A 催化剂的 SO_2 吸附效果图验证了这一观点。

对于 LaCoMnO 催化剂，在吸附反应进行到 15min 后，出口 SO_2 浓度开始被检测出并且迅速增高。1.5h 后，出口 SO$_2$ 浓度达到 90×10^{-6}，逐渐达到稳定。而 LaCoMnO-A 催化剂则展现出了更好的 SO$_2$ 吸附性能，在 1h 的吸附试验中，出口均未检测出 SO$_2$，经历 5.5h 后，出口 SO$_2$ 浓度才达到 80×10^{-6}。这和之前的猜想相一致，酸化后的催化剂有更多的活性位点供 SO$_2$ 吸附。

第**6**章

N_2O 的催化降解机理

6.1　N₂O 的排放背景

氧化亚氮（nitrous oxide，N_2O）的来源主要包括自然界和人类活动两方面。自然界氮循环中 N_2O 作为微生物硝化、反硝化过程（nitrification & denitrifica-tion）的中间产物循环流通。人类活动是破坏当前大气 N_2O 平衡的主要原因，包括农业活动中微生物转化氮肥、化石燃料燃烧、工业生产、废水处理和水产养殖等。其中农业活动是人类 N_2O 排放的最大来源，约占人为排放总量的 2/3，如合成肥料和农作物残留物的分解转化，其特点是排放总量大、强度小和位置分散。此外，污水处理、硝酸/己二酸等化工产品生产和化石燃料燃烧（流化床锅炉、汽车等）也会集中排放大量的 N_2O，并呈现逐年上升的趋势。但现行的氮氧化物考核指标中主要涵盖烟气中 NO 和 NO_2，而 N_2O 未被列入详细考核指标中。

循环流化床（CFB）燃烧技术具有与煤粉锅炉相当的燃烧效率、燃料适应性广和 NO_x 排放浓度低等优点，近几十年来得到大力推广使用。然而其相对低的燃烧温度（800～900℃）有利于燃料中的氮向 N_2O 转化。此外传统配套的 SNCR 脱硝手段在控制 NO_x 时，由于还原反应不充分、氨逃逸和温度区间波动等因素，也会将约 10% 的 NO 转化为 N_2O。这些综合原因将导致循环流化床的 N_2O 排放浓度普遍偏高 [$(30\sim120)\times10^{-6}$]，对于 N_2O 排放控制较差的甚至可达（$100\sim250$）$\times10^{-6}$，远高于煤粉炉（$0\sim20\times10^{-6}$）[117,118]。近年来，以循环流化床锅炉为代表的高浓度 N_2O 排放问题已引起人们的重视，研究燃煤烟气中 N_2O 的控制脱除问题已刻不容缓。

6.2　N₂O 的理化特性

N_2O 的理化特性如表 6-1 所示。从宏观来看，N_2O 为无色微甜味气体，因能使人发笑又俗称笑气，有轻微麻醉作用，早年广泛用作医学麻醉剂，但长期或大量吸入可能引起窒息、高血压、晕厥、中枢神经系统损害等，目前已较少使用。N_2O 在常温下化学性质稳定，在大气对流层中能长期稳定存在（>110 年），在高温下能分解为 N_2 和 O_2，也可作为氧化剂用于航天、赛车等。N_2O 与二氧化碳（CO_2）互为等电子体，具有相似的分子构型和理化性质。N_2O 分子为直线型极性分子（N—N—O），中心 N 原子采用 sp 杂化，与两端氮/氧原子各生成一个 σ 键，整体三原子形成两个四电子 π 键[119]。

表 6-1　氧化亚氮（N_2O）的理化特性

项目	特性数值	项目	特性数值
分子构型	直线型(N—N—O)	熔点	$-90.81℃$
分子质量	44.02	沸点	$-88.46℃$
水溶解度	0.111g/L	临界温度	36.5℃
密度	1.843g/L	临界压力	$7.263×10^6Pa$
标准形成焓	82.05kJ/mol	相对密度	1.977
标准摩尔熵	219.96J/(K·mol)	偶极矩	0.166D

环境生态方面，N_2O 与 CO_2 类似，具有很强的大气红外辐射吸收能力，是仅次于 CH_4 和 CO_2 的第三大温室气体，其温室效应潜能（global warming potential，GWP）约为 CO_2 的 310 倍。同时，对流层稳定存在的 N_2O 进入同温层后会进一步反应生成 NO，与常规 NO_x 一样消耗破坏臭氧层，造成臭氧空洞。随着近年来大气中 N_2O 体积分数的不断升高，增温效应也越来越显著，对生态环境造成了严重破坏[120]。

6.3　N_2O 生成特性

在循环流化床锅炉相对低的燃烧温度下，以煤颗粒的燃烧为例，NO_x 的产生主要来源于两个阶段：煤中挥发分燃烧和焦炭燃烧。煤中氮转化路径如图 6-1 所示[118]。在挥发分燃烧阶段，小分子挥发分随温度升高析出，其中挥发分氮（HCN 和 NH_3）在氧气环境下最终转化为 NO、N_2O 和 N_2。在焦炭燃烧阶段，未挥发释放的焦炭氮通过复杂的均相和非均相反应也转化为 HCN、NH_3，最终也生成 NO、N_2O 和 N_2。

图 6-1

煤中氮的转化路径[118]

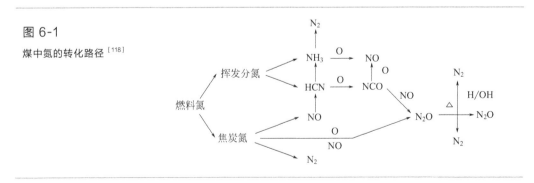

从燃烧条件考虑，锅炉实际运行中燃烧温度对于氮氧化物生成的影响最为关键。CFB 锅炉床层温度通常处于 $800\sim900℃$。床层温度的升高可促进燃料中的氮转化为 NO，N_2O 浓度降低，转化趋势如图 6-2 所示[118]。但提高床层温度会导致炉内石灰石脱硫效率下降，同时也会影响运行安全和 NO_x 控制要求，因此很难作为控制 N_2O 的常规手段[121]。此外，研究普遍认为流化床过量空气系数越大，N_2O 生成量也越大。当过量空气系数在 $1.0\sim1.4$ 之间时，N_2O 随氧量的变化最为灵敏，进一步增大氧量，N_2O 逐渐趋于稳定[122]。但过量空气系数与燃烧工况和燃烧效率息息相关，仅能在有限范围内调控 N_2O 的生成。

图 6-2

燃烧温度对 N_2O 生成的影响[118]

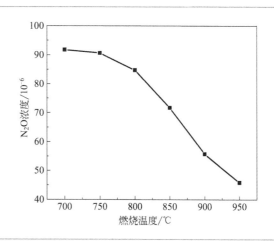

从燃料特性来说，燃料中的 NH_3 组分主要转化为 NO。褐煤、烟煤以及生物质燃料的挥发分中 NH_3 相对较多，对 NO 的控制更为关键。而挥发分析出和焦炭氮转化生成的 HCN 是 N_2O 的主要来源，烟煤、无烟煤等燃料的挥发分中 HCN 相对较多，N_2O 排放及控制问题更加明显。对于 N_2O 排放情况较为严重的 CFB 锅炉案例，可以从煤中氮的转化途径考虑，通过向燃料中掺加抑制剂来阻断或减弱 HCN 向 N_2O 的生成。此外，床料中还原性物质（Fe、Fe_3O_4、Fe_2O_3）、金属氧化物（CaO、MgO、Al_2O_3）和 SiO_2 等成分在一定程度上能促进 N_2O 的还原或者分解转化。如炉内石灰石脱硫时加入的 CaO 会促进 HCN 转化为 NH_3，从而降低 N_2O 的生成水平[123]。综上所述，从源头上控制循环流化床锅炉中的 N_2O 可以通过适当提高燃烧床层温度并调整炉内脱硫给料、控制合理的过量空气系数和炉内掺烧抑制剂等手段实现。

除了炉内燃烧生成 NO_x 和 N_2O 之外，在尾部烟气治理过程中也会生成

部分 N_2O。CFB 锅炉的燃烧温度与选择性非催化脱硝（SNCR）的最佳反应温度区间相近，因此广泛采用炉内高温区喷入氨水、尿素等方式进行脱硝。对于部分炉前控制较差和要求更严苛的超低排放场合，还需在烟道下游设置选择性催化脱硝（SCR）手段。这些传统配套的 SNCR 和 SCR 系统，由于还原反应不充分、氨逃逸和温度区间波动等因素，会发生如式（6-1）的反应，将约 10% 的 NO 转化为 N_2O，这些原因导致循环流化床的 N_2O 排放浓度普遍偏高。

$$2NH_3 + 2O_2 \longrightarrow N_2O + 3H_2O \qquad (6-1)$$

$$2NH_3 + 8NO \longrightarrow 5N_2O + 3H_2O \qquad (6-2)$$

$$4NH_3 + 4NO + 3O_2 \longrightarrow 4N_2O + 6H_2O \qquad (6-3)$$

6.4　N_2O 治理方法

治理尾部烟气中 N_2O 的方式通常包括高温分解法、选择性催化还原法和直接催化分解法。高温分解法原理如式（6-4）所示，该反应活化能较高（$250\sim270kJ/mol$），在高温（$1000\sim1200℃$）条件下进行，工程应用往往需要额外能源加热尾部烟气，对于烟道布置和运行成本要求较高。选择性催化还原法是在催化剂的作用下，通过加入还原剂（如 NH_3、CO、CH_4 和 C_3H_6 等）将 N_2O 还原为 N_2 和 O_2，可以有效降低反应温度区间（$300\sim500℃$），但存在运行成本高和还原剂逃逸等缺点。因此，上述两种方法实用性都不高。而对应处理高浓度 N_2O 的富集再利用和苯氧化一步制苯酚法等不适用于复杂烟气工业环境，同时技术方案较不成熟，应用场所有限。

$$2N_2O \longrightarrow 2N_2 + O_2 \qquad (6-4)$$

直接催化分解法是在催化剂的作用下，在较低的温度区间（$300\sim700℃$）内将 N_2O 还原，具有反应温度相对较低、操作简单、无介质加入等优点，受到国内外学者的广泛关注。经典的 N_2O 分解机理主要包含式（6-5）～式（6-8）的四步基元反应过程，其中 * 代表催化活性位点，式（6-7）和式（6-8）则是 N_2O 直接分解的核心速率控制步骤[124]。目前已有针对己二酸生产厂和硝酸厂尾部烟气高浓度 N_2O 的工业型催化剂，如 BASF 公司针对中国石油辽阳石化己二酸生产线设计实施的 N_2O 直接催化分解工艺，可实现 95% 的 N_2O 转化率。但该工艺中的催化剂造价极高，使用寿命较短，运行成本压力较大[125]。目前对于烟气成分复杂的燃煤锅炉、工业锅炉尤其是循环流化床锅炉的尾部 N_2O 治理研究尚属空白，亟待开展针对典型复杂低温烟气条件下

的 N_2O 控制方法的研究。

$$N_2O + {}^* \longrightarrow N_2O^* \tag{6-5}$$

$$N_2O^* \longrightarrow N_2 + O^* \tag{6-6}$$

$$2O^* \longrightarrow O_2 + 2^* \tag{6-7}$$

$$N_2O + O^* \longrightarrow N_2 + O_2 + {}^* \tag{6-8}$$

将 N_2O 直接催化分解为 N_2 和 O_2 是去除燃烧烟气中 N_2O 的可行方法。直接催化分解法可以在有效降低活化能后，在中低温区实现对 N_2O 的催化分解。根据活性组分的差异，催化剂具体可分为负载贵金属催化剂、非贵金属氧化物催化剂及分子筛催化剂等。负载贵金属催化剂（活性组分主要包括 Pt、Pd、Rh、Ag 和 Au）通常具有比表面积大、氧空位丰富和低温催化活性好等优点，但存在温度窗口较窄、对复杂烟气适应性差并且应用成本较高等缺点[126]。非贵金属氧化物催化剂中包括单一金属氧化物，如碱土金属氧化物（包括 CaO、MgO）、过渡金属氧化物（尤其是第八族 Fe、Co、Ni 系）及稀土金属氧化物等。单一金属氧化物催化剂通常活性温度区间较高，而复合金属氧化物通过组成、结构的调控，催化活性可以得到明显改善。六铝酸盐、水滑石、尖晶石、钙钛矿和混合金属氧化物对 N_2O 的催化分解效果也较好[127]。值得一提的是，尖晶石系催化剂 ［化学式 $A(\mathrm{II})B(\mathrm{III})_2O_4$］ 中钴尖晶石（$Co_3O_4$）及其掺杂（如 K、Ca、Fe、Mn、Cu、Ni、Ce 等）氧化物对 N_2O 表现出优异的低温催化性能，近年来受到广泛研究[128,129]。钴尖晶石催化剂中丰富的氧空位和 Co^{3+} 是 N_2O 分解的活性中心，不仅能促进 N_2O 分子中 N—O 键的裂解，而且可以通过活性位的再生促进催化剂表面氧的解吸。

6.5　钴基金属有机框架衍生催化剂分解 N_2O

金属-有机框架（metal-organic frameworks，MOFs）是由有机配体和金属离子或团簇通过配位键自组装形成的有机-无机杂化材料，如图 6-3 所示。作为一种新型配位聚合物，金属-有机框架（MOF）材料具有极大的比表面积、有序的孔道结构和明确的分子吸附位点，在储氢、气体吸附分离和催化[130] 等领域显示出巨大的应用前景。

由于 MOF 分子内部具有明确的分子结构块和有序的配位点[131]，在适当条件下进行热解反应可以获得具有良好分散金属簇的纳米复合材料。热解产物根据前驱体的差异，能表现出独特且优异的催化效果，是一种高效生产多孔负载材料的有效方法。本书报道了多孔晶体类沸石结构的 MOF 材料的 N_2O 分解活性。水相快速合成法制备钴基沸石咪唑酯骨架结构材料（ZIF-67）作为前驱体，进一步热解获得一系列负载在碳材料上的钴催化剂。下文总结了其催化分解 N_2O 的活性及对二氧化硫的耐受能力。

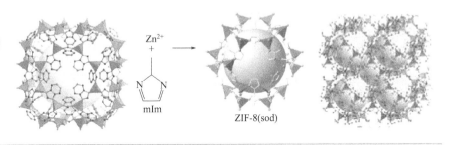

图 6-3
金属-有机框架材料结构

6.5.1 催化剂制备方法

ZIF-67 前驱体通过水相快速合成，进一步热解后可获得一系列钴基衍生材料。具体制备方法如下：分别称取 0.04mol 2-mIm（2-甲基咪唑）和 0.04mol TEA（三乙胺）于烧杯中，加入 250mL 去离子水，完全溶解。在充分搅拌下，缓慢引入 250mL 溶有 0.01mol $Co(NO_3)_2 \cdot 6H_2O$ 的溶液，室温下静置 10min 后将溶液充分高速离心（>5000r/min）并洗涤。收集的固体沉淀物在 110℃ 下干燥 6h，样品记为 W-ZIF67。进一步将所得产物在氮气或空气中，分别以 2℃/min 的升温速率加热到阶梯目标温度（350～750℃）后热解 3h 并退火。热解产物标记为 Co-TN 和 Co-TA，T 表示煅烧温度，N 和 A 表示热解气氛为氮气或空气，如 Co-350N 和 Co-350A。

不同于制备成本高、产率低（24h 静置配位）的醇相制备路线，引入的去质子剂（三乙胺）能极大加速金属离子与有机配体的配位速率[132]，使得反应在水溶液中快速进行，为工业快速合成提供了可能，其他有机碱或碱性盐溶液也可起到类似作用。此外，效率测试中加入共沉淀法制备的 Co_3O_4 作为对照。

6.5.2 N_2O 催化分解活性评价

在固定床反应器中评估了纳米复合催化剂的活性和抗硫性能，将 0.1g 催化剂与适量石英砂（SiO_2）混合以控制催化剂层的体积，置于内径为 8mm 的不锈钢管中，通过内嵌式 K 型热电偶监测催化反应温度。N_2O 的初

始浓度为 200×10^{-6}，N_2 作为平衡气体，总流量为 300mL/min，空速比（GHSV）为 $30000h^{-1}$。在抗硫测试中，在特定温度下稳定 60min 后，将 150×10^{-6} 的 SO_2 引入反应器中，以研究催化剂对 SO_2 的耐受性。通过式(6-9)计算 N_2O 的分解效率，$[conv.]$ 为 N_2O 的分解转化率，$[N_2O]_{in}$ 和 $[N_2O]_{out}$ 分别为 N_2O 的进出口浓度。所有测试样品对 N_2O 分解的活性测试结果如图 6-4 所示。

$$[conv.] = ([N_2O]_{in} - [N_2O]_{out}) / [N_2O]_{in} \times 100\% \tag{6-9}$$

图 6-4
不同合成条件的 W-ZIF67
衍生钴纳米复合材料催化
分解 N₂O 活性

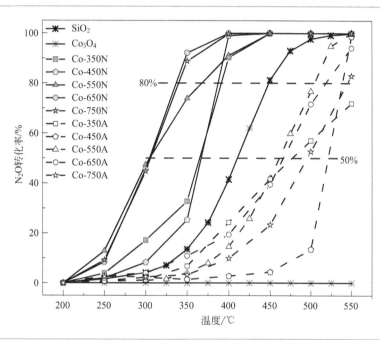

对照组的石英砂（SiO_2）在测试温度范围内对 N_2O 分解几乎没有活性，而共沉淀法合成的 Co_3O_4 在 400℃ 时达到 42% 的 N_2O 转化率，在 525℃ 时达到近 100% 的 N_2O 转化率。所制备的系列 MOF 衍生样品中，在 N_2 氛围下处理的催化剂通常表现出比 Co_3O_4 更好的 N_2O 分解性能。五种催化剂的活性依次为 Co-650N≈Co-750N＞Co-550N＞Co-450N≈Co-350N（以 80% 的 N_2O 转化率对应温度为基准），其中 Co-550N、Co-650N 和 Co-750N 均表现出较好的低温性能。Co-650N 在 200×10^{-6} N_2O 环境下具有最出色的低温催化 N_2O 分解活性，在 300℃ 时能达到约 50% 的效率，在 400℃ 时对 N_2O 的转化率达到了 100%。氮气氛围中充分热解的产品对催化分解 N_2O 有利，而在空气中煅烧的样品活性普遍较差，远不如在惰性条件下热解的材料。Co-550A 表现出相对最高的效率（460℃ 时为 50%，550℃ 时约为 100%）。因

此，在氮气氛围下于 650～750℃下热解 W-ZIF67 是比较合适的选择。

6.5.3 催化剂理化特性

结合比表面积和孔结构测试（BET）、扫描电镜（SEM）、H_2 程序升温还原（H_2-TPR）、O_2 程序升温脱附（O_2-TPD）、N_2O 程序升温脱附（N_2O-TPD）、热重差热分析（TG-DTA）、X 射线光电子能谱（XPS）和粉末 X 射线衍射（XRD）等表征手段，揭示不同热解条件下衍生催化剂的形貌特征、晶型结构、氧化还原能力和元素价态等特点。

部分样品的比表面积、孔容和平均孔径的结果如表 6-2 所示。总体来说，热解产物的比表面积和孔容随着温度的升高而降低，而平均孔径相反。其中，水相制备的 W-ZIF67 比表面积高达 $1336.1m^2/g$，样品中主要存在 4nm 以下的和 10～14nm 左右的微孔、中孔。随着金属有机框架的热解，结构中有序配位的钴被暴露，孔径逐渐增大，在惰性气氛下转化为分散良好的金属 Co 或 CoO_x 纳米颗粒[133]，为 N_2O 的分解提供了活性位点。Co-550N、Co-650N 和 Co-750N 相应地表现出较高的催化活性。另外，在空气中处理的 Co-650A 等样品由于骨架被严重破坏而具有最低的比表面积和孔容，也与其较低的 N_2O 分解活性对应。

表 6-2 W-ZIF67 及其热解产物的基础特性

催化剂	比表面积/(m²/g)	孔容/(mL/g)	平均孔径/nm
W-ZIF67	1336.1	0.93	13.9
Co-350N	1698.4	1.03	12.1
Co-450N	946.2	0.84	17.9
Co-550N	235.4	0.56	47.5
Co-650N	280.3	0.46	32.9
Co-750N	243.6	0.53	42.4
Co-650A	42.6	0.29	21.6

SEM 图像如图 6-5(a) 所示。制备的前驱体 W-ZIF67 与在乙醇中制备的十二面体 ZIF-67 相似，但样品颗粒较不均匀，形貌呈现为不规则的十二面体。同时，在550℃氮气氛围下的样品基本也呈现为不规则的多面体，基本骨架结构与前驱体相似，生成了多孔纳米材料。750℃下热解的样品晶体出现熔融烧结的现象。TG-DTA 测试［图 6-5(b)］中 W-ZIF67 前驱体的热失

重峰可分为三个部分：230℃以下的失重可归因于物理吸附水的脱附和 2-甲基咪唑的热解；230～600℃对应的失重主要是因为金属有机框架的热解，表面活性氧和化学键水的解吸，而在 Co-550N 和 Co-650N 材料的热重结果中，这一温度区间内未观察到明显的峰，这表明 W-ZIF67 前驱体在 550℃氮气氛围下煅烧 3h 能被完全热解；600℃以上的失重可能与晶格氧释放引起的相转变和多孔掺氮碳纳米材料上挥发分的析出有关[134]。

图 6-5

W-ZIF67、Co-550N 和 Co-750N 的 SEM 图（a）及 W-ZIF67、Co-450N、Co-550N 和 Co-650N 的 TG-DTA 曲线（b）

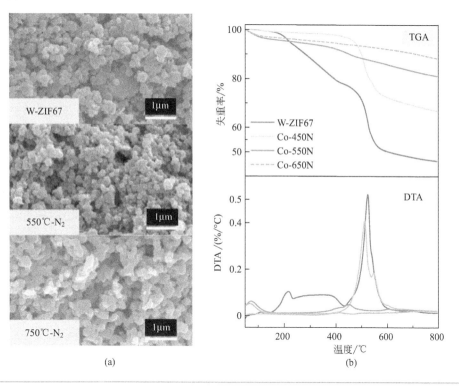

(a)　　　　　　　　　(b)

在氮气下热解 W-ZIF67 样品的 XRD 结果（图 6-6）随煅烧温度的变化有显著差异。其中 W-ZIF67、Co-350N 和 Co-450N 样品在 5°～20°之间的衍射峰与文献中 ZIF-67 的一致，证明 W-ZIF67 的主要骨架在该温度范围内能较稳定存在，未能完全热解。经过低温处理的 Co-350N 与醇相中制备的 ZIF-67 的匹配度优于 W-ZIF67，说明低温氮气热处理在一定程度上可以优化晶体结构。当煅烧温度升高到 550℃以上时，在 44.22°、51.52°和 75.85°出现三个相对宽的衍射峰，与标准卡片 JCPDS15-0806(Co) 对应良好，证明样品中生成了低结晶度的金属钴原子簇。整体上未检测到明显的 CoO_x 衍射峰，说明样品中的 CoO_x 簇分散度较高，与前驱体中钴离子的有序分散配位有关。此外，$23°\sim28°$ 之间的大宽峰则对应石墨典型的（002）平面特征，这表明 W-ZIF67 中的有机配体部分被转化为无定形碳[135]。而在空气中热解样品 Co-650A 的 XRD 图谱有六个明显的衍射强峰，分别位于 $19.00°$、$31.27°$、$36.85°$、$44.81°$、$59.35°$ 和 $65.23°$，与标准卡片 JCPDS 74-2120（Co_3O_4）对应良好，这表明在空气中煅烧的 W-ZIF67 被转化为具有高结晶度的 Co_3O_4。

图 6-6

Co-550N、Co-650N、Co-750N 和 Co-650A 的 XRD 图（5°～80°）(a) 及 W-ZIF67、Co-450N、Co-550N 的 XRD 图（5°～45°）(b)

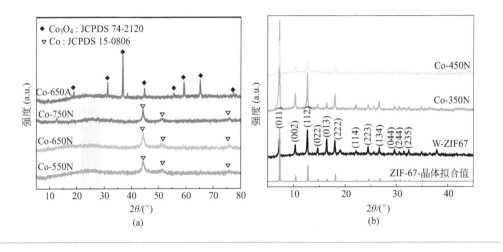

(a)　　　　　　　　　　(b)

Co-550N 和 Co-650N 样品的 XPS 全谱中可以检测到 Co、C、N 和 O 元素峰，其中 Co 2p 的 XPS 谱图（如图 6-7 所示）在 796.4eV 和 780.4eV 处的峰分别对应 Co $2p_{1/2}$ 和 Co $2p_{3/2}$。通过解卷积将曲线分为不同的钴物种峰，其中 782.6eV 处的峰对应 Co-N 络合物，786.1eV 处的峰与 CoO 物种有关[131]，778.6eV 处的峰对应金属钴。随着热解温度的提高，CoO 物种峰的强度（比例）大幅降低，而金属钴强度不断增大，Co-N 峰随温度变化不明显，这说明在氮气中热解，前驱体骨架中的 CoO 物种部分转化为金属 Co 原子簇，同时有机配体的热解生成了含氮的碳材料。其中 Co-650N 材料中约 20% 的钴是以金属 Co 原子的形式存在，证明在 650℃、氮气气氛下热解获得了负载在碳氮材料上的 Co/CoO_x 催化材[136,137]。

图 6-7

不同温度下热解样品的 Co 2p
XPS 谱图

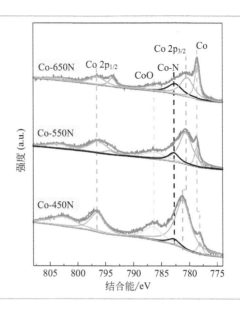

三种纳米复合材料的 H_2-TPR 曲线如图 6-8 所示，在 300℃ 以下的低温峰对应 Co^{3+} 向 Co^{2+} 的还原。其中在 275℃ 和 287℃ 下检测到的极弱峰证实了在 Co-650N 和 Co-750N 样品中几乎没有钴物种被氧化成 Co^{3+}，这与上述 XRD 结果一致。除此之外，447℃ 的宽峰对应 Co^{2+} 向金属钴原子簇的还原[138]，而高于 500℃ 的峰则与碳载体的气化有关[139]。另外，还原氢气的单位消耗量随着煅烧温度的升高而降低，表明在较高的煅烧温度下，纳米复合材料中的钴物种更加稳定，结合活性测试结果推测分散良好的钴纳米颗粒可能对应于更好的 N_2O 催化分解活性。

图 6-8

热解样品的 H_2-TPR 测试
结果

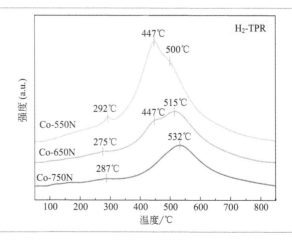

Co-650N 样品的 O_2-TPD 曲线如图 6-9(a) 所示。在线质谱仪监测到脱

附尾气中存在 O_2 和 CO_2 的解吸信号。其中在 120℃ 以下检测出的 O_2 信号与物理吸附氧的脱附相关，而在其他温度范围内几乎没有检测到 O_2。在 50～850℃ 的升温过程中共检测到三个 CO_2 的脱附峰，但没有 NO_x 脱附峰，表明在升温脱附过程中，样品中本应脱附的 O_2 未和材料中的氮发生氧化反应，而是与碳载体发生了反应[140]。其中，低于 150℃ 的解吸峰与载体碳和物理吸附氧的氧化有关，在 300℃ 的峰与化学吸附氧和表面活性氧有关，而在 383℃ 的峰则对应晶格氧。如图 6-9(b) 所示的 N_2O-TPD 曲线进一步显示了升温过程中 N_2O、O_2 和 N_2 的解吸信号。其中低温下 N_2 和 O_2 的解吸峰源自 N_2O 与表面活性氧之间的反应。在 200～850℃ 处有明显的 N_2O 和 N_2 解吸峰，而没有释放 O_2。同时 N_2 的脱附信号强于 N_2O，并且在约 720℃ 存在温度更高的解吸峰。这说明在催化分解过程中，N_2O 分子以氧原子配位至特定的活性位点，然后在 Co-Co^{2+} 活性中心上进行氧化还原循环，进一步分解为 N_2 和 O_2[141]。同时 N_2O 分解产生的 N_2 随着温度升高而脱附出来，而测试条件下释放的低浓度氧被结合在材料中。

图 6-9

Co-650N 的 O_2-TPD 结果 (a) 和 Co-650N 的 N_2O-TPD 结果 (b)

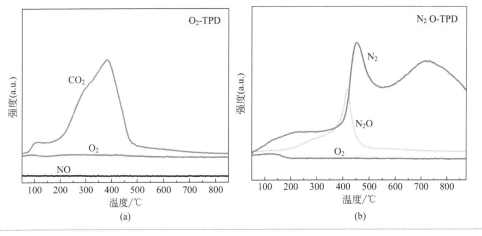

6.5.4　SO_2 对催化剂催化氧化性能的影响

对 Co-650N 材料进行抗硫测试可判断其在复杂烟气环境中的催化适应性。选取共沉淀法制备的 Co_3O_4 作为对照，结果如图 6-10 所示。根据不同的反应温度测试可分为三个部分：首先进行长时间的 N_2O 分解实验，达到

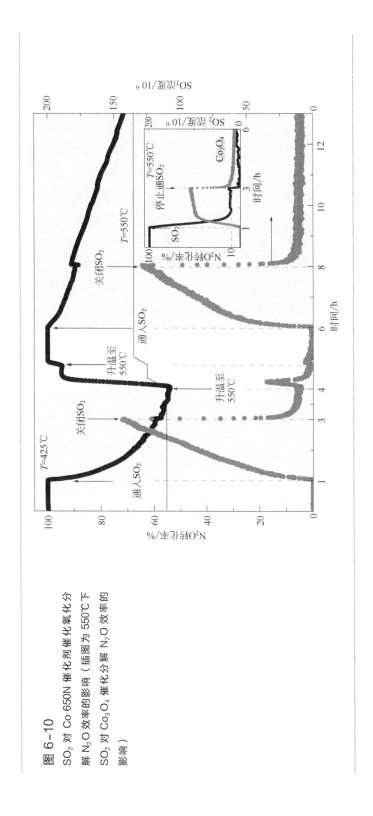

图 6-10
SO₂ 对 Co-650N 催化剂催化氧化分
解 N₂O 效率的影响（插图为 550℃ 下
SO₂ 对 Co₃O₄ 催化分解 N₂O 效率的
影响）

稳定后配入 $150 \times 10^{-6} SO_2$，进行 120min 的抗硫中毒实验。其中，对照组中的 Co_3O_4 材料在稳定性实验中需升温至 550℃ 才能达到约 100% 的 N_2O 转化率。在通入 SO_2 后 Co_3O_4 的催化转化率从 100% 迅速下降到约 10%，之后趋于稳定，停止通入 SO_2 后催化分解率没有回升，说明催化剂发生了不可逆的硫中毒。

与之相比，Co-650N 材料表现出更高的 SO_2 吸附能力和优良的 SO_2 耐受性，在 425℃ 下能长时间保持约 100% 的 N_2O 分解转化率。通入 SO_2 后，Co-650N 材料的催化分解率在 180min 内较平缓地从 100% 下降到约 41%。而阶段性升高温度后，催化剂的 N_2O 转化率能迅速恢复，并在 550℃ 时稳定在约 100%。这种现象与加热后材料中吸附 SO_2 的解吸和活性部位硫酸盐的分解有关[142]。同时，在升高温度的过程中，钴活性位点能再生，对 N_2O 的氧化还原循环得以重建。而在 550℃ 稳定后再次注入 $150 \times 10^{-6} SO_2$，Co-650N 对 SO_2 表现出优异的抗性，在 120min 测试中仅出现轻微失活，N_2O 转化率下降至 90%。与 425℃ 下的硫中毒行为相比，这表明在较高的温度下 Co-650N 对 SO_2 的抗性得到了增强。

第 7 章

NO$_x$ 和 VOCs 的
同时催化氧化
脱除

7.1 VOCs 的排放背景及环境问题

目前我国还没有对挥发性有机物进行统一的定义，《"十三五"挥发性有机物污染防治工作方案》将 VOCs 定义为：参与大气光化学反应的有机化合物，包括非甲烷烃类（烷烃、烯烃、炔烃、芳香烃等）、含氧有机物（醛、酮、醇、醚等）、含氯有机物、含氮有机物和含硫有机物等，是形成细颗粒物和臭氧污染的重要前体物。燃煤、生活垃圾焚烧和钢铁烧结等烟气中亦会产生种类繁多、成分复杂的 VOCs，对生态环境和人类身体健康产生危害。相比于工业废气，烟气成分更加复杂且工况多变，含氯 VOCs 和二噁英的存在更是增加了治理的难度。

7.1.1 VOCs 排放的危害

VOCs 种类繁多，成分复杂，大部分的 VOCs（如甲醛、苯系物、二噁英等）具有毒性，会对人体造成不同程度的损伤。研究表明，长期接触苯，会损害血液系统，导致血小板、白细胞减少，甚至引发白血病；接触高浓度的甲苯，会影响中枢神经系统，引起神经系统紊乱[143]；氯乙烯、苯乙烯会刺激呼吸系统，损坏器官；二氯苯、苯、二噁英等有机物已经被列为致癌物质。

VOCs 排放到大气中后经过一系列的大气化学反应，会形成二次有机气溶胶并进一步产生雾、霾，VOCs 也会和大气中的 NO_x 反应，产生光化学烟雾和近地面臭氧污染，对生态环境造成难以修复的损害[144,145]。近地面臭氧产生的直接途径是 NO_2 的光解反应。Atkinson 等[146] 表示，NO_2 在光照的条件下，可以产生 $O(^3P)$（基态氧原子），而 $O(^3P)$ 可以进一步和 O_2 反应生成 O_3。这一过程看似没有 VOCs 物质的参与，但是当大气中存在VOCs 时，其作用就相当于 NO_2 光解反应的"助推剂"。Wang 等[147] 总结了大气中 VOCs 和 NO_x 相互作用产生近地面臭氧的过程，如图 7-1 所示。可以看出，由于 VOCs 的加入，O_3 的生成反应变得更加复杂，在原有的反应基础上增加了自由基循环。VOCs 在大气中会降解生成 RO_2·（过氧烷氧自由基）和 HO_2·（过氧羟基自由基），它们的生成会加快 NO 转化为 NO_2 的过程，从而加速了对流层中 O_3 的生成。

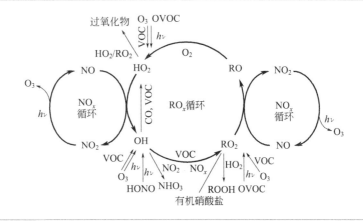

图 7-1

近地面臭氧的生成路径[147]

排放到大气中的 VOCs 还会形成有机气溶胶 OA（organic aerosol），这是二次有机气溶胶 SOA（secondary organic aerosol）的重要前驱体。环境中的气溶胶会对心血管和呼吸系统造成破坏，影响人体健康[148]。SOA 通常通过三种方式生成：①新颗粒生成，挥发性有机物首先生成半挥发性有机物，然后进一步凝结成核[149]；②气/粒分配，挥发性有机物在大气中添加各种极性官能团；③颗粒表面化学反应，颗粒表面发生多相或者非均相化学反应，生成低挥发性或不挥发有机物[150]。

7.1.2　VOCs 的排放标准

欧美等发达国家率先开展了 VOCs 的治理工作，并制定了一系列的相关排放标准。1970 年开始，美国相继制定了三种有关 VOCs 的排放标准：①1970 年的《新污染源排放标准》（New Source Performance Standards，NSPS）；②1970 年颁布的《国家有害大气污染物排放标准》（National Emission Standards for Hazardous Air Pollutants，NESHAP），参考 1990 年修订后的《有害大气污染物》（Hazardous Air Pollutants，HAPs）名录中的VOCs 物质进行控制；③1990 年修订后对消费品及产品中 VOCs 类物质制定的排放标准。欧盟制定了工业排放标准（European Union，2010/75/EU），以最大限度地减少各类工业源污染，此外 The Industrial Emissions Directive（IED）针对有机溶剂生产使用过程中的 VOCs 采取系列管控措施，制定废气中的排放限值、逃逸性的排放限值和总排放限值。日本在 2004 年修订了《大气污染防治法》，制定了 VOCs 的排放限值，该法案中规定的 248 种大气污染物中有 123 种是 VOCs 类物质，但是到目前为止，仅对苯、四氯乙烯、三氯乙烯这三类 VOCs 有明确的排放限值要求[151-153]。

我国对 VOCs 排放的控制相比于欧美发达国家的起步较晚。国家排放标准《大气污染物综合排放标准》（GB 16297—1996）中，对苯、甲苯、二甲苯、酚类等挥发性有机物规定了最高排放浓度限值和排放速率，如表 7-1 所示[152]。标准中目标 VOCs 的种类较多，其中对于非甲烷总烃的排放限值为 150mg/m^3。"十二五"期间，我国针对重点行业又专门制定了一系列的国家排放标准，例如《橡胶制品工业污染物排放标准》（GB 27632—2011）、《轧钢工业大气污染物排放标准》（GB 28665—2012）、《石油炼制工业污染物排放标准》（GB 31570—2015）和《石油化学工业污染物排放标准》（GB 31571—2015）等[153]，对于重点行业的 VOCs 排放采取更加严格的控制措施。

表 7-1　GB 16297—1996 中规定的 15 类 VOCs 排放限值

污染物	允许排放限值/(mg/m^3)	无组织排放浓度限值/(mg/m^3)
苯	17	0.5
甲苯	60	0.3
二甲苯	90	1.5
酚类	115	0.1
甲醛	30	0.25
乙醛	150	0.05
丙烯	26	0.75
丙烯醛	20	0.5
甲醇	220	15
苯胺类	25	0.5
氯苯类	85	0.5
硝基苯类	20	0.05(μg/m^3)
苯乙烯	65	0.75
苯并芘	0.50×10	0.01
非甲烷总烃	150	0.5

进入"十三五"期间，VOCs 的防治和管理工作也进入了一个新的阶段。2015 年 8 月颁布的《中华人民共和国大气污染防治法》首次在法律层面将挥发性有机物 VOCs 列入监管范围[154]。2017 年我国环保部印发了《"十三五"挥发性有机物污染防治工作方案》，主要目标是：到 2020 年，建立健全以改善环境空气质量为核心的 VOCs 污染防治管理体系，实施重点地区、

重点行业 VOCs 减排，实现比 2015 年排放总量下降 10% 以上。2019 年生态环境部发布的《重点行业挥发性有机物综合治理方案》中提到，现阶段我国 VOCs 污染存在的问题主要体现在源头力度控制不足、无组织排放问题突出、治污设施简易低效、运行管理不规范以及监测监控不到位等五方面。可见，在 VOCs 减排工作上仍然任务艰巨，研发高效的 VOCs 控制技术迫在眉睫。

7.1.3　VOCs 的脱除技术

工业源 VOCs 排放涉及行业众多，不同行业废气中排放的 VOCs 种类不同，成分复杂，针对不同的应用场景，不同的脱除技术也应运而生[155-157]当前主要的几种 VOCs 控制技术及其作用原理和特点见表 7-2。目前 VOCs 的处理技术主要有燃烧法、吸附法、生物法、膜分离法和等离子体法。其中，吸附法和催化燃烧法处理量大、去除效率高，是目前处理燃煤烟气和工业废气等大气量烟气的可行方法。

表 7-2　当前主要的 VOCs 控制技术及其作用原理、作用对象和特点[150]

控制技术	作用原理	作用对象及特点
燃烧法	直接燃烧、催化燃烧	适用于所有的 VOC 气体,尤其是浓度高、处理量大的气体
吸附法	用沸石、分子筛、活性炭等多孔材料	易溶于水的 VOC,低浓度有机废气。去除率高,但吸附剂再生复杂
生物法	微生物降解小分子有机物	土壤修复、污水处理,低浓度大风量的有机废气。周期长,菌种活性难控制
膜分离法	利用 VOC 中各组分在膜上的渗透差异性进行分离	适用于低浓度的气体。膜成本高
等离子体法	利用高能电厂下产生的高能粒子与 VOCs 气体相互作用	机械加工、化工冶金、表面处理等领域。能耗较大

（1）吸附法

吸附法主要通过吸附剂对废气中的 VOCs 进行物理吸附，从而达到净化烟气的作用，是目前应用较为广泛的一种 VOCs 处理技术[158,159]。常用的吸附剂有分子筛、活性炭和多孔矿物质。其中，活性炭具有较大的比表面积、丰富的孔隙结构和表面官能团等，得到了大量的关注[160]。李立清[161] 研究了酸（硝酸、硫酸、盐酸）改性活性炭对甲苯和甲醇吸附性能的影响，发现 HNO$_3$ 处理后活性炭的比表面积和孔容都增大，表面含氧官能团增多，吸附性能提升；林法伟等[162] 制备了菌渣基活性炭，研究了其对氯苯以及二氯甲烷的吸附性能，表现出良好的吸附性能，吸附容量相当于商业活性炭的 6～

13 倍，实现了废弃物再利用。近年来，金属-有机框架（MOFs）材料和石墨烯成了先进材料研究的热点。MOFs 材料具有超高的吸附容量和丰富的孔隙率，在有机气体吸附方面有很大潜力[163]。石墨烯具有高疏水性和较大的比表面积，对芳香族有机物有较好的吸附性能[164]。然而，由于 MOFs 和石墨烯制备过程较复杂且制备成本昂贵，目前还不能实现大规模的工业化应用。

吸附工艺反应器主要有三种：固定床反应器、移动床反应器和携带流喷射联合布袋除尘器[165]。其中，固定床反应器在工业废气 VOCs 的控制方面应用广泛，携带流喷射联合布袋除尘器在垃圾焚烧烟气中二噁英等有机污染物的控制方面有一定的应用。虽然吸附技术已经实现了部分工业化应用，但是废弃吸附剂的处理依然是一个棘手的问题。

（2）燃烧法

燃烧法处理 VOCs 废气分为三种：直接燃烧法，适用于较高浓度的 VOCs 废气，对于低浓度的 VOCs 难以根除；借助其他助燃剂，将 VOCs 引燃，但成本较高，有二次污染；催化燃烧，借助催化剂，降低化学反应的活化能，在氧化性气氛中，直接将 VOCs 降解为 CO_2 和 H_2O，二次污染小，反应彻底[166,167]。相比于直接燃烧法和助燃法，催化燃烧不会产生 NO_x、SO_2 等二次污染，在 VOCs 减排方面也有相应的应用。催化氧化技术是催化燃烧法的一种，也是应用最为广泛的技术。其中，催化氧气氧化 VOCs 的反应需要的温度较高，一般在 $200 \sim 300℃$[168]，而催化臭氧降解 VOCs 则适用于低温废气的处理，现阶段对于室温下 VOCs 的处理大多需要引入臭氧[169]。

7.2　臭氧耦合催化降解甲苯特性

在烟气中，甲苯是最为常见且浓度相对较高的 VOCs 之一[170-172]。本节在电厂烟气进入脱硫系统前的典型温度（约 120℃）下，针对模拟烟气中的气态甲苯，介绍了臭氧催化降解甲苯活性的影响。

7.2.1　催化剂制备

使用浸渍法将活性金属锰负载到 $\gamma\text{-}Al_2O_3$、SiO_2 和 TiO_2 载体上。详细制备过程如下：首先，对载体进行预处理，$\gamma\text{-}Al_2O_3$ 和 SiO_2 载体在 1L/min 的空气条件下，在管式炉中以 550℃ 煅烧 2h，而 TiO_2 载体的煅烧温度为 450℃。将 0.4885g 50% 的硝酸锰溶液加入 30mL 丙酮溶液中，搅拌均匀。

分别取 1.5g 载体，放入硝酸锰和丙酮的混合溶液中，在室温下磁力搅拌，直至丙酮挥发。随后将样品放入烘箱中，95℃下烘一整晚。最后将烘干后的样品放入管式炉中在 1L/min 的空气条件下，300℃煅烧 4h，得到 $MnO_x/\gamma\text{-}Al_2O_3$、$MnO_x/SiO_2$ 和 MnO_x/TiO_2 催化剂。

7.2.2　不同载体负载 Mn 催化臭氧降解甲苯的活性测试

不同载体负载 Mn 催化剂的甲苯、臭氧转化率和 CO_x 的选择性结果如图 7-2 所示，具体数值见表 7-3。以 $\gamma\text{-}Al_2O_3$ 为载体的锰系催化剂在 120min 的测试中保持了接近 100% 的甲苯降解效率，MnO_x/SiO_2 催化剂次之，活性最差的是以 TiO_2 为载体的催化剂，只有 92% 的甲苯降解效率。在反应器出口的尾气中，根据气相色谱的分析结果结合碳平衡分析得出 CO 和 CO_2 是两种主要的反应产物。其中，$MnO_x/\gamma\text{-}Al_2O_3$ 催化剂的 CO_2 选择性最高，为 69.5%，CO 选择性为 24%，计算得到总的 CO_x 选择性为 93.5%，这说明反应尾气中还存在一些有机副产物。虽然 MnO_x/TiO_2 催化剂催化降解甲苯的效率最差，但是其 CO_2 选择性却比 MnO_x/SiO_2 催化剂高。在臭氧催化氧化的催化反应中，O_3 在催化剂表面的分解是反应进行的第一步。从结果中可以看出，以 $\gamma\text{-}Al_2O_3$ 和 SiO_2 为载体的催化剂，反应出口没有检测到臭氧残留（低于仪器检测限 0.1×10^{-6}），臭氧分解效率高。而 MnO_x/TiO_2 催化剂的尾气中存在臭氧残留的现象，这也和其较差的甲苯降解效率相对应。总之，$MnO_x/\gamma\text{-}Al_2O_3$ 催化剂具有最高的甲苯降解效率、CO_2 选择性和 O_3 分解效率。

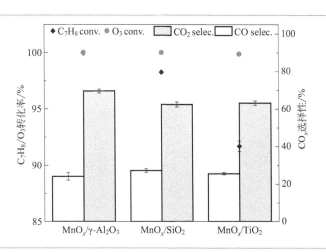

图 7-2
不同载体负载 Mn 催化剂的 C_7H_8/O_3 转化率和 CO_x 的选择性

表 7-3　不同载体负载 Mn 催化剂的 C_7H_8/O_3 转化率和 CO_x 的选择性参数

催化剂	C_7H_8 转化率	O_3 转化率	CO_2 选择性	CO 选择性
$MnO_x/\gamma\text{-}Al_2O_3$	99.95%	100%[①]	69.53%	24.01%
MnO_x/SiO_2	98.27%	100%[①]	62.42%	27.12%
MnO_x/TiO_2	91.69%	99.35%	63.20%	25.56%

① 出口 O_3 浓度低于仪器的检测限 $<0.1\times10^{-6}$。

7.2.3　反应温度、甲苯及臭氧初始浓度对催化活性的影响

（1）反应温度的影响

反应温度是影响催化反应的一个重要因素，图 7-3 为在不同反应温度下测试活性最强的 $MnO_x/\gamma\text{-}Al_2O_3$ 催化剂对甲苯降解效率的影响。在反应温度为 20℃时，随着反应时间的加长，催化剂出现了明显的低温钝化现象，甲苯的转化率在 150min 的试验中从 92% 降低到了 62%。随着反应温度的升高，钝化现象逐渐被削弱，当温度升高到 80℃时，在整个试验过程中，甲苯的催化降解效率保持不变，低温钝化现象消失。$MnO_x/\gamma\text{-}Al_2O_3$ 催化剂在 100℃ 和 120℃ 下都达到了 100% 的甲苯降解效率，但是当温度继续增加到 140℃ 后，甲苯的降解效率反而有所下降。Rezaei 等[173] 研究表明，过高的温度也会造成臭氧分解的速率加快，从而导致催化剂表面没有足够的氧物种用于甲苯的降解反应。

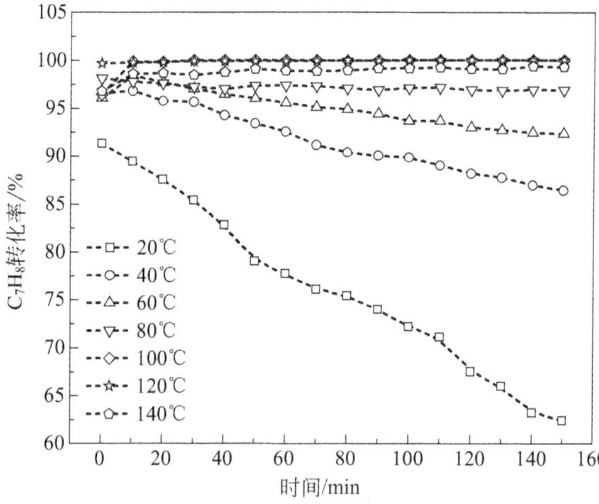

图 7-3

$MnO_x/\gamma\text{-}Al_2O_3$ 在不同温度下催化甲苯的活性曲线

（2）甲苯初始浓度的影响

在实际排放烟气中，污染物的浓度会随着锅炉负荷、燃料等因素的变化

而不断变化。图 7-4 显示的是在温度为 120℃、$O_3/C_7H_8=10$ 的条件下甲苯初始浓度对 $MnO_x/\gamma\text{-}Al_2O_3$ 催化剂催化降解甲苯的影响。在不同甲苯初始浓度下，催化剂均保持了 100% 的甲苯降解效率。并且，反应产物 CO 和 CO_2 的浓度均呈线性变化，说明 $MnO_x/\gamma\text{-}Al_2O_3$ 催化剂在工程应用的过程中受反应物初始浓度波动的影响较小，可以应用于不同浓度甲苯的降解。

图 7-4

$MnO_x/\gamma\text{-}Al_2O_3$ 在不同甲苯初始浓度下的 C_7H_8/O_3 转化率和 CO_x 的选择性

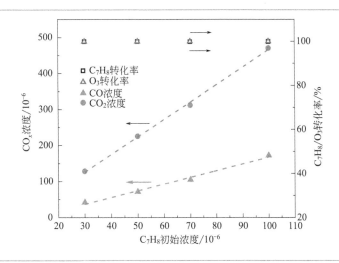

（3）臭氧喷入浓度的影响

在工程应用中，臭氧是通过高压放电产生的，会消耗大量的电能，增加运行成本。因此，在保证甲苯有效降解的基础上，明确合理的 O_3/C_7H_8（摩尔比）就显得尤为重要。图 7-5 为 120℃下 $MnO_x/\gamma\text{-}Al_2O_3$ 在不同臭氧

图 7-5

$MnO_x/\gamma\text{-}Al_2O_3$ 在不同臭氧初始浓度下对甲苯的降解效率和 CO_x 的选择性结果

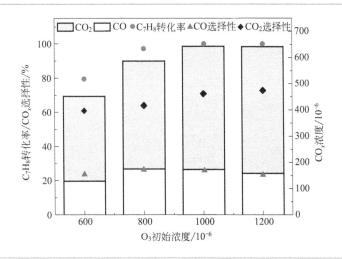

初始浓度下对甲苯的降解效率和 CO_x 的选择性结果。可以看出，随着臭氧初始浓度的增加，甲苯的降解效率随之增加，CO_2 的选择性也随之增加。当臭氧量增加到 1000×10^{-6} 时，甲苯的降解效率达到 100%，此时 O_3/C_7H_8（摩尔比）为 10。如果进一步增加臭氧初始浓度到 1200×10^{-6}，甲苯的降解效率保持不变，反应出口 CO 的浓度降低，CO_2 的浓度升高，这说明过量的臭氧可以进一步在催化剂表面将 CO 氧化成 CO_2，从而提高了 CO_2 的选择性。

7.2.4 催化剂稳定性及抗硫抗水特性研究

（1）水蒸气对催化活性的影响

催化剂的稳定性是催化剂应用前必须要考量的指标，图 7-6 中的实线为 $MnO_x/\gamma\text{-}Al_2O_3$ 催化剂在 420min 内、120℃温度下催化降解甲苯的曲线。从图中可以看出，在 420min 的反应时间内，甲苯的降解效率始终维持在 100% 附近，排放尾气中 CO 和 CO_2 的浓度也较为稳定，CO_2 的选择性在 70% 左右，可见 $MnO_x/\gamma\text{-}Al_2O_3$ 催化剂具有良好的稳定性。此外，烟气中水蒸气的存在会对催化活性造成一定的影响。如图 7-6 所示，分阶段向反应体系中加入 1.8%（体积分数）和 3.6%（体积分数）的水蒸气。当 1.8%

图 7-6

水蒸气对 $MnO_x/\gamma\text{-}Al_2O_3$ 催化降解甲苯活性的影响

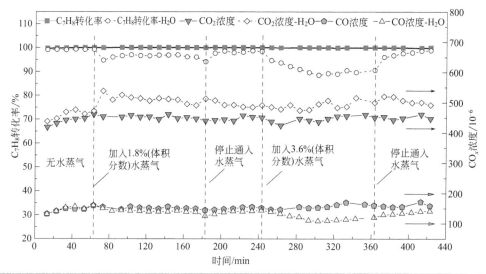

（体积分数）的水蒸气加入后，甲苯的降解效率立即降低并维持在 96% 左右。此时，尾气中 CO_2 的浓度提高，CO 的浓度略有下降，说明虽然水蒸气的加入会使催化剂部分中毒，但是却可以提高 CO_2 的选择性。并且根据碳平衡分析，水蒸气的加入还会促进一些降解的中间产物向 CO_2 的转化。反应进行 2h 后，停止通入水蒸气，发现甲苯的降解效率会逐渐升高，催化活性逐渐恢复。然而，尾气中 CO_2 和 CO 的浓度并没有随水蒸气的停止而减小或增大，而是基本保持不变。停止通入水蒸气 1h 后，向反应体系中通入更高浓度［3.6%（体积分数）］的水蒸气，发现甲苯的降解效率降低得更加明显了，稳定后有 90% 左右的效率，说明水蒸气加入会造成催化剂的部分中毒，浓度越高，中毒现象越明显。此时，CO 和 CO_2 的变化趋势和之前通入 1.8%（体积分数）水蒸气时一致。2h 后，再次停止通入水蒸气，甲苯的降解效率依然逐渐恢复，说明 $MnO_x/\gamma\text{-}Al_2O_3$ 催化剂的中毒现象在此反应体系中是可逆的。

（2）SO_2 对催化活性的影响

在很多催化体系中，SO_2 对催化剂的影响尤为严重，硫酸盐在催化剂表面上的积累会导致催化剂的永久失活，所以评价一种催化剂的抗硫能力是催化剂投入工业应用前的关键一步。目前为止，关于催化降解 VOCs 方面，相关的 SO_2 对催化活性的影响还未见报道。图 7-7 为 $MnO_x/\gamma\text{-}Al_2O_3$ 催化剂在 100×10^{-6} 和 200×10^{-6} SO_2 通入的情况下甲苯的转化率以及出口 CO 和

图 7-7

SO_2 对 $MnO_x/\gamma\text{-}Al_2O_3$ 催化降解甲苯活性的影响

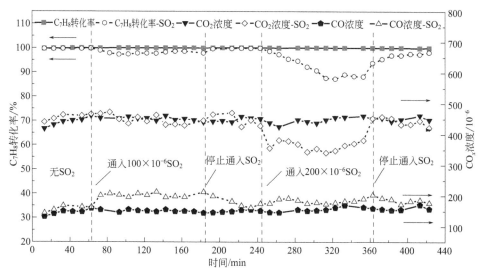

CO_2 浓度的变化。在催化反应稳定 60min 后，向反应体系中通入 100×10^{-6} 的 SO_2，甲苯的转化率下降，但是下降不明显，并且可以稳定在 96.5% 附近。出口 CO_2 的浓度略有下降，CO 的浓度随之增加，表明 SO_2 的加入会造成催化剂的部分失活，并且会导致降解反应朝不完全降解方向发展。停止 SO_2 的通入，发现甲苯的降解效率逐渐恢复，尾气中 CO 和 CO_2 的浓度也基本恢复没有通入 SO_2 时的水平。60min 后通入 200×10^{-6} 的 SO_2，甲苯的降解效率下降到 90.3% 附近，出口 CO_2 浓度降低得更加明显，说明 SO_2 的通入会影响甲苯在催化剂表面的降解反应，浓度越高影响越大，而且根据碳平衡计算，SO_2 的加入会导致甲苯的降解更加不完全，CO_2 的选择性降低，说明了中间产物的积累，这点在催化剂的原位红外和尾气中的傅里叶红外光谱图中可以得到印证。120min 后停止通入 SO_2，甲苯的降解效率逐渐恢复，这表明 SO_2 在 $MnO_x/\gamma\text{-}Al_2O_3$ 催化剂催化臭氧降解甲苯的反应中并不会造成催化剂的永久失活，SO_2 对催化降解 VOCs 过程中催化剂的"中毒"机理还需要进一步研究探明。

（3）$MnO_x/\gamma\text{-}Al_2O_3$ 催化剂同时抗硫抗水性能

水蒸气和 SO_2 对 $MnO_x/\gamma\text{-}Al_2O_3$ 催化剂催化臭氧降解甲苯的影响如图 7-8 所示。对比水蒸气和 SO_2 单独通入的情况（图 7-6 和图 7-7），水蒸气和 SO_2 同时通入时，甲苯转化率降低的幅度更大。停止通入水蒸气和 SO_2 后，甲苯转化率依然可以逐渐恢复。出口 CO_2 浓度增高，CO 浓度几乎不变，可见水蒸气相比于 SO_2 在交叉影响中稍微占据主导地位，具体的影响机理还需要进一步探明。

图 7-8

水蒸气和 SO_2 对 $MnO_x/\gamma\text{-}Al_2O_3$ 催化降解甲苯活性的共同作用

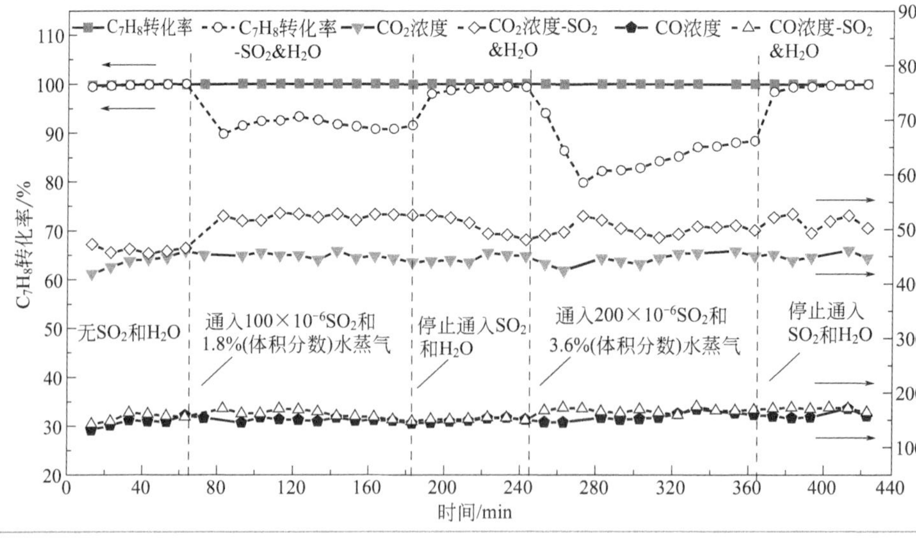

7.2.5　催化剂表征

（1）晶体结构

图 7-9 为三种载体及其锰系催化剂的 XRD 图谱。其中 γ-Al$_2$O$_3$ 和 SiO$_2$ 载体的特征衍射峰分别和标准 PDF 卡片中的 Al$_2$O$_3$（PDF：29-0063）和 SiO$_2$（PDF：27-0605）相对应。对于载体 TiO$_2$，不仅在 25.3°出现了锐钛矿的特征衍射峰，还在 27.5°出现了金红石的特征衍射峰，说明试验采用的 TiO$_2$ 是锐钛矿和金红石的混晶。当三种载体负载金属锰后，可以很明显地看出，所有衍射峰的强度都有所下降，这是由金属和载体间的相互作用导致的。此外，在 37.2°、42.7°和 56.5°处，发现了很微弱的 MnO$_2$ 晶体的衍射峰，但是没有发现 Mn$_2$O$_3$ 晶体的衍射峰。锰系催化剂的晶相、晶体大小和 Mn 负载量参数如表 7-4 所示。MnO$_x$/γ-Al$_2$O$_3$ 中 MnO$_2$ 晶粒的尺寸为 30nm，大于 MnO$_x$/SiO$_2$ 催化剂的 21nm。由于 MnO$_x$/TiO$_2$ 催化剂中 MnO$_2$ 晶粒的尺寸小于 5nm，所以在 XRD 分析中并没有检测到。Reed 等[174] 研究表明较大的 MnO$_x$ 颗粒含有更加丰富的相邻 Mn 活性位点，可以方便氧化还原反应过程中氧物种的传递，进而提高催化活性。这也和图 7-2 中 MnO$_x$/γ-Al$_2$O$_3$ 催化剂具有最高的甲苯降解效率和 O$_3$ 分解效率相对应。

图 7-9

载体及锰系催化剂的 XRD 图谱

a—γ-Al$_2$O$_3$；b—MnO$_x$/γ-Al$_2$O$_3$；

c—SiO$_2$；d—MnO$_x$/SiO$_2$；e—TiO$_2$；

f—MnO$_x$/TiO$_2$

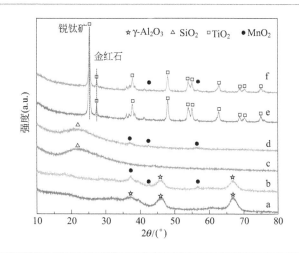

表 7-4　不同锰系催化剂晶相、晶体大小和 Mn 负载量参数

催化剂	金属晶相	$2\theta_{(211)}$/(°)	FWHM	晶体尺寸[②]/nm	Mn 负载量（质量分数）[③]/%
MnO$_x$/γ-Al$_2$O$_3$	MnO$_2$	56.7	0.483	30	5.21

催化剂	金属晶相	$2\theta_{(211)}/(°)$	FWHM	晶体尺寸[②]/nm	Mn 负载量(质量分数)[③]/%
MnO_x/SiO_2	MnO_2	56.4	0.666	21	5.19
MnO_x/TiO_2	ND[①]	ND[①]	ND[①]	ND[①]	5.54

① 未检测到。
② 晶体尺寸根据 (211) 晶面采用谢乐公式计算得出。
③ 由 ICP-MS 分析得出。

(2) 孔结构参数

表 7-5 显示了相应的催化剂的孔结构参数。SiO_2 载体具有最大的比表面积（$555.3m^2/g$）和最大的总孔容（$1.17cm^3/g$），而 TiO_2 载体有最小的比表面积（$84.7m^2/g$）和最小的总孔容（$0.34cm^3/g$）。当 Mn 负载后，所有催化剂的比表面积都有所减小，其中 MnO_x/SiO_2 减小得最为明显，为 $294.2m^2/g$。通常情况下，比表面积越大，催化剂表面的活性位就越多，催化剂的活性就越强[175]。这也是导致 MnO_x/TiO_2 催化剂具有最差的甲苯催化活性的一个原因。虽然 $MnO_x/\gamma-Al_2O_3$ 的比表面积（$219.4m^2/g$）比 MnO_x/SiO_2 的小，但是它却具有最高的催化活性，说明比表面积并不是影响催化剂活性的唯一因素。

表 7-5 催化剂的孔结构参数

催化剂	BET 比表面积/(m^2/g)	总孔容[①]/(cm^3/g)	平均孔径[②]/nm
$\gamma-Al_2O_3$	289.0	0.96	9.7
TiO_2	84.7	0.34	18.7
SiO_2	555.3	1.17	11.6
$MnO_x/\gamma-Al_2O_3$	219.4	0.68	9.6
MnO_x/TiO_2	50.7	0.31	25.1
MnO_x/SiO_2	294.2	1.56	26.8

① BJH 脱附孔总体积。
② BJH 脱附平均孔径。

(3) 表面性质

三种锰基催化剂的 XPS 谱图如图 7-10 所示，各个峰的结合能位置和 Mn 的价态摩尔比的信息如表 7-6 所示。$MnO_x/\gamma-Al_2O_3$ 催化剂 Mn^{3+} 的含量最高，Mn^{3+}/Mn 为 0.44。催化剂表面 Mn^{3+} 的含量和表面的氧空位（V_O）有着密切的关系[69,176]。此外，氧空位的多少还影响催化分解 O_3 的活性。Ebrahim Rezaei 等[173,177] 提出当 Mn 的负载量较低时，催化剂表面 Mn_2O_3 的含量相对较高，有利于甲苯的脱除。表 7-6 中 Mn^{3+}/Mn 的大小顺序也和图 7-2 中催化剂催化降解甲苯的活性相一致：$MnO_x/\gamma\text{-}Al_2O_3 > MnO_x/SiO_2 > MnO_x/TiO_2$。

图 7-10

锰系催化剂的 Mn 2p 和 O 1s 的 XPS 谱图

(a) Mn 2p；(b) O 1s

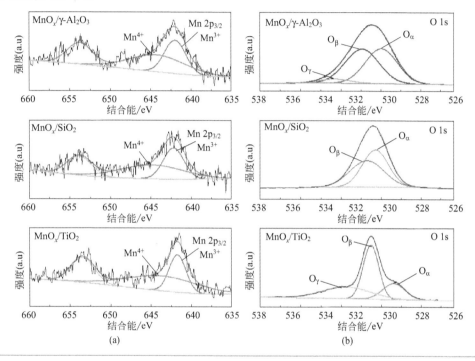

(a)　(b)

表 7-6　锰系催化剂的 Mn 2p 和 O 1s 结合能和赋存形态比例

催化剂	Mn 2p₃/₂			O 1s				
	$Mn^{3+}/$ eV	$Mn^{4+}/$ eV	$Mn^{3+}/$ Mn	$O_\alpha/$ eV	$O_\beta/$ eV	$O_\gamma/$ eV	$O_\alpha/$ %	$O_\beta/$ %
$MnO_x/\gamma\text{-}Al_2O_3$	641.9	644.1	0.44	530.5	531.7	533.4	46.6	48.11
MnO_x/SiO_2	642.1	644.8	0.42	530.8	531.4	—	52.1	47.92
MnO_x/TiO_2	641.6	643.5	0.36	529.7	531.2	532.7	20.6	47.7

O 1s 谱图如图 7-10(b) 所示，对应的结合能位置和氧物种的比例列在了表 7-6 中。晶格氧（O^{2-}，被命名为 O_α）的位置在 530.1eV 附近，表面吸附氧（被命名为 O_β）的位置在 531.4eV 附近。此外，在 $MnO_x/\gamma\text{-}Al_2O_3$ 和 MnO_x/TiO_2 催化剂表面上发现了吸附水（H_2O 或 OH^-，被命名为 O_γ）。

其中 O_β 的存在有利于氧气进入氧空位[178,179]，它比 O_α 和 O_γ 更加利于电子的迁移，因此在催化反应中也有重要的作用。从表中可以看出，$MnO_x/\gamma\text{-}Al_2O_3$ 催化剂的 O_β 含量最高，这也和其最高的催化活性相对应。

（4）程序升温测试

催化剂的 $H_2\text{-}TPR$ 曲线如图 7-11（a）所示，表现出三步还原的 Mn 的价态变化：第一个还原峰是由 MnO_2（Ⅳ）到 Mn_2O_3（Ⅲ）；第二个还原峰是从 Mn_2O_3（Ⅲ）到 Mn_3O_4（Ⅱ 和 Ⅲ）；第三个还原峰是从 Mn_3O_4（Ⅱ 和 Ⅲ）到 MnO（Ⅱ）[180]。Long 等[169] 的研究表明较高的还原峰和较少的 H_2 消耗量反而表现出良好的臭氧分解和甲苯降解活性，这和试验的结果相一致。

图 7-11

锰系催化剂的 $H_2\text{-}TPR$、$CO_2\text{-}TPD$、$NH_3\text{-}TPD$ 和 $O_2\text{-}TPD$ 曲线

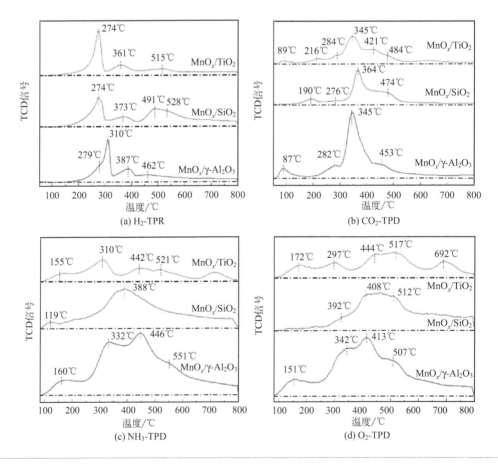

CO$_2$ 是甲苯催化降解的主要反应产物之一，因此研究其在催化剂上的吸脱附情况有利于揭示反应机理。图 7-11(b) 为三种催化剂的 CO$_2$-TPD 曲线，可以很明显地看出 MnO$_x$/γ-Al$_2$O$_3$ 催化剂在升温过程中脱附的 CO$_2$ 的总量最多，也说明其表面有大量的活性位点可以吸附 CO$_2$。反应物的吸附和反应产物的脱附是催化反应的重要步骤。本章的活性测试的温度为 120℃，在此温度附近，MnO$_x$/γ-Al$_2$O$_3$ 和 MnO$_x$/TiO$_2$ 催化剂都有一个 CO$_2$ 的低温脱附峰，这说明反应产生的 CO$_2$ 更容易从催化剂上脱附，这个结果也和图 7-2 中 CO$_2$ 的选择性的顺序相对应：MnO$_x$/γ-Al$_2$O$_3$ > MnO$_x$/TiO$_2$ > MnO$_x$/SiO$_2$。

NH$_3$-TPD 被用来分析催化剂的酸度，结果如图 7-11(c) 所示。一般来说在 100~280℃、280~450℃ 和 450~600℃ 温度范围内的 NH$_3$ 脱附峰分别对应弱、中性和强酸性位。其中，弱酸性位和中性酸性位分别代表了 Lewis 酸性位中的物理吸附 NH$_3$ 和部分 NH$_4^+$，而强酸性位代表了 Brönsted 酸性位的配位 NH$_4^+$ 的解析[181,182]。大多数学者认为 Brönsted 酸性位是 VOCs 在催化剂表面吸附的主要活性位点，而 Lewis 酸性位则有利于臭氧分解反应，进而产生更多的活性氧物种[183,184]。因此，Lewis 和 Brönsted 酸性位在催化剂表面的同时存在有利于臭氧催化降解甲苯的反应。根据 NH$_3$-TPD 结果中 NH$_3$ 脱附峰的相对大小，可以得出催化剂的总酸性从大到小依次为 MnO$_x$/γ-Al$_2$O$_3$ > MnO$_x$/SiO$_2$ > MnO$_x$/TiO$_2$，这正好和图 7-2 中的活性结果相一致。因此，催化剂表面较强的酸性位有利于提高其催化臭氧降解 VOCs 的效率。

图 7-11(d) 展示了三种锰系催化剂的 O$_2$-TPD 曲线。从图中可以看出，MnO$_x$/TiO$_2$ 催化剂具有分散的氧物种，这和图 7-10(b) 中 O 1s 的分析结果相印证。MnO$_x$/γ-Al$_2$O$_3$ 和 MnO$_x$/SiO$_2$ 催化剂的 O$_2$ 脱附峰则较为集中。一般来说，400℃ 以下的脱附峰代表了化学吸附氧和表面活性氧的释放，而 400~650℃ 和 700℃ 以上的脱附峰分别代表了亚表面和体积晶格氧的释放[69,185]。从三种锰系催化剂的 O$_2$-TPD 曲线中可以看出，MnO$_x$/γ-Al$_2$O$_3$ 催化剂相比于其他两种催化剂的化学吸附氧含量最丰富，更有利于甲苯的降解。

（5）In-situ DRIFTS 分析

为了揭示臭氧催化降解甲苯反应过程中催化剂表面的中间产物及其变化，通过原位 DRIFTS 测试得到了 MnO$_x$/γ-Al$_2$O$_3$ 催化剂的傅里叶红外光谱的变化，如图 7-12 所示。图 7-12(a) 中反应气体为 100×10^{-6}C$_7$H$_8$ 和 20% O$_2$，傅里叶红外光谱中呈现出了多个吸收峰，说明催化反应过程中有较多较为复杂的中间产物生成。随着反应时间的延长，可以看到两个主要的吸收峰 1592cm^{-1} 和 1454cm^{-1}，分别对应 C =C 的拉伸振动峰和对称的 COO$^-$ 的伸缩振动峰[186]。

如图 7-12(b)，两个新峰（1350～1800cm^{-1} 和 1550～1800cm^{-1}）的吸收强度逐渐增强，说明臭氧的引入会使反应中间产物增多，也侧面反映了臭氧加剧了甲苯在催化剂表面的降解。在 1734cm^{-1} 位置处是 C =O 的特征吸收峰，证明了醛类、酯类或者羧酸类物质的生成。在 1697cm^{-1} 处的吸收峰

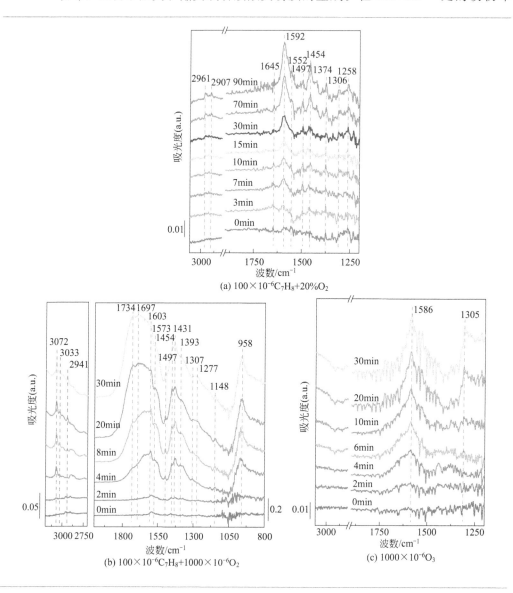

(a) 100×10^{-6}C$_7$H$_8$+20%O$_2$

(b) 100×10^{-6}C$_7$H$_8$+1000×10^{-6}O$_2$

(c) 1000×10^{-6}O$_3$

图 7-12

锰系催化剂的原位 DRIFTS 结果

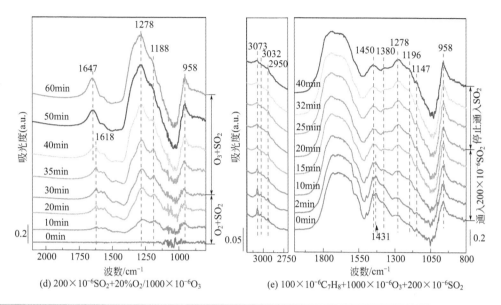

(d) 200×10⁻⁶SO₂+20%O₂/1000×10⁻⁶O₃

(e) 100×10⁻⁶C₇H₈+1000×10⁻⁶O₃+200×10⁻⁶SO₂

是醛类物质的振动峰，说明了苯甲醛的生成[187]。COO⁻ 的非对称和对称伸缩振动峰分别出现在 1603cm⁻¹ 和 1454cm⁻¹ 处，表明了苯酸盐的生成。此外在 1497cm⁻¹ 处依然保留了一个独立的吸收峰，是芳香环骨架的 C—H 伸缩振动[171]。在加入臭氧后，3072cm⁻¹、3033cm⁻¹ 和 2941cm⁻¹ 位置处的三个吸收峰的强度也逐渐加强，其中 3072cm⁻¹ 和 3033cm⁻¹ 处是苯基 C—H 的拉伸振动峰，是芳香环的特征振动峰，而 2941cm⁻¹ 处是 CH₃ 基团的 C—H 的对称拉伸振动峰，说明了苯甲基类物质的生成[169]。当反应体系中只有臭氧时，在图 7-12(c) 中可以看出只在 1586cm⁻¹ 和 1310cm⁻¹ 处有明显的吸收峰，且强度不高，结合图 7-12(b) 可以说明两个新出现的吸收峰（1350～1800cm⁻¹ 和 1550～1800cm⁻¹）是臭氧在催化剂表面降解甲苯生成的。

　　SO₂ 和 O₂/O₃ 的吸附原位漫反射光谱如图 7-12(d) 所示。第一阶段只有 SO₂ 和 O₂ 通入时，催化剂表面上逐渐出现 1188cm⁻¹、1278cm⁻¹ 和 1647cm⁻¹ 三个新的吸收峰，并且这些吸收峰在 20min 后峰高不再增加，达到了一个平衡状态。在吸附进行到 30min 时，向反应中通入 1000×10⁻⁶ 的臭氧，发现新增的吸收峰都迅速增大，表明臭氧的加入会使表面的硫物种迅速积累。其中，在 $1188cm^{-1}$ 附近的吸收峰是硫酸铝或者吸附 SO_2 造成的[88,188]。图 7-12(e) 的试验是接着图 7-12(b) 继续开展的，当 SO_2 加入后，苯酸盐在 $1456cm^{-1}$ 处的吸收峰降低，$1100\sim1390cm^{-1}$ 的宽吸收峰是含硫物质造成的，证明了含硫物质在催化剂表面的积累和部分降解中间物质的减少是导致 $MnO_x/\gamma\text{-}Al_2O_3$ 催化活性降低的原因。

7.2.6 副产物分析

根据图 7-2 中反应器出口 CO 和 CO_2 的浓度可以计算得出降解的甲苯并没有完全转化为 CO 和 CO_2，还有一些不完全降解产物的生成。

图 7-13 为反应器出口气体的傅里叶红外光谱分析结果。当反应器入口只有 C_7H_8 和 O_2 时，出口气体的红外光谱如谱线 a 所示，可以明显看出在 $3037cm^{-1}$ 和 $2940cm^{-1}$ 处甲苯的特征吸收峰。当向模拟烟气中加入臭氧后（如谱线 b），甲苯的特征吸收峰消失，随之而出现的是在 $2362cm^{-1}$ 处的 CO_2 吸收峰。此外，在 $2189cm^{-1}$ 和 $2108cm^{-1}$ 这两个位置新出现的吸收峰是 CO 的特征吸收峰，将谱线 b 和谱线 a 做减法可得到谱线 d。此时，在 $3740cm^{-1}$ 和 $3623cm^{-1}$ 处发现了吸收峰，它们分别是甲醇和甲酸的特征吸收峰[189,190]，表明这两种物质也是甲苯降解的产物。在模拟烟气中加入 SO_2 后出口烟气的红外谱图如谱线 c 所示，可以很明显地发现 SO_2 在 $1300\sim1400cm^{-1}$ 处的吸收峰。同样地，将谱线 c 与谱线 b 相减得到谱线 e，看出

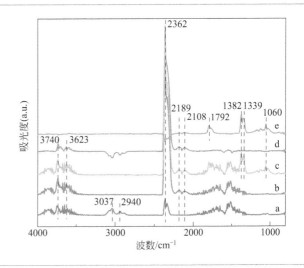

图 7-13

120℃下 $MnO_x/\gamma\text{-}Al_2O_3$ 催化降解甲苯尾气的 FTIR 分析

a—$C_7H_8 + O_2$；b—$C_7H_8 + O_3$；c—$C_7H_8 + O_3 + SO_2$；d—$(C_7H_8 + O_3) - (C_7H_8 + O_2)$；e—$(C_7H_8 + O_3 + SO_2) - (C_7H_8 + O_3)$

CO$_2$ 在 2362cm^{-1} 处的吸收峰是负的，表明 SO$_2$ 加入后，降解产物中 CO$_2$ 的浓度降低，这和图 7-7 的试验结果相印证。此外，在 1792cm^{-1} 处新出现的吸收峰是乙酸的特征吸收峰，也表明了 SO$_2$ 的加入导致甲苯的降解反应进行得不完全。

7.3　VOCs 与 NO$_x$ 共同氧化过程中的竞争反应机理

现阶段，我国燃煤电厂烟气污染物中以 NO$_x$、SO$_2$ 和 PM 为主。其中，SO$_2$ 可以通过喷淋系统有效控制，电除尘和布袋除尘对 PM 的控制也可以达到理想的效果。到目前为止，催化降解 VOCs 是实现 VOCs 无二次污染的一种控制方法，这与本书介绍的臭氧氧化脱硝技术原理一致，均为氧化法。因此，研究 NO 和 VOCs 共同氧化过程，对开发烟气污染物协同脱除技术具有重要意义。

7.3.1　催化剂制备

α-MnO$_2$、β-MnO$_2$、γ-MnO$_2$ 和 δ-MnO$_2$ 催化剂采用水热反应法制备而成。具体流程如下：分别将 1.05g MnSO$_4$ · H$_2$O 和 2.5g KMnO$_4$，3.38g MnSO$_4$ · H$_2$O 和 4.56g（NH$_4$）$_2$S$_2$O$_8$，6.75g MnSO$_4$ · H$_2$O 和 7.4g（NH$_4$）$_2$S$_2$O$_8$，0.55g MnSO$_4$ · H$_2$O 和 3.0g KMnO$_4$ 加入 160mL 去离子水中，磁力搅拌 30min。随后把混合溶液倒入 200mL 的水热反应釜中，将水热反应釜放入烘箱中，分别在 160℃下水热反应 12h，140℃下水热反应 12h，90℃下水热反应 24h 和 240℃下水热反应 24h。水热反应后经离心洗涤，烘干后在空气氛围下于 300℃下煅烧 3h，分别得到 α-MnO$_2$、β-MnO$_2$、γ-MnO$_2$ 和 δ-MnO$_2$ 催化剂。

7.3.2　不同晶型 MnO$_2$ 单独催化氧化 NO 和甲苯

（1）催化氧气氧化 NO 活性评价

图 7-14 展示了四种不同晶型的 MnO$_2$ 单独催化氧气氧化 NO 的活性随温度的变化曲线，图中的虚线表示热力学限制平衡转化线。从图中可以看出，四种催化剂随着温度的升高，催化氧化 NO 的效率逐渐升高，达到热力学限制以后又逐渐下降。其中 γ-MnO$_2$ 有最高的催化活性，在 250℃时可以达到 92.1% 的 NO 转化率。除此之外，γ-MnO$_2$ 在 220～340℃ 区间内都有大

于 80％的 NO 转化率，温度适应性强。其次就是 δ-MnO$_2$ 在 280℃时，达到最高的 NO 转化率为 92.8％。α-MnO$_2$ 和 β-MnO$_2$ 催化氧气氧化 NO 的催化活性较弱，在 310℃时才达到最大值。总的来说，催化氧气氧化 NO 的活性由高到低为：γ-MnO$_2$＞δ-MnO$_2$＞α-MnO$_2$＞β-MnO$_2$。

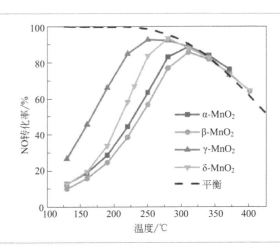

图 7-14

四种晶型 MnO$_2$ 催化氧气
氧化 NO 效率随温度的变化

（2）催化氧气降解甲苯活性评价

图 7-15 为四种不同晶型 MnO$_2$ 催化剂催化氧气降解甲苯的活性随温度的变化曲线。总的来说，随着温度的升高，甲苯的转化率逐步升高到 100％，温度继续增大，甲苯的转化率保持在 100％。从图 7-15 中可以看出 δ-MnO$_2$ 在240℃时，甲苯就可以达到接近 100％的降解效率。α-MnO$_2$ 在 250℃达到最高的催化活性。有趣的是，NO 氧化效果最佳的 γ-MnO$_2$，在催化降解甲苯中表现平平。β-MnO$_2$ 依然是活性最差的催化剂，290℃时甲苯转化率才接近 100％。

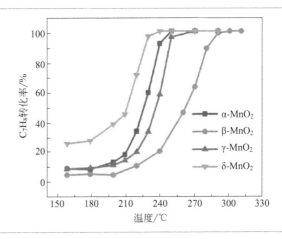

图 7-15

四种晶型 MnO$_2$ 催化氧气
氧化甲苯效率随温度的变化

7.3.3　甲苯对催化剂催化氧气氧化 NO 活性的影响

　　向模拟烟气中同时通入 100×10^{-6} 的甲苯和 20×10^{-6} 的 NO，检测出口 NO_x 的浓度，来研究甲苯的加入对催化剂催化氧化 NO 的影响，结果如图 7-16 所示，其中虚线表示甲苯和 NO 同时存在的情况下 NO 的转化率。从图中可以看出，甲苯的加入对 NO 的脱除效率有很大的影响。开始时，随着温度的升高，NO 的转化率没有变化，一直为 0。在这个状态下，呈现出一种催化剂失活的假象。随着温度的继续升高，到达某一温度时，NO 的转化率迅速升高，NO 浓度开始增加时对应的温度由低到高的顺序是：δ-MnO_2（210℃），α-MnO_2（230℃），γ-MnO_2（250℃），β-MnO_2（270℃）。此外，NO 的转化率基本可以升高至没有加入甲苯之前的水平。在温度较高的区间

图 7-16

甲苯的加入对四种晶型 MnO_2 催化氧气氧化 NO 的影响

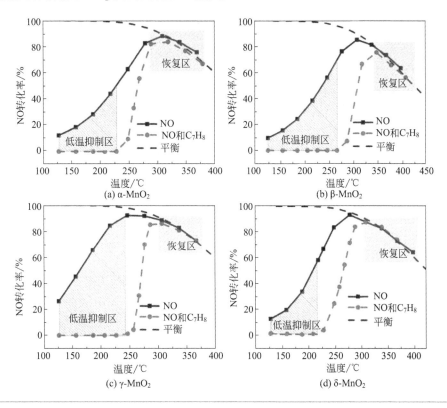

内，像是一个"恢复区"，在这个温度区间内，甲苯的加入对 NO 的转化率基本没有影响。总的来说，在低温区（＜约 220℃）甲苯的加入会严重抑制 NO 的转化反应，然而在高温区（＞300℃）甲苯对 NO 影响很小。

7.3.4　NO 对催化剂催化氧气降解甲苯活性的影响

图 7-17 展示了 NO 的加入对四种不同晶型的 MnO_2 催化降解甲苯活性的影响曲线。相比于图 7-16 的结果，NO 对甲苯的降解过程看起来并不复杂，但是总体来看也呈现出一种抑制的作用。对比没有 NO 加入时，甲苯转化率的变化趋势、增长速率基本是一致的，NO 加入的影响仿佛就像将单独催化降解甲苯的曲线向高温方向移动了 10～20℃。四种催化剂相比较，NO 的加入对 δ-MnO_2 和 γ-MnO_2 的影响要大一些，巧合的是 δ-MnO_2 和 γ-MnO_2

图 7-17

NO 的加入对四种不同晶型 MnO_2 催化氧气氧化甲苯的影响

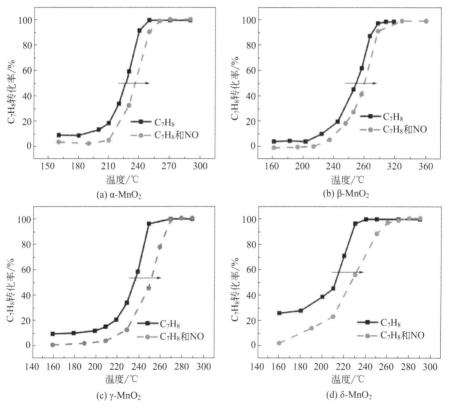

(a) α-MnO_2

(b) β-MnO_2

(c) γ-MnO_2

(d) δ-MnO_2

催化剂催化氧气氧化 NO 的活性也较高。

7.3.5　甲苯和 NO 在催化剂表面的竞争吸附机制

将同时催化脱除 NO 和甲苯试验中 NO 的转化率和甲苯的转化率画在一张图中，如图 7-18 所示。可以发现，四种催化剂中 NO 转化率开始加速的温度点和甲苯转化率放缓的温度点基本相一致。也就是说，随着温度的升高，当甲苯和氧气在催化剂表面反应接近 100% 时，NO 才开始发生转化反应。换句话说，甲苯的催化降解反应相比于 NO 的催化氧化反应来说具有优先性。所以如果想要尽可能地提高催化剂催化氧气降解甲苯的低温活性，使催化剂在温度低时就可以达到平衡状态，那么也应当设法降低催化氧化 NO 的起始温度，NO 的转化率才有可能在受到热力学限制前达到最高值。

图 7-18

甲苯和 NO 同时催化氧化的相互影响曲线

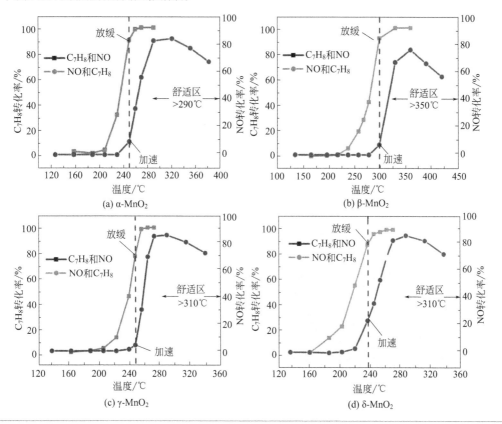

　　基于之前的结果提出 NO 和甲苯同时催化脱除的机理,如图 7-19 所示。在温度较低 (约 240℃) 时,甲苯占据了催化剂表面的活性位点,与氧气和表面氧物种反应,降解生成 CO_2 和 H_2O。此时,NO 的催化氧化反应不会发生,NO 的加入只是占据了表面的部分活性反应位,所以在一定程度上抑制了甲苯的降解反应。然而,到达高温区 (约 300℃) 后,甲苯的降解反应加快,反应物和生成物可以及时在催化剂表面吸附和脱附,降解反应达到平衡状态。此时,NO 有更多的活性位可以进行催化氧化反应,NO 催化氧化和甲苯的催化降解反应同时进行。

图 7-19

NO 和甲苯同时催化氧化反应机理图

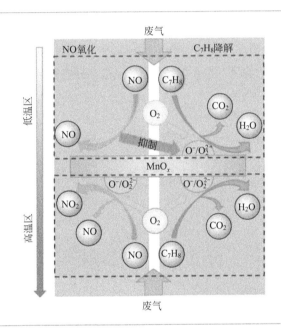

第 **8** 章

氧化产物 NO_2/ N_2O_5 的吸收 特性

8.1 耦合洗涤脱硫塔同时脱硫脱硝技术路线

臭氧氧化耦合洗涤脱硫塔同时脱硫脱硝技术按照 NO_x 的脱除方式包括两种技术路线，如图 8-1 所示。第一条路线称为初级氧化，即借助较少的臭氧投入将 NO 氧化为 NO_2，相对来讲臭氧消耗量较低。但由于烟气在脱硫塔内停留时间有限，传统石灰石/石膏浆液对 NO_2 的吸收效率不足，往往需要增加添加剂提高吸收效率。本章将重点介绍 NO_2 吸收特性，以及各种促进 NO_2 和 SO_2 协同吸收的添加剂。不过添加剂的引入会增加运行成本，同时引发废水处理的难题，吸收后产生的 NO_2^- 需要经过氧化转化为硝酸盐回收处理。第二条路线称为深度氧化，即喷入过量的臭氧将 NO 深度氧化为 N_2O_5，N_2O_5 是硝酸的酸酐，溶解度更高，在传统的脱硫浆液中极易被吸收。因此深度氧化路线只需增加臭氧投入即可取得更高的 NO_x 脱除效率，且副产物 NO_3^- 经过提纯即可实现回收。本章也简单介绍了深度氧化 N_2O_5 的吸收效果。

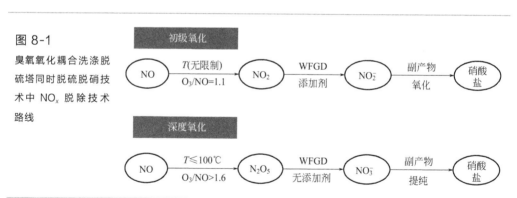

图 8-1
臭氧氧化耦合洗涤脱硫塔同时脱硫脱硝技术中 NO_x 脱除技术路线

两种不同技术路线的最终选择应视工业运行和排放标准要求的实际情况而定。在满足排放标准的前提下，如果第一条初级氧化技术路线能够达到预想的 NO_x 脱除效果，就可以避免投入过量的臭氧来达到深度氧化效果，并减少产生臭氧的电能消耗进而降低运行成本。面对更严格的排放标准则应当考虑在初级氧化技术路线基础上增加添加剂提高脱除效率，或者增加臭氧投入选择深度氧化技术路线。具体选择应当综合考虑投资运行成本和工程实际决定。

8.2　NO_2 的液相吸收特性

NO_2 是氧化产物中最主要、最节约成本的一种氮氧化物。NO_2 的液相吸收通常是一个伴随着化学反应的传质过程。依据亨利定律和双膜理论，每单位接触表面积的气液间，液膜传质速率方程可表达为式（8-1）。

$$N = \alpha k_L (Hp_i - C_L) \tag{8-1}$$

式中，α 为化学反应吸收速率增强系数；k_L 为物理吸附的液膜分传质系数；H 为溶解度系数；p_i 为气液界面的气体分压；C_L 为液相中未反应的气体浓度，当反应为不可逆反应，化学平衡常数无穷大时，该浓度等于 0。

由上式可以看出，NO_2 的吸收除物理吸附外，也受到化学反应相关参数的影响。这种影响与反应级数、反应速率常数、化学平衡常数、液相中各组分浓度和扩散系数等许多因素有关。

8.2.1　热力学平衡分析

从热力学的角度来看，化学反应中当反应物 A 的化学势大于产物 B 的化学势时，反应就会向右进行。然而，化学反应只能进行到一定的限度，此时反应进度会达到一个极小值。反应系统中总的吉布斯函数是反应进度的函数，也会出现最小值，此时系统达到平衡态，也就是化学平衡的位置[191]。

目前，商业化软件 Factsage 的基本原理是最小吉布斯函数原则。其系统由一个庞大的化学反应库和热力学数据库组成。标准摩尔吉布斯自由能计算式如式（8-2）所示。

$$G_m^{\ominus} = H_m^{\ominus} - TS_m^{\ominus} = \left(H_{m298.15K}^{\ominus} + \int_{298.15K}^{T} C_p \, dT \right) - T \left(S_{m298.15K}^{\ominus} + \int_{298.15K}^{T} \frac{C_p}{T} \, dT \right) \tag{8-2}$$

在式（8-2）的基础上，简化方程得出 $G_m^{\ominus} = f(T)$ 的函数关系如式（8-3）所示。

$$G_m^{\ominus} = A + BT + CT\ln T + DT^2 + ET^{-1} \tag{8-3}$$

标准焓、熵的计算采用吉布斯-亥姆霍兹方程，如式（8-4）所示。

$$\left(\frac{\partial G_m^{\ominus}/T}{\partial T} \right)_p = -\frac{H_m^{\ominus}}{T^2} \tag{8-4}$$

再根据吉布斯最小条件，偏摩尔吉布斯函数 $\partial G / \partial n_i = 0$，将上述方程联立求解得出各组分在系统平衡时的量。

由于吉布斯函数为状态函数，只与始末状态有关，而与路径无关，是一个反映反应最终结果的函数。因此，本节采用 Factsage 软件中的 Equilib 模块，进行热力学平衡时 SO_2 和 NO_2 吸收效果的分析。

混合烟气按照 $300 \times 10^{-6} SO_2$ 和 $300 \times 10^{-6} NO_2$ 配比，CO_2、O_2 和 H_2O 浓度分别为 15%、5% 和 1%，N_2 为平衡气。吸收剂浓度均为 0.02mol/L。三种吸收剂吸收 SO_2 和 NO_2 反应平衡时气相产物浓度见表 8-1。可见，热力学平衡时的气相中几乎没有 SO_2 和 NO_2 气体，吸收的主要产物为 SO_4^{2-} 以及 NO_3^-。SO_2 的吸收显著优于 NO_2，同时随着反应温度的上升，吸收效率下降。$Ca(OH)_2$ 吸收剂能够更好地吸收 SO_2，但对于 NO_2 的吸收效果最差。在 NO_2 的吸收过程中，吸收能力的强弱依次为 $Na_2SO_3 > CaSO_3 > Ca(OH)_2$。

表 8-1 平衡时气相组分浓度

反应温度 /K	CaSO₃		Ca(OH)₂		Na₂SO₃	
	$SO_x/10^{-6}g$	$NO_x/10^{-6}g$	$SO_x/10^{-6}g$	$NO_x/10^{-6}g$	$SO_x/10^{-6}g$	$NO_x/10^{-6}g$
320	1.42×10^{-35}	3.50×10^{-16}	2.41×10^{-35}	1.52×10^{-10}	1.49×10^{-35}	5.63×10^{-17}
330	3.81×10^{-34}	1.88×10^{-15}	8.77×10^{-34}	4.48×10^{-9}	4.00×10^{-34}	2.73×10^{-16}
340	8.87×10^{-33}	9.96×10^{-15}	3.13×10^{-32}	2.55×10^{-7}	9.31×10^{-33}	1.29×10^{-15}
350	1.89×10^{-31}	5.72×10^{-14}	1.98×10^{-30}	1.84×10^{-4}	1.98×10^{-31}	6.23×10^{-15}

由图 8-2 可知，热力学平衡时的气相中几乎没有 SO_2 气体。气液比直接影响 NO_2 的吸收。当气液比 >3000 时，NO_2 吸收效率的热力学平衡曲线开始下降。同时随着温度的上升，NO_2 的吸收效率也明显下降。

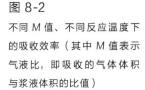

图 8-2
不同 M 值、不同反应温度下的吸收效率（其中 M 值表示气液比，即吸收的气体体积与浆液体积的比值）

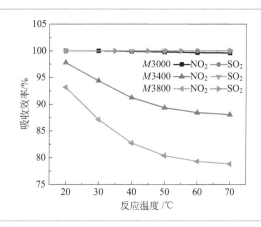

8.2.2　NO_2 吸收反应机理

钙基湿法脱硫过程中存在大量的中间态产物 $CaSO_3$，它可能有较好的协同吸收能力。同时 NO_2 的液相吸收产物以 NO_2^- 为主，由于其不稳定性，因此长期放置于有氧环境中将缓慢转化为 NO_3^-。为近似模拟吸收的真实情况，假设 NO_2 的产物为 NO_2^-，SO_2 吸收后的最终产物为 SO_4^{2-}。采用亚硫酸钙为吸收剂构建协同吸收 SO_2 和 NO_2 气体的反应机理。浆液吸收过程中的主要反应如表 8-2 所示。

表 8-2　吸收过程中各组分的电离平衡方程

组分	反应式
H_2O	$H_2O_{(l)} \xrightleftharpoons{k_w} H^+_{(aq)} + OH^-_{(aq)}$
SO_2	$SO_{2(g)} \xrightleftharpoons{k_{H1}} SO_{2(aq)}$ $H_2SO_{3(aq)} \xrightleftharpoons{k_{a1}} H^+_{(aq)} + HSO^-_{3(aq)}$ $HSO^-_{3(aq)} \xrightleftharpoons{k_{a2}} H^+_{(aq)} + SO^{2-}_{3(aq)}$
NO_2	$2NO_{2(g)} + SO^{2-}_{3(aq)} + H_2O_{(l)} \rightleftharpoons 2NO^-_{2(aq)} + SO^{2-}_{4(aq)} + 2H^+_{(aq)}$ $2NO_{2(g)} + HSO^-_{3(aq)} + H_2O_{(l)} \rightleftharpoons 2NO^-_{2(aq)} + SO^{2-}_{4(aq)} + 3H^+_{(aq)}$ $HNO_{2(aq)} \xrightleftharpoons{k_{b1}} H^+_{(aq)} + NO^-_{2(aq)}$
$CaSO_3$	$CaSO_{3(s)} \xrightleftharpoons{k_{sp1}} Ca^{2+}_{(aq)} + SO^{2-}_{3(aq)}$
$CaSO_4$	$HSO^-_{4(aq)} \xrightleftharpoons{k_{c2}} H^+_{(aq)} + SO^{2-}_{4(aq)}$ $CaSO_{4(s)} \xrightleftharpoons{k_{sp2}} Ca^{2+}_{(aq)} + SO^{2-}_{4(aq)}$
CO_2	$CO_{2(aq)} \xrightleftharpoons{k_{H2}} CO_{2(g)}$ $H_2O_{(l)} + CO_{2(aq)} \xrightleftharpoons{k_{d1}} H^+_{(aq)} + HCO^-_{3(aq)}$ $HCO^-_{3(aq)} \xrightleftharpoons{k_{d2}} H^+_{(aq)} + CO^{2-}_{3(aq)}$ $CaCO_{3(s)} \xrightleftharpoons{k_{sp3}} Ca^{2+}_{(aq)} + CO^{2-}_{3(aq)}$

根据溶液电离平衡、气液平衡及溶解平衡等理论，建立溶液中各离子的离子积关系式，式(8-5)～式(8-15)：

$$k_w = [H^+][OH^-] \tag{8-5}$$

$$k_{a1}[H_2SO_3] = [H^+][HSO^-_3] \tag{8-6}$$

$$k_{a2}[HSO_3^-]=[H^+][SO_3^{2-}] \tag{8-7}$$

$$k_{sp1}=[Ca^{2+}][SO_3^{2-}] \tag{8-8}$$

$$k_{b1}[HNO_2]=[H^+][NO_2^-] \tag{8-9}$$

$$k_{c2}[HSO_4^-]=[H^+][SO_4^{2-}] \tag{8-10}$$

$$k_{sp2}=[Ca^{2+}][SO_4^{2-}] \tag{8-11}$$

$$[CO_2]=k_{H2}p_{CO_2} \tag{8-12}$$

$$k_{d1}[CO_2]=[H^+][HCO_3^-] \tag{8-13}$$

$$k_{d2}[HCO_3^-]=[H^+][CO_3^{2-}] \tag{8-14}$$

$$k_{sp3}=[Ca^{2+}][CO_3^{2-}] \tag{8-15}$$

采用亚硫酸钙浆液进行吸收时，可以分为四种情况进行分析：

① 亚硫酸钙未完全溶解同时无硫酸钙沉淀产生。依据电中性理论，溶液中正离子的电荷浓度总和与负离子的电荷浓度总和相等，则溶液中的各离子间存在以下关系式：

$$[H^+]+2[Ca^{2+}]-[OH^-]-[HCO_3^-]-2[CO_3^{2-}]-[HSO_4^-]- $$
$$2[SO_4^{2-}]-[NO_2^-]-[HSO_3^-]-2[SO_3^{2-}]=0 \tag{8-16}$$

分析亚硫酸根离子的产生与消耗过程得：

$$[Ca^{2+}]_{(aq)}=[SO_3^{2-}]_{(aq)0}=\frac{1}{2}[NO_2]_0+[SO_3^{2-}]_{(aq)}+[HSO_3^-]_{(aq)}+ $$
$$[H_2SO_3]_{(aq)} \tag{8-17}$$

依据硫酸根离子的产生与消耗过程得：

$$[SO_4^{2-}]_{(aq)}+[HSO_4^-]_{(aq)}=\frac{1}{2}[NO_2]_0+[SO_2]_0 \tag{8-18}$$

② 亚硫酸钙未完全溶解，有硫酸钙沉淀产生，依据电中性理论有：

$$[H^+]+2[Ca^{2+}]-[OH^-]-[HCO_3^-]-2[CO_3^{2-}]-[HSO_4^-]- $$
$$2[SO_4^{2-}]-[NO_2^-]-[HSO_3^-]-2[SO_3^{2-}]=0 \tag{8-19}$$

依据亚硫酸根离子的产生与消耗平衡可以得出：

$$[Ca^{2+}]_{(aq)}+[CaSO_4]_{(s)}=[SO_3^{2-}]_{(aq)0} $$
$$=\frac{1}{2}[NO_2]_0+[SO_3^{2-}]_{(aq)}+[HSO_3^-]_{(aq)}+[H_2SO_3]_{(aq)} \tag{8-20}$$

同样根据硫酸根离子的产生与消耗过程得出：

$$[SO_4^{2-}]_{(aq)}+[HSO_4^-]_{(aq)}+[CaSO_4]_{(s)}=\frac{1}{2}[NO_2]_0+[SO_2]_0 \tag{8-21}$$

将式(8-19)～式(8-21) 简化得：

$$[H^+]+2[SO_2]_0+[HSO_3^-]+2[H_2SO_3]+[HSO_4^-]-$$
$$[OH^-]-[HCO_3^-]-2[CO_3^{2-}]-[NO_2^-]=0 \tag{8-22}$$

③ 亚硫酸钙完全溶解，有硫酸钙沉淀产生。此时亚硫酸钙固体颗粒完全溶解，但 $[Ca^{2+}][SO_3^{2-}]<k_{sp1}$，即溶液中仍存在 $S(\text{IV})$ 离子。其平衡方程仍可按照反应式(8-19)～式(8-21) 确定，只是已知量改为 $[SO_3^{2-}]_{(aq)0}$，联立简化后得出：

$$[H^+]+2[SO_3^{2-}]_{(aq)0}-2[SO_2]_0-[NO_2]_0+[HSO_4^-]_{(aq)}-[OH^-]-$$
$$[HCO_3^-]-2[CO_3^{2-}]-[NO_2^-]-[HSO_3^-]-2[SO_3^{2-}]=0 \tag{8-23}$$

④ 亚硫酸钙完全转化为硫酸根离子。随着亚硫酸根逐渐转化为硫酸根，溶液中的阳离子主要为 H^+ 和 Ca^{2+}，阴离子成分较多，由于 CO_2、SO_2 以及 NO_2 的吸收，溶液中主要为 CO_3^{2-}、HCO_3^-、HSO_4^-、SO_4^{2-}、NO_2^- 以及 OH^-。依据电中性理论，溶液中的各离子间存在以下关系式：

$$[H^+]+2[Ca^{2+}]=[OH^-]+[HCO_3^-]+2[CO_3^{2-}]+[HSO_4^-]+$$
$$2[SO_4^{2-}]+[NO_2^-] \tag{8-24}$$

钙元素主要来源于添加的亚硫酸钙、生成的硫酸钙以及钙离子三种形式。当 $[Ca^{2+}][CO_3^{2-}]\geqslant k_{sp3}$ 时，会生成碳酸钙沉淀。但由于试验中二氧化碳浓度较低，同时溶液始终保持在 pH 值 7 以下，因此不会有碳酸钙沉淀产生。根据钙元素的质量守恒可以得出：

$$[Ca^{2+}]_{(aq)}+[CaSO_4]_{(s)}=[CaSO_3]_0 \tag{8-25}$$

同样依据硫元素的质量守恒得到：

$$[SO_4^{2-}]_{(aq)}+[HSO_4^-]_{(aq)}+[CaSO_4]_{(s)}=[CaSO_3]_0+[SO_2]_0 \tag{8-26}$$

将式(8-24)～式(8-26) 简化后得出：

$$[H^+]-2[SO_2]_0-[OH^-]-[HCO_3^-]-2[CO_3^{2-}]+[HSO_4^-]-$$
$$[NO_2^-]=0 \tag{8-27}$$

式中　$[CaSO_4]_{(s)}$ ——沉淀出来的硫酸钙浓度；

$\qquad$ $[CaSO_3]_0$ —— 初始亚硫酸钙的浓度；

$\qquad$ $[SO_2]_0$ —— 二氧化硫吸收的浓度；

$\qquad$ $[NO_2]_0$ —— 二氧化氮吸收的浓度。

由于在实际吸收过程中，随着 NO_2 的输入必然会出现硫酸钙沉淀，情况①基本上不会出现，而主要发生的是后面的三种现象，即亚硫酸钙部分溶解、完全溶解以及消耗殆尽。因此将上述后三种情况中各离子浓度以 H^+ 浓度换算可以得出：

情况②：

$$[H^+]^3 + \cfrac{\left(\cfrac{k_{sp1}}{k_{a2}} + \cfrac{2k_{sp1}[H^+]}{k_{a1}k_{a2}} + \cfrac{k_{sp2}}{k_{c2}}\right)[H^+]^3}{-\cfrac{1}{2}[SO_2]_0 + \sqrt{k_{sp1}\left(1 + \cfrac{[H^+]}{k_{a2}} + \cfrac{[H^+]^2}{k_{a1}k_{a2}}\right) + k_{sp2}\left(1 + \cfrac{[H^+]}{k_{c2}}\right) + \cfrac{[SO_2]_0^2}{4}}}$$

$$\left(2[SO_2]_0 + \frac{k_{b1}[NO_2]_0}{k_{b1} + [H^+]}\right)[H^+]^2 - (k_w + k_{d1}k_{H2}p_{CO_2})[H^+] - 2k_{d1}k_{d2}k_{H2}p_{CO_2} = 0$$

$$\tag{8-28}$$

情况③：

$$\cfrac{k_{sp2}[H^+]^3/k_{c2}}{-\cfrac{1}{2}\left(\cfrac{1}{2}[NO_2]_0 + [SO_2]_0 - [SO_3^{2-}]_0\right) + \sqrt{\cfrac{1}{4}\left(\cfrac{1}{2}[NO_2]_0 + [SO_2]_0 - [SO_3^{2-}]_0\right)^2 + k_{sp2}\left(1 + \cfrac{[H^+]}{k_{c2}}\right)}} +$$

$$[H^+]^3 + (2[SO_3^{2-}]_0 - [NO_2]_0 - 2[SO_2]_0)[H^+]^2 - (k_w + k_{d1}k_{H2}p_{CO_2})[H^+] - 2k_{d1}k_{d2}k_{H2}p_{CO_2} -$$

$$\frac{k_{b1}[NO_2]_0}{k_{b1} + [H^+]}[H^+]^2 - \left(\frac{[H^+]}{k_{a2}} + 2\right)\frac{[SO_3^{2-}]_0 - \frac{1}{2}[NO_2]_0}{1 + \cfrac{[H^+]}{k_{a1}} + \cfrac{[H^+]^2}{k_{a1}k_{a2}}}[H^+]^2 = 0 \tag{8-29}$$

情况④：

$$[H^+]^3 + \frac{[SO_2]_0[H^+]^3}{2(k_{c2} + [H^+])} \pm \frac{[H^+]^3}{k_{c2}}\sqrt{\frac{k_{sp2}k_{c2}}{k_{c2} + [H^+]} + \left(\frac{k_{c2}[SO_2]_0}{2(k_{c2} + [H^+])}\right)^2} -$$

$$\left(\frac{k_{b1}[NO_2]_0}{k_{b1} + [H^+]} + 2[SO_2]_0\right)[H^+]^2 - (k_w + k_{d1}k_{H2}p_{CO_2})[H^+] -$$

$$2k_{d1}k_{d2}k_{H2}p_{CO_2} = 0 \tag{8-30}$$

电离平衡时各离子积的物性参数为常数，见表 8-3。将离子积关系式分别代入方程，可以得出 H^+ 浓度与烟气吸收量的关系式。一方面说明了 H^+ 在 SO_2 和 NO_2 协同吸收过程中的重要作用，另一方面通过求解该方程，在满足电厂溶液 pH 值的范围内可以获得一个临界的最大 SO_2 与 NO_2 的吸收量。这对分析同时脱硫脱硝的吸收特性是十分重要的。

表 8-3　25℃下各物性参数[192,193]

$k_w/$ (mol/L)^2	1.01×10^{-14}	$k_{H2}/$ [mol/(L·atm)]	3.4×10^{-2}
$k_{a1}/$ (mol/L)	1.41×10^{-2}	$k_{b1}/$ (mol/L)	5.62×10^{-4}
$k_{a2}/$ (mol/L)	6.31×10^{-8}	$k_{c2}/$ (mol/L)	1.02×10^{-2}
$k_{sp1}/$ (mol/L)^2	3.1×10^{-7}	$k_{d1}/$ (mol/L)	4.47×10^{-7}
$k_{sp2}/$ (mol/L)^2	4.93×10^{-5}	$k_{d2}/$ (mol/L)	4.68×10^{-11}
$k_{sp3}/$ (mol/L)^2	3.36×10^{-9}		

采用数学方法简化方程，如表 8-4 所示，以 x 表示 $[SO_2]_0$，即二氧化硫吸收的浓度，y 表示 $[H^+]$ 即 H^+ 浓度。

表 8-4　参数简化表

$[SO_2]_0 = x$	$[H^+] = y$
$[NO_2]_0 = \varepsilon[SO_2]_0 = \varepsilon x$	$[CaSO_3]_{(aq)0} = m$
$k_{a1} = a$	$k_{b1} = e$
$k_{a2} = b$	$k_{c2} = f$
$k_{sp1} = c$	$k_w + k_{d1}k_{H2}k_{CO_2} = g$
$k_{sp2} = d$	$2k_{d1}k_{d2}k_{H2}k_{CO_2} = h$

其中 ε 为 NO_2 与 SO_2 吸收浓度的比值。同时当温度一定时，a、b、c、d、e、f、g 和 h 均为常数。因此可以根据上述方程建立分段函数：

$$y^3 + \frac{\left(\frac{c}{b} + \frac{2cy}{ab} + \frac{d}{f}\right)y^3}{-\frac{1}{2}x + \sqrt{c\left(1 + \frac{y}{b} + \frac{y^2}{ab}\right) + d\left(1 + \frac{y}{f}\right) + \frac{x^2}{4}}} - \left(2x + \frac{e\varepsilon x}{e+y}\right)y^2 - gy - h = 0$$

$$([Ca^{2+}][SO_3^{2-}] \geqslant k_{sp1}, [Ca^{2+}][SO_4^{2-}] \geqslant k_{sp2}) \tag{8-31}$$

$$\frac{\frac{dy^3}{f}}{-\frac{1}{2}\left(\frac{1}{2}\varepsilon x + x - m\right) + \sqrt{\frac{1}{4}\left(\frac{1}{2}\varepsilon x + x - m\right)^2 + d\left(1 + \frac{y}{f}\right)}} +$$

$$y^3 + 2my^2 - gy - h - \frac{abm\left(\frac{y}{b} + 2\right)}{ab + ay + y^2}y^2 - \left(\varepsilon + 2 + \frac{e\varepsilon}{e+y}\right)xy^2 +$$

$$\frac{\frac{1}{2}ab\varepsilon\left(\frac{y}{b} + 2\right)}{ab + ay + y^2}xy^2 = 0$$

$$([Ca^{2+}][SO_3^{2-}] < k_{sp1}, [Ca^{2+}][SO_4^{2-}] \geqslant k_{sp2}) \tag{8-32}$$

$$y^3 + \frac{xy^3}{2(f+y)} \pm \frac{y^3}{f}\sqrt{\frac{df}{f+y} + \left[\frac{fx}{2(f+y)}\right]^2} - \left(\frac{e\varepsilon x}{e+y} + 2x\right)y^2 - gy - h = 0$$

$$([SO_3^{2-}] = 0, [Ca^{2+}][SO_4^{2-}] \geqslant k_{sp2}) \tag{8-33}$$

其中，$10^{-7} < y \leqslant 0.1$，$x > 0$，当 $[NO_2]_0 = [SO_2]_0$ 时，$\varepsilon = 1$。

采用数值计算方法对式(8-31)～式(8-33)进行计算，混合烟气按照 300×10^{-6} SO_2、300×10^{-6} NO_2 配比，CO_2、O_2 和 H_2O 浓度分别为 15%、5%

和 1%，N_2 为平衡气。图 8-3 给出了 $CaSO_3$ 浆液 pH 值随 M 值的理论计算值与 Factsage 计算结果的对比。

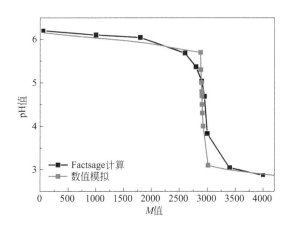

图 8-3
数值模拟与 Factsage 计算结果比对

由图 8-3 可知，数值模拟结果与 Factsage 软件计算结果相似。从数学角度来看，分段函数的拐点分别出现在 pH＝5.7 和 pH＝3.1。pH＝5.7 以前的函数段中，亚硫酸钙仍有颗粒存在，pH 值变化缓慢。pH 值在 5.7～3.1 的这段函数图形反映了亚硫酸钙从固体颗粒完全溶解到消耗殆尽的过程。当 pH 值为 3.1 以后，亚硫酸钙完全消耗，同时 H^+ 浓度的提高抑制了气体的吸收。在 M 值为 2870 左右时曲线出现拐点，此时 pH 值出现明显下降趋势，需要开始调整溶液的溶质。数值模拟结果很好地揭示了实际脱硫塔中 NO_2 与 SO_2 协同脱除的脱除量与溶液 pH 值的关系，为脱硫塔实际运行提供了参考。

8.2.3　吸收特性动力学分析

对于连续流动系统中带有化学反应的吸收过程，其吸收特性机理仍满足典型的双膜理论。气膜的传质速率仍可按物理吸附过程处理，传质速率＝传质系数×传质推动力。而液膜中则不同，由于化学吸收增加了推动力和传质系数，使得吸收过程传质速率加快，因此需要引入增强系数来表达其相对物理吸收的增强效果。然而，实际中增强系数的计算较为困难。本小节根据 Takeuchi 等[194] 提出的半经验公式，进行 NO_2 在亚硫酸钠和亚硫酸钙浆液中传质速率的计算。亚硫酸根对 NO_2 的吸收速率表示为：

$$N_A = \left[\left(\frac{2}{3} k_{H_2O} C_{Ai} + k_1 C_{B0} \right) D_A \right]^{\frac{1}{2}} C_{Ai} \qquad (8\text{-}34)$$

亚硫酸氢根对 NO_2 的吸收速率的表达式为：

$$N_A = \left[\left(\frac{2}{3} k_{H_2O} C_{Ai} + k_1 C_{B0} + k_2 C_{B'0} \right) D_A \right]^{\frac{1}{2}} C_{Ai} \qquad (8\text{-}35)$$

式中，k_{H_2O} 为 NO_2 在水中的传质系数；k_1、k_2 分别为 SO_3^{2-} 和 HSO_3^- 中的传质系数；C_{Ai} 为气液接触面上组分 A 在液相中的浓度；C_{B0}、$C_{B'0}$ 分别表示非挥发性的 SO_3^{2-} 和 HSO_3^- 浓度；D_A 为扩散系数。

常温下物性参数见表 8-5。

表 8-5　常温下的物性参数表

$k_{H_2O}/[L/(mol \cdot s)]$	7.4×10^7	$k_2/[L/(mol \cdot s)]$	1.5×10^4
$k_1/[L/(mol \cdot s)]$	6.6×10^5	$D_A/(cm^2/s)$	2.16×10^{-5}

图 8-4 中分别给出了不同 NO_2 分压下在 Na_2SO_3 和 $CaSO_3$ 溶液中的传质速率。从图中可以看出，随着 NO_2 气相分压的增加，两种溶液中的传质速率都有不同层次的增加。同时对于 Na_2SO_3 溶液，随着溶液浓度的增加，化学反应被加强，传质系数得到了强化，传质速率加快。而 $CaSO_3$ 浆液中由于其低溶解度仅有 0.36mmol/L，传质速率较慢。因此，对于 300×10^{-6} 的 NO_2 气体而言，在 Na_2SO_3 溶液中的传质速率几乎是 $CaSO_3$ 溶液中的 4 倍左右。

图 8-4

传质速率随 NO_2 气相分压的变化（1atm=101325Pa）

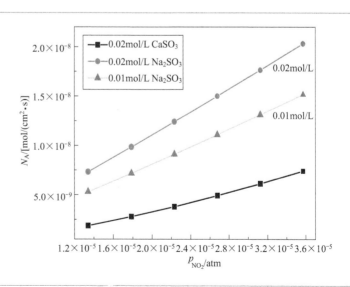

液相吸收中溶液 pH 值的影响不容忽视。随着 pH 值的变化，溶液中 $S(\text{IV})$ 的组成发生了改变，主要表现为 SO_3^{2-} 和 HSO_3^-。采用液相离子的电离平衡方程和电中性理论分别对 Na_2SO_3 和 $CaSO_3$ 溶液进行分析。两种吸收液的初始浓度都为 0.02mol/L，NO_2 浓度为 300×10^{-6}。在 Na_2SO_3 溶液中由于完全电离，因此存在关系式（8-36）以及离子积关系式 $k_{a2}[HSO_3^-]=[H^+][SO_3^{2-}]$。

$$[S(\text{IV})]_0=[SO_3^{2-}]+[HSO_3^-] \tag{8-36}$$

同样对于 $CaSO_3$ 浆液由于其溶解度较低，溶液中仍存在一定量的固体颗粒，因此根据电中性理论有：

$$[Ca^{2+}]+[H^+]=[SO_3^{2-}]+[HSO_3^-]+[OH^-] \tag{8-37}$$

通过溶液平衡的离子积关系式求解各溶液中不同 pH 值下的 SO_3^{2-} 和 HSO_3^- 浓度。根据关系式（8-35），两种溶液对 NO_2 的吸收速率随 pH 值的变化如图 8-5 所示。随着 pH 值的减小，传质速率在 Na_2SO_3 溶液中出现了明显的下降趋势，而 $CaSO_3$ 浆液中则变化不大。该计算结果与实验结果相一致。

图 8-5

传质速率随 pH 值的变化

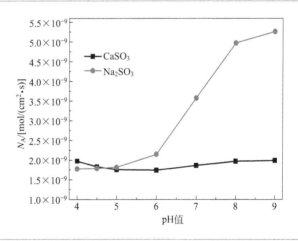

8.3　NO_2 吸收强化

如前所述，NO_2 在传统脱硫浆液中吸收效率不高。考虑 NO_2 为酸性气体，采用碱性吸收液对其进行吸收能够提高 NO_x 脱除效率。因此，本节介绍典型碱性吸收剂 NaOH 的脱硝过程。

8.3.1　碱性吸收剂的脱除效果

使用 NaOH 溶液进行高效协同吸收 NO_x 和 SO_2 的相关化学反应方程式有：

$$2NO_2 + 2NaOH \longrightarrow NaNO_3 + NaNO_2 + H_2O \qquad (8-38)$$

$$NO_2 + NO + 2NaOH \longrightarrow 2NaNO_2 + H_2O \qquad (8-39)$$

$$3NO_2 + H_2O \longrightarrow 2HNO_3 + NO \qquad (8-40)$$

$$N_2O_5 + 2NaOH \longrightarrow 2NaNO_3 + H_2O \qquad (8-41)$$

$$SO_2 + 2NaOH \longrightarrow Na_2SO_3 + H_2O \qquad (8-42)$$

$$SO_3 + 2NaOH \longrightarrow Na_2SO_4 + H_2O \qquad (8-43)$$

$$2NO_2 + SO_3^{2-} + H_2O \longrightarrow 2NO_2^- + SO_4^{2-} + 2H^+ \qquad (8-44)$$

$$2Na_2SO_3 + O_2 \longrightarrow 2Na_2SO_4 \qquad (8-45)$$

（1）O_3/NO（摩尔比）

烟气成分按照 NO 浓度为 880×10^{-6}、CO_2 和 O_2 浓度分别为 10% 和 8%、N_2 为平衡气进行配比，总气量为 10L/min。经臭氧氧化后的烟气进入喷淋塔下部，采用质量分数为 0.5% 的 NaOH 溶液作为喷淋塔吸收液，与喷淋液逆向接触后经除雾器从喷淋塔顶端排出。吸收浆液温度为 20℃，采用单层喷淋，液气比（L/G）为 27.6L/m³。

从图 8-6 中可以看出，喷淋塔入口和出口的 NO 浓度相差不大，这是因为 NO 气体本身不与水或碱反应，少量的浓度差可能由反应(8-39) 和反应(8-40)

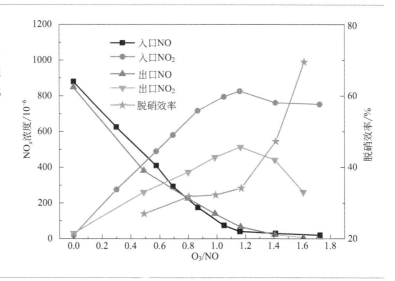

图 8-6

喷淋塔入口、出口处 NO_x 浓度和 NO_x 脱除效率随 O_3/NO（摩尔比）的变化（NaOH 浓度 0.5%）

所致。NO_x 脱除效率随 O_3/NO（摩尔比）增加呈递增趋势：O_3/NO（摩尔比）为 1.2 之前增幅较小，NO_x 脱除效率升高缓慢；O_3/NO（摩尔比）为 1.2 时，NO_x 脱除效率可达 32%；O_3/NO（摩尔比）大于 1.2 后增幅较大，NO_x 脱除效率呈明显升高趋势；O_3/NO（摩尔比）为 1.6 时，NO_x 脱除效率可达 70%。由氧化试验可知，O_3/NO（摩尔比）小于 1.2 时 NO 的氧化产物几乎全部为 NO_2，O_3/NO（摩尔比）大于 1.2 时有部分高价态氮氧化物（如 N_2O_5）生成。这或许是 O_3/NO（摩尔比）大于 1.2 时 NO_x 脱除效率明显升高的原因。NaOH 溶液作为碱性溶液，其对酸性气体 NO_2 确实有一定的脱除效果，但脱除能力十分有限，且与许多因素有关。

（2）NaOH 浓度

保持配气及其他反应工况与前述反应一致，仅改变吸收液 NaOH 溶液的浓度，得到质量分数分别为 0.5%、1%、2% 和 5% 的 NaOH 溶液对 NO_x 脱除效率曲线，如图 8-7 所示。质量分数为 0.5%、1% 和 2% 的 NaOH 溶液 pH 值基本一致，均在 10.5~11 之间，NO_x 脱除效率曲线非常接近。5% 的 NaOH 溶液 pH 值在 12 以上，相同 O_3/NO（摩尔比）条件下 NO_x 脱除效率反而更低，这一现象较以往认知略有出入。主要是因为高价态氮氧化物（如 NO_2、N_2O_5）与碱液反应非常迅速，且不可逆。当溶液中 OH^- 浓度达到一定程度后，对 NO_x 脱除效率影响不大。此时继续增大 NaOH 浓度，反会增加液膜阻力，导致气体在溶液中的溶解度和扩散系数下降，抑制反应进行。所以当 NaOH 浓度为 5% 时 NO_x 脱除效率反而降低。

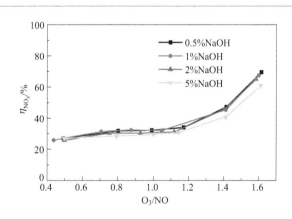

图 8-7

不同 NaOH 浓度下 NO_x 脱除效率随 O_3/NO（摩尔比）的变化曲线

（3）液气比

喷淋塔运行过程中，液气比是非常重要的运行参数。理论上液气比越高，气体与喷淋液接触越充分，则 NO_x 脱除效率越高。图 8-8 所示为液气

比分别为 $21.6L/m^3$、$27.6L/m^3$、$40.3L/m^3$ 时的 NO_x 脱除效率随 O_3/NO（摩尔比）的变化情况。相同 O_3/NO（摩尔比）条件下 NO_x 脱除效率随液气比的增加而升高。液气比越高，单位时间内喷淋液体越多，反应接触面积越大，液气传质系数越高。两层喷淋时，烟气和喷淋液接触时间增加，NO_x脱除效率相应升高。

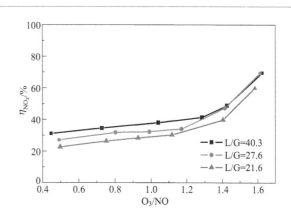

图 8-8

不同液气比（L/G）条件下 NO_x 脱除效率随 O_3/NO（摩尔比）变化情况（NaOH 浓度 0.5%）

实际工程中考虑到能耗、设备腐蚀及运行成本，液气比一般取 $8 \sim 16L/m^3$ 之间，喷淋层一般为 $2 \sim 4$ 层。本测试中液气比一直保持在 $20L/m^3$ 以上，是由于喷嘴口径、蠕动泵压头等因素的限制，即使液气比为 $21.6L/m^3$，塔内液体仍无法保证均匀紧密喷淋，所以 NO_x 脱除效率依然随液气比增加而升高。为了在取得较好喷淋效果的同时尽量模拟实际工况，因此简化试验条件，降低液气比，本书后续试验中液气比均取 $27.6L/m^3$。

（4）SO_2 的影响

由于 SO_2 和 NaOH 溶液极易反应，为防止溶液 pH 值在短时间内迅速下降，采用 5% 的 NaOH 溶液作为喷淋液进行单层喷淋，得到 NO_x 脱除效率随 O_3/NO（摩尔比）的变化情况，如图 8-9 所示。$1000 \times 10^{-6}SO_2$ 的加入使相同 O_3/NO（摩尔比）条件下的 NO_x 脱除效率明显升高，且上升幅度随 O_3/NO（摩尔比）的增加而增大，但二者在整体趋势上几乎保持一致：O_3/NO（摩尔比）<1.2 时，NO_x 脱除效率上升平缓；O_3/NO（摩尔比）>1.2 时，NO_x 脱除效率上升明显。SO_2 的存在使喷淋过程中发生了反应(8-42)，生成部分 SO_3^{2-}。SO_3^{2-} 具有强还原性，可以和 NO_2 反应生成 SO_4^{2-} 和 NO_2^- ［式(8-43)］。从反应顺序上来看，反应(8-43) 相较于反应(8-38) 和反应(8-39) 更容易发生，即 NO_2 优先与 SO_3^{2-} 反应，然后才与碱液中的

OH^- 反应，从而在一定程度上提高了 NO_x 脱除效率。

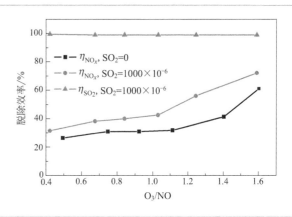

图 8-9

$SO_2=0$ 和 $SO_2=1000 \times 10^{-6}$ 时 NO_x 脱除效率随 O_3/NO（摩尔比）变化情况（NaOH 浓度 5%）

8.3.2　氧化型添加剂的脱除效果

由 8.3.1 中的研究可知，碱性溶液对 NO_x 有一定的脱除效果。而在主要氧化产物为 NO_2 的条件下，如果能向碱性喷淋液中加入氧化剂，使塔内气液反应过程中 NO_2 继续被氧化并以 NO_3^- 的形式存在于溶液中，则有可能大幅提高 NO_x 脱除效率。鉴于此，考虑在 NaOH 溶液中加入添加剂 NaClO 溶液，对臭氧氧化后的 NO_x 进行高效洗涤脱除。NaClO 水溶液呈碱性，是一种消毒剂、杀菌剂和漂白剂，广泛应用于漂白、造纸、纺织和卫生消毒等领域。相比于其他氧化剂，其优点在于氧化效果好，操作安全可靠，不会发生逸氯或爆炸事故。

（1）NaClO 浓度

向质量分数为 0.5% 的 NaOH 溶液中分别加入不同体积的 NaClO 溶液，使 NaClO 的质量分数分别为 0.2%、0.4% 和 0.6%，烟气成分如前，得到 NO_x 脱除效率随 O_3/NO（摩尔比）的变化情况，如图 8-10 所示。O_3/NO（摩尔比）< 1.2 时，NO_x 脱除效率维持在 30% 左右；O_3/NO（摩尔比）> 1.2 时，NO_x 脱除效率小幅上升；O_3/NO（摩尔比）为 1.4 时 NO_x 脱除效率为 40%。随着 NaClO 浓度的升高，NO_x 脱除效率略有上升。但整体来看，添加剂 NaClO 的浓度对 NO_x 脱除效率影响不大。此时测得溶液 pH 值为 12.5。

（2）NaClO 与 NaOH 的 NO_x 脱除效率对比

图 8-11(a) 是质量分数为 0.5% 的 NaOH 溶液和其中加入 0.6% NaClO

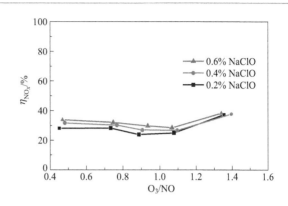

图 8-10

不同 NaClO 浓度时 NO_x 脱除效率随 O_3/NO 摩尔比变化

后 NO_x 脱除效率随 O_3/NO（摩尔比）的变化图。从中可以看出，O_3/NO（摩尔比）＜0.8 时，添加了 NaClO 的喷淋液 NO_x 脱除效率较高；O_3/NO（摩尔比）＞0.8 时，纯 5％NaOH 溶液的 NO_x 脱除效率较高。为了解释这种现象，详细分析了添加 NaClO 前后出塔烟气成分，如图 8-11(b) 所示。相同 O_3/NO（摩尔比）条件下，喷淋液中加入 NaClO 后，烟气出塔 NO 浓度一直比纯 5％NaOH 溶液低，即此时 NO 的脱除效率较高。这是因为 NaClO 本身具有氧化性，可以将臭氧氧化后剩余的 NO 继续氧化为 NO_2，前人对此性质也多有研究[195]。但此过程中，臭氧浓度逐渐增加直至过量，由于臭氧氧化性强于 NaClO，会优先与 NO 反应，NaClO 作用渐微，故 NO 浓度差随之减小。从图 8-11(b) 中还可以看出，加入添加剂 NaClO 后，烟气出

图 8-11

NaClO 和 NaOH 溶液喷淋效果对比

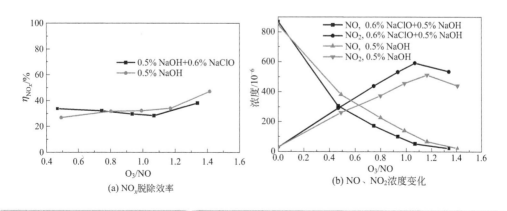

(a) NO_x脱除效率　　　　(b) NO、NO_2浓度变化

塔 NO_2 浓度一直高于纯 5%NaOH 溶液的浓度，一方面由于此时喷淋液的 pH 值在 12～12.5 之间，而纯 5%NaOH 溶液的 pH 值在 10.5～11 之间，由 8.2.1 中结论可以得知 pH 在 10.5～11 之间时 NO_2 脱除效率更高；另一方面 NaClO 在强碱性环境中氧化性不强，未能实现设定目标，将 +4 价 NO_2 氧化为 +5 价的 NO_3^-。

总体来看，碱性环境中添加剂 NaClO 的加入对 NO_x 脱除效率无明显效果，甚至使效率略微降低，此方法不可行。考虑到喷淋气液过程中，将前置氧化的产物 NO_2 继续氧化为 NO_3^- 较为困难，可以尝试将其还原为 NO_2^-。因此在接下来的试验中重点寻找了 NO_2 脱除效率高的还原型添加剂。

8.3.3 还原型添加剂的脱除效果

8.3.3.1 Na_2S 还原剂的脱除效果

根据 8.3.1 中加入 SO_2 后喷淋液中生成还原性离子 SO_3^{2-}，从而明显提高了 NO_2 脱除效率的结论，将思路转向含硫还原型添加剂的开发。在前人试验[196] 中发现，Na_2SO_3 极易被氧气氧化为 Na_2SO_4，从而导致其消耗速率过快。Na_2S 由于易溶于水、价格便宜，且氧化产物仍旧为还原型添加剂 $Na_2S_2O_3$ 等优点，是一种更好的选择。本节以玻璃窑炉烟气为例，讨论硫化钠的浓度、溶液 pH 值等因素对 NO_x 脱除效率的影响

（1）Na_2S 浓度

向质量分数为 0.5% 的 NaOH 溶液中加入不同质量的 Na_2S，使溶液中 Na_2S 的质量分数分别为 0.6%、1.2% 和 1.8%，模拟烟气成分如前，得到 NO_x 脱除效率随 O_3/NO（摩尔比）的变化情况，如图 8-12 所示。随着 O_3/NO

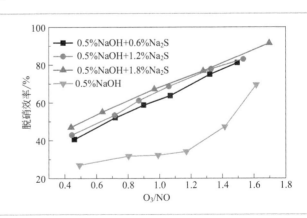

图 8-12

0.5%NaOH 溶液中加入不同浓度 Na_2S 时 NO_x 脱除效率随 O_3/NO（摩尔比）的变化情况

（摩尔比）增加，NO$_x$ 脱除效率基本呈线性增长，O$_3$/NO（摩尔比）为 1.6 时，NO$_x$ 脱除效率高达 90%。相同 O$_3$/NO（摩尔比）条件下，Na$_2$S 浓度的增加对 NO$_x$ 脱除效率的提高极为有限。考虑到经济性，系统稳定运行时保证 Na$_2$S 溶液浓度为 0.6% 即可，此时测得溶液 pH 值为 12.9。

（2）溶液 pH 值

工程实际中，随着反应持续进行，大量酸性气体被喷淋液吸收，溶液 pH 值会逐渐降低。为考量 pH 值对 NO$_x$ 脱除效率的影响，将 O$_3$/NO（摩尔比）调至 1，用 0.5% NaOH 和 0.6% Na$_2$S 的混合溶液进行喷淋，溶液初始 pH 值为 12.9。每次试验前用盐酸调节溶液 pH 值，得到 NO$_x$ 脱除效率随 pH 值基本不变，效率均在 64%～70% 之间。

图 8-13 显示了溶液 pH 值调节过程中塔出口处 NO、NO$_2$ 和 NO$_x$ 浓度的变化规律。可以看出随着溶液 pH 值的降低，塔出口 NO 浓度呈上升趋势，且当 pH 值由 11 降到 9.5 时升高幅度最大，pH 值小于 9.5 之后，NO 浓度维持在（250～300）×10^{-6}；而 NO$_2$ 浓度变化则刚好相反，且两者浓度之和 NO$_x$ 几乎不变。

图 8-13

塔出口 NO、NO$_2$、NO$_x$ 和 SO$_2$
浓度随 pH 值的变化规律

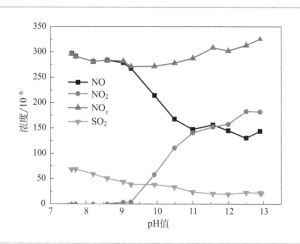

以上现象说明，在溶液 pH 值降低过程中，虽然 NO$_x$ 脱除效率变化不大，但喷淋塔内气液反应发生了明显改变。这是因为随着 pH 值的降低，Na$_2$S 中的 S^{2-} 会与 H$^+$ 结合生成 HS$^-$ 或 H$_2$S，这三种物质的还原性依次减弱。实际中 H$_2$S 生成量有限但可以充斥整个喷淋塔，相对于液气反应而言，其与 NO$_2$ 的反应更加充分。反应方程式如下：

$$H_2S + 2NO_2 \longrightarrow SO_2 + 2NO + H_2 \tag{8-46}$$

此时烟气中的 NO$_2$ 可被等量还原为 NO。溶液 pH 值越低，此现象越明显。当溶液 pH 值小于 9.5 后，塔内 H_2S 气体浓度较高，已将剩余 NO_2 气体全部还原为 NO，此时 pH 值再下降对反应已无影响。图 8-13 中 SO_2 曲线也可加以证明：喷淋塔出口 SO_2 浓度随 pH 值下降而上升，当 pH 值小于 8 后，与 pH＝13 时相比，SO_2 生成量约为 NO 增量的 1/2，符合反应式(8-46) 中的比例关系，但趋势上略有不同。这是因为溶液碱性越强，其对 SO_2 的脱除能力就越强，溶液 pH 值降低过程中部分 SO_2 被脱除。

因此，反应过程中控制 Na_2S 溶液的 pH 值至关重要，为防止 SO_2 和 H_2S 气体生成并排出而造成二次污染，一般将溶液 pH 值控制在 11 以上。

8.3.3.2 $Na_2S_2O_3$ 还原剂的脱除效果

虽然 Na_2S 作为还原剂能够有效提高 NO_x 的脱除效率，但是还原性硫大多容易被氧气氧化而失效。$Na_2S_2O_3$ 中的还原性硫不容易被氧气氧化，可作为有效替代添加剂。本节介绍 $Na_2S_2O_3$ 浓度、SO_2 初始浓度以及溶液 pH 值对 NO_x 脱除效果的影响。

（1）$Na_2S_2O_3$ 浓度

实验的氧化部分保持气相反应温度为 150℃，NO_x 初始浓度为 $700mg/m^3$，O_3/NO（摩尔比）为 1.1～1.2，采用质量分数为 0.5％的 NaOH 溶液配合质量分数为 0、0.25％、0.5％、1.0％、1.5％和 2％的 $Na_2S_2O_3$ 溶液进行喷淋。NO_x 脱除效率随 $Na_2S_2O_3$ 溶液浓度的变化规律见图 8-14。

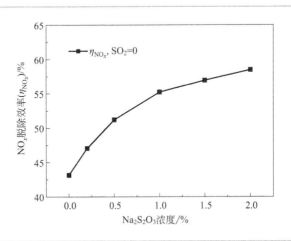

图 8-14

NO_x 脱除效率随 $Na_2S_2O_3$ 溶液浓度的变化

由图 8-14 可知，随着 $Na_2S_2O_3$ 溶液浓度在 0～2.0％范围内不断升高时，NO_x 脱除效率随之提高，且烟气 NO_x 脱除效率随 $Na_2S_2O_3$ 溶液浓度升高的增长速率趋缓。$S_2O_3^{2-}$ 参与 NO_2 吸收脱除的反应方程为：

$$8NO_2 + S_2O_3^{2-} + 5H_2O \longrightarrow 8NO_2^- + 2SO_4^{2-} + 10H^+ \tag{8-47}$$

$$2NO_2 + SO_3^{2-} + H_2O \longrightarrow 2NO_2^- + SO_4^{2-} + 2H^+ \tag{8-48}$$

提高 $Na_2S_2O_3$ 溶液浓度可以提高 NO_x 脱除效率的原因在于溶液中 $S_2O_3^{2-}$ 浓度升高将提高 $Na_2S_2O_3$ 与 NO_2 之间的氧化还原反应速率，并促进 NO_2 与溶液之间的传质速率。因此同样条件下，$Na_2S_2O_3$ 溶液浓度越高，NO_x 脱除效率就越高。

（2）SO_2 初始浓度

为了探究 SO_2 溶于水后形成的 SO_3^{2-} 对该过程的影响，在上述实验条件的基础上，分别通入 $280mg/m^3$ 和 $1030mg/m^3$ 的 SO_2，结果如图 8-15 所示。

图 8-15

不同 SO_2 浓度下 NO_x、SO_2 脱除效率随 $Na_2S_2O_3$ 溶液浓度的变化

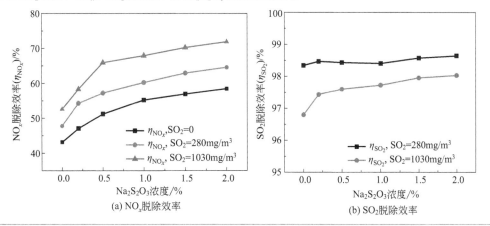

(a) NO_x脱除效率　　(b) SO_2脱除效率

从图 8-15(a) 中可以看出 SO_2 的存在有助于 NO_x 的吸收脱除，且 NO_x 脱除效率随 SO_2 浓度的升高而提高，与 8.3.1 中结论一致。

从图 8-15(b) 中的脱硫数据可以看出，当模拟烟气中 SO_2 初始浓度较高时，喷淋塔对 SO_2 的脱除效率小于低 SO_2 初始浓度工况，这是因为虽然 SO_2 初始浓度升高，但是喷淋液气比保持恒定，在喷淋塔内传质作用有限，使残留 SO_2 量升高，脱硫率略有降低。

综上，采用 $Na_2S_2O_3$ 作为同时脱硫脱硝添加剂可同时提高 SO_2 和 NO_x 的脱除效率。当 SO_2 浓度为 $1030mg/m^3$、$Na_2S_2O_3$ 溶液浓度为 2.0% 时，NO_x 和 SO_2 的脱除效率分别可达 71% 和 97%。

（3）溶液 pH 值

实验的氧化部分保持气相反应温度为 150℃，NO_x 初始浓度为 $700mg/m^3$，

SO$_2$ 初始浓度为 280mg/m^3，O$_3$/NO（摩尔比）稳定在 1.1～1.2，脱除部分分别采用质量分数为 0、0.5%、1.0% 和 2% 的 Na$_2$S$_2$O$_3$ 溶液进行喷淋，通过滴加 NaOH 及 HCl 溶液调节喷淋液 pH 值在 2.5～9 之间变化。SO$_2$、NO$_x$ 脱除效率随喷淋液 pH 值的变化见图 8-16。

图 8-16

不同 Na$_2$S$_2$O$_3$ 浓度下 SO$_2$ 和 NO$_x$ 的脱除效率随溶液 pH 值的变化

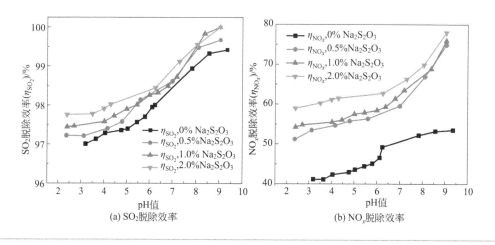

(a) SO$_2$脱除效率　　(b) NO$_x$脱除效率

由图 8-16(a) 可以看出，加入 Na$_2$S$_2$O$_3$ 之后，脱硫效率随喷淋液 pH 值增大而升高。原因在于，pH 值增大，溶液中的 OH$^-$ 浓度随之增大，因此可以中和 SO$_2$ 溶于水电离生成的 H$^+$，从而促进 SO$_2$ 的溶解，提高脱硫效率。在 pH 值 ＞6.5 时，随着 pH 值的增加，加入 Na$_2$S$_2$O$_3$ 的喷淋液对 NO$_x$ 的脱除效率显著提高，主要原因在于，碱性环境可以提高还原性离子的还原能力，并促进 S$_2$O$_3^{2-}$ 与 NO$_2$ 之间的反应，从而提高了 NO$_x$ 脱除效率。

综上，Na$_2$S$_2$O$_3$ 溶液的加入，可以使系统的 NO$_x$ 脱除效率基本维持在 50% 以上，当 pH=9 时，NO$_x$ 脱除效率可达 75%。另外，系统中 SO$_2$ 均基本得到脱除。

（4）氮迁移途径

为研究喷淋过程中氮元素的迁移情况，试验采用 O$_2$、NO 和 NO$_2$ 浓度分别为 6%、450mg/m^3 和 5mg/m^3 进行配比，其余为 N$_2$，气体总流量为 5L/min。保持 O$_3$/NO（摩尔比）为 1.1～1.2，采用 2% Na$_2$S$_2$O$_3$ 溶液作为喷淋液，持续运行 60min。反应前后采样的喷淋液经离子色谱仪分析得到各阴离子浓度，见表 8-6。

表 8-6　反应前后喷淋液中各阴离子浓度

项目	离子浓度 $w/(mg/L)$			
	Cl^-	NO_2^-	NO_3^-	SO_4^{2-}
喷淋前	0.283	2.23	3.02	3.67
喷淋后	0.311	63.45	19.58	75.8

由结果可知，$Na_2S_2O_3$ 与 NO_2 在喷淋过程中产生的主要含硫产物为 SO_4^{2-}，主要的含氮产物为 NO_2^-，其次为 NO_3^-。因此，可推测在喷淋过程中，$Na_2S_2O_3$ 与 NO_2 之间主要的氧化还原反应方程式为式(8-48)。在碱性条件下，溶液中存在的 OH^- 能中和生成的 H^+，使得反应平衡向右偏移，促进了 NO_2 的吸收脱除。而在酸性条件下，由于上文中硫代硫酸钠实际消耗量小于理论消耗量的实验结果，因此排除了硫代硫酸钠在弱酸性条件下剧烈分解的可能。所以认为在酸性环境下，反应(8-48)受到环境中存在的 H^+ 的抑制，反应速率减慢，NO_x 脱除效率降低。

8.3.3.3　$CaSO_3$ 还原剂的脱除效果

考虑目前大多厂站采用钙基药剂对 NO_x 和 SO_2 进行协同脱除，其中氢氧化钙容易吸收 SO_2 生成 $S(Ⅳ)$，且增加浆液中 $S(Ⅳ)$ 的浓度，有效地促进 NO_x 的吸收。因此本节重点介绍 $CaSO_3$ 浓度对 NO_x 的脱除效果。在此基础上，进一步介绍金属盐添加剂和非金属添加剂对 $CaSO_3$ 还原剂脱除 NO_x 的影响。其主要的化学反应方程式如下所示：

$$CaSO_3 \rightleftharpoons Ca^{2+} + SO_3^{2-} \qquad (8-49)$$

$$CaSO_3 + H^+ \rightleftharpoons Ca^{2+} + HSO_3^- \qquad (8-50)$$

（1）$CaSO_3$ 浓度

模拟烟气按照 NO_2 浓度为 300×10^{-6}、N_2 为平衡气进行配比，采用 $0 \sim 0.375mol/L$ 浓度的 $CaSO_3$ 浆液作为吸收液。为了防止结垢、堵塞等现象并保持钙基物质的溶解速率，吸收液的 pH 值通常调节在弱酸条件下，pH 值范围在 $5 \sim 7$ 之间。因此，该试验的 pH 值固定在 5.5 左右，实验结果如图 8-17 所示。

由图 8-17 可知，当溶液中 $CaSO_3$ 含量由 $0.02mol/L$ 升高到 $0.075mol/L$ 时，NO_2 的脱除效率明显上升，可达到 60% 左右。这主要是因为随着 $CaSO_3$ 浓度的增加，浆液中来自反应(8-49) 和反应(8-50) 的 $S(Ⅳ)$ 增加，从而提高了 NO_2 的脱除效率。当 $CaSO_3$ 浓度大于 $0.15mol/L$ 时，随着浓度增加，NO_2 的脱除效率曲线逐渐变缓，这说明在 pH 值为 5.5、

$CaSO_3$ 初始浓度达到 $0.15mol/L$ 时，反应式（8-49）和反应式（8-50）达到动态平衡。

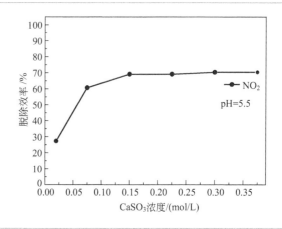

图 8-17

不同浓度 $CaSO_3$ 浆液对
NO_2 脱除效率的影响

（2）金属盐添加剂

在上述 $CaSO_3$ 浆液吸收过程中，NO_2 脱除效率约为 67%。其中浆液中 S(Ⅳ) 浓度对 NO_2 脱除效率的影响较大。根据 Huss 等[197] 的研究结果发现，铁离子、锰离子在液相催化氧化 SO_2 时能与溶液中的 HSO_3^- 形成中间络合物，增加溶液中 S(Ⅳ) 的分布。吴忠标等[198] 通过在 $CaSO_3$ 浆液中添加 $MgSO_4$、$MgCl_2$ 等发现这些添加剂可促进 NO_2 的吸收。这主要是因为 SO_4^{2-} 可与 Ca^{2+} 发生沉淀反应，促进反应（8-49）平衡向右移动，而 Mg^{2+} 可与溶液中的 SO_3^{2-} 形成 $MgSO_3^0$ 中性离子对，促进反应（8-49）平衡向右移动，均能有效增加浆液中 S(Ⅳ) 分布，提高 NO_2 的脱除效率。

因此，为探究 Mn、Fe、Mg 等金属盐添加剂对 $CaSO_3$ 吸收 NO_2 效率的影响，模拟烟气按照 NO_2 浓度为 300×10^{-6}、平衡气为 N_2 进行配比，吸收浆液采用 pH 值为 5.5 的 $0.15mol/L$ 的 $CaSO_3$ 溶液，添加剂的用量从 0 增加至 $0.5mol/L$，添加剂包括 $FeSO_4$、$FeCl_2$、$MnSO_4$、$MnCl_2$、$MgSO_4$ 以及 $MgCl_2$，试验结果如图 8-18 所示。

由图 8-18 可知，其中 $FeSO_4$ 与 $CaSO_3$ 的组合表现最佳，当添加剂浓度达到 $0.5mol/L$ 时，NO_2 的脱除效率可达到 95%。对于 $MnSO_4$ 和 $MgSO_4$ 而言，最好的脱除效率都在 85% 左右。根据 Huss 等[199] 的研究结果，考虑到 NO_2 较 O_2 更强的氧化性，推测发生的反应如下所示，其中式（8-51）～式（8-53）为 Mn(Ⅱ) 的络合反应。

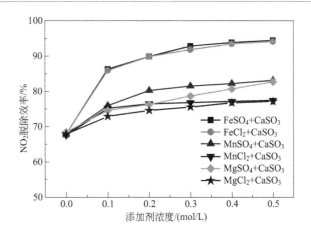

图 8-18
不同浓度的添加剂对 CaSO$_3$
浆液脱除 NO$_2$ 的影响

$$Mn^{2+} + HSO_3^- \Longrightarrow MnHSO_3^+（快） \tag{8-51}$$

$$2Mn^{2+} \Longrightarrow Mn_2^{4+} \tag{8-52}$$

$$Mn_2^{4+} + HSO_3^- \Longrightarrow Mn_2HSO_3^{3+}（慢） \tag{8-53}$$

$$MnHSO_3^+ + Mn_2HSO_3^{3+} + NO_2 \longrightarrow 产物 \tag{8-54}$$

在整个反应过程中，S(Ⅳ) 与 Mn(Ⅱ) 形成了两种络合物，提高了 S(Ⅳ) 在溶液中的分布形式，Mn 的络合物会与 NO$_2$ 发生氧化还原反应，出现反应式(8-54) 的形式。氧化还原反应形式的增加促使 NO$_2$ 的吸收向正向移动。

对于 Fe(Ⅱ) 而言，其反应过程较 Mn(Ⅱ) 要复杂。其主要反应过程如式(8-55)～式(8-65) 所示：

① Fe(Ⅱ) 和 Fe(Ⅲ) 络合物的形成：

$$Fe(Ⅱ) + HSO_3^- \Longrightarrow FeHSO_3^+（快） \tag{8-55}$$

$$Fe(Ⅱ) + 2H_2O \Longrightarrow Fe(OH)_2 + 2H^+（快） \tag{8-56}$$

$$FeHSO_3^+ + OH^- \Longrightarrow FeOHHSO_3（慢） \tag{8-57}$$

$$FeHSO_3^+ + Fe(OH)_2 \Longrightarrow FeOHHSO_3 + FeOH^+（慢） \tag{8-58}$$

当 O$_2$ 存在时，Fe(Ⅱ) 向 Fe(Ⅲ) 转变：

$$Fe(Ⅱ) \cdot H_2O^{2+} + O_2 \Longrightarrow FeO_2OH^+ + H^+ \tag{8-59}$$

$$FeO_2OH^+ + HSO_3^- \Longrightarrow FeOH^{2+} + OH^- + SO_4^- \cdot \tag{8-60}$$

$$FeOH^{2+} + HSO_3^- \Longrightarrow FeH_2OSO_3^+ \longrightarrow Fe(Ⅱ) \cdot H_2O^{2+} + SO_3^- \cdot$$
$$\tag{8-61}$$

$$FeH_2OSO_3^+ + HSO_3^- \Longrightarrow FeSO_3HSO_3 + H_2O \tag{8-62}$$

② S(Ⅳ) 在 O_2 中的氧化:

a. 自由基反应:

$$SO_4^- \cdot + HSO_3^- \rightleftharpoons SO_3^- \cdot + HSO_4^- \cdot \qquad (8\text{-}63)$$

$$SO_3^- \cdot + HSO_3^- + O_2 \rightleftharpoons SO_4^- \cdot + HSO_4^- \cdot \qquad (8\text{-}64)$$

b. 非自由基反应:

$$FeSO_3HSO_3 + O_2 \rightleftharpoons FeSO_4^+ + HSO_4^- \qquad (8\text{-}65)$$

由上述反应可以看出,Fe(Ⅱ) 与 Mn(Ⅱ) 不同,S(Ⅳ) 的氧化主要依靠的不再是自由基反应,而是先将 Fe(Ⅱ) 氧化成 Fe(Ⅲ),形成的 Fe-SO_3HSO_3 络合物增强了氧化还原反应。Fe(Ⅱ) 在整个反应过程中的作用并不明显。同样,在 NO_2 气氛中,Fe(Ⅱ) 添加时会与 NO_2 发生如下总反应:

$$Fe(Ⅱ) + FeSO_3HSO_3 + NO_2 \longrightarrow 产物 \qquad (8\text{-}66)$$

不难发现,在采用 Fe(Ⅱ) 添加剂时,不仅存在 S(Ⅳ) 络合物与 NO_2 的反应,而且存在 Fe(Ⅱ) 与 NO_2 的反应。同时,由于 Mg 和 Mn 的作用类似,都是与 S(Ⅳ) 产生中间络合物($MgSO_3^0$ 为中性离子对),仅仅为 S(Ⅳ) 与 NO_2 的反应提供了帮助。因此,在采用相同浓度的含 Mn、Fe、Mg 的盐类进行辅助吸收时,Fe(Ⅱ) 的效果要明显得多。

对比硫酸盐和氯酸盐添加剂,可以明显看出,除 $FeCl_2$ 以外,SO_4^{2-} 相比 Cl^- 能更有效地辅助 $CaSO_3$ 浆液对 NO_2 的吸收。这是由于 SO_4^{2-} 的存在捕获了一定量的 Ca^{2+},促进了反应式(8-49)和反应式(8-50)向右进行,从而提高了溶液中 S(Ⅳ) 浓度。

(3) 非金属添加剂

若在协同脱除工艺中添加上述金属添加剂,可能会产生类似 $Fe(OH)_3$、$Mn(OH)_2$ 和 $Mg(OH)_2$ 等不溶或微溶的碱金属沉淀。这些物质会与 $CaSO_4$ 一同沉淀而影响到脱硫石膏的品质。因此,本节中采用非金属添加剂 $(NH_4)_2SO_4$ 和 NH_4Cl 加入 $CaSO_3$ 浆液中,考察其对 NO_2 的吸收效果,试验结果如图 8-19 所示。

$CaSO_3$ 浆液中随着铵盐的逐渐加入,NO_2 的吸收效率显著上升,可达到 90% 左右。而在没有 S(Ⅳ) 的 NH_4Cl、$(NH_4)_2SO_4$ 和 $CaSO_4$ 溶液中,NO_2 的吸收效率都不会超过 21%,接近纯水对 NO_2 的吸收效率。结果表明,一方面,NO_2 几乎不会与 $CaSO_4$、$(NH_4)_2SO_4$ 和 NH_4Cl 等盐类反应,在这些溶液中仅发生水解反应;另一方面,SO_4^{2-} 中 S(Ⅳ) 对 NO_2 的吸收有一定的促进作用。

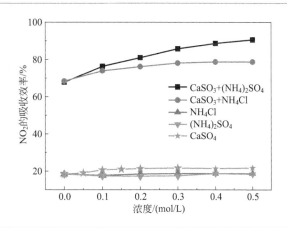

图 8-19

非金属添加剂对 CaSO₃
浆液吸收 NO₂ 的影响

NH₄Cl 和（NH₄）₂SO₄ 在 NO₂ 吸收方面的作用与金属添加剂的效果类似。SO_4^{2-} 在反应（8-49）和反应（8-50）中的作用无疑使 S（IV）浓度得到了提升。同时随着 NH₄Cl 浓度的增加，NO₂ 的吸收率仍持续上升。这显然是 NH_4^+ 的存在对 NO₂ 的吸收产生了一定的影响。根据双膜理论，气液间的传质吸收通常发生在气液的相界面上。SO₂ 和 NO₂ 气体依靠湍流扩散从气相主体进入气膜表面，依靠分子扩散通过气膜到达两相界面，在界面上完成传质吸收。随着 NH_4^+ 的加入，在 CaSO₃ 浆液中会发生反应式（8-67）的离子反应生成亚硫酸铵。

$$2NH_4^+ + SO_3^{2-} \rightleftharpoons (NH_4)_2SO_3 \tag{8-67}$$

一些研究者认为亚硫酸铵能提高 SO₂ 的吸收效率[200]。在液膜中，SO₂ 的吸收可以用以下反应式表示[201]：

$$SO_2(g) \rightleftharpoons SO_2(aq) \tag{8-68}$$

$$SO_2(aq) + H_2O \rightleftharpoons H_2SO_3 \tag{8-69}$$

$$(NH_4)_2SO_3 + H_2SO_3 \rightleftharpoons 2NH_4HSO_3 \tag{8-70}$$

（NH₄）₂SO₃ 以及 NH₄HSO₃ 的形成，使溶液中 S（IV）浓度得到了补充，这必将有利于 NO₂ 的吸收。

8.3.4　催化型添加剂的脱除效果

（1）催化反应机理

溶液中的 I^- 可以和 NO₂ 发生反应生成 NO_2^- 和 I₂，而 SO₂ 则可以和 I₂ 反应，将 I₂ 重新还原成 I^-，如反应式（8-71）和反应式（8-72）所示。理论上，I^- 和 I_2 的相互转换可以实现 NO_2 和 SO_2 的协同脱除。图 8-20 展示了 KI 和 SO_2 的加入对 NO_x 和 SO_2 脱除效率的影响，可以发现，向喷淋液中加入 1mol/L KI 后 NO_x 的脱除效率增大了 43.55%，SO_2 的脱除效率增大了 3.38%，侧面说明了反应(8-71) 和反应(8-72) 的发生。此外，当模拟烟气中没有 SO_2 存在时，NO_x 的脱除效率下降了 17.2%，也就是说 SO_2 的存在可以促进 NO_2 的吸收，印证了 I^- 和 I_2 的相互转换过程。

$$2NO_2 + 2KI \longrightarrow 2KNO_2 + I_2 \tag{8-71}$$

$$I_2 + SO_2 + 2H_2O \longrightarrow H_2SO_4 + 2HI \tag{8-72}$$

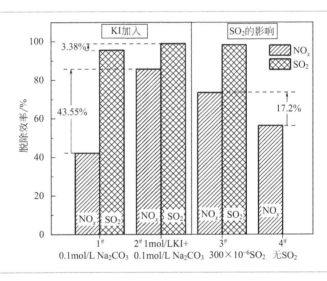

图 8-20

KI 和 SO_2 的加入对 NO_x 和 SO_2 脱除效率的影响

使用离子色谱对反应前后喷淋液中离子浓度的变化进行分析，如图 8-21 所示，发现 NO_2^- 和 SO_4^{2-} 分别是 NO_2 和 SO_2 吸收后的主要产物，印证了

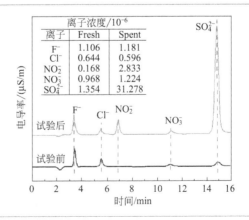

图 8-21

反应前后喷淋液中离子浓度变化

反应(8-71) 和反应(8-72) 的进行。图 8-22 总结了基于 O_3 对 NO 前置氧化结合 KI 催化同时脱除 NO_x 和 SO_2 的反应路径。喷入模拟烟气的 O_3 将 NO 氧化 NO_2，随后 I^- 将 NO_2 氧化为 NO_2^- 进入喷淋液中。SO_2 溶于喷淋液形成的 SO_3^{2-} 与 I_2 发生反应，实现了 I^- 和 I_2 的相互转换。此外，还有一部分 SO_3^{2-} 可以直接和 NO_2 发生反应。

图 8-22

基于 O_3 前置氧化的 KI 催化同时脱除 NO_x 和 SO_2 的反应路径

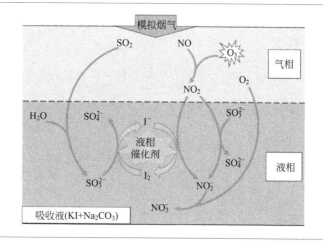

（2）反应条件的影响

图 8-23 展示了 KI 浓度对 NO_x 和 SO_2 脱除效率的影响。由于反应(8-71) 是 NO_2 脱除的主要反应，因此随着喷淋液中 KI 浓度的增加，NO_x 脱除效率显著增大。然而，KI 的加入对于 SO_2 脱除效率的促进作用则不是很明显，这是由于 SO_2 具有良好的水溶性。

图 8-23

KI 浓度对 NO_x 和 SO_2 脱除效率的影响

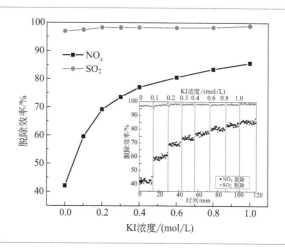

液气比是湿法喷淋洗涤系统的重要参数，图 8-24 展示了液气比对 NO_x 和 SO_2 脱除效率的影响。可以发现液气比越大，NO_x 和 SO_2 的脱除效率越大。这是由于液气比的增大加剧了气液之间的传质效应，使 NO_x 和 SO_2 可被更好地吸收。

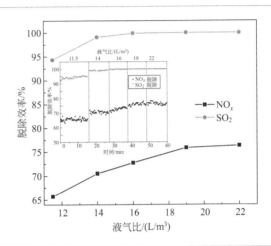

图 8-24
液气比对 NO_x 和 SO_2 脱除效率的影响

烟气在喷淋塔中停留时间的设定对于喷淋塔的设计具有参考意义，较低的塔内停留时间会导致污染物吸收不完全，而较长的停留时间则会增加建设成本，增大施工难度。图 8-25 展示了塔内停留时间对 NO_x 和 SO_2 脱除效率的影响。随着塔内停留时间的增加，相应的 NO_x 和 SO_2 脱除效率都有所增加。当塔内停留时间仅为 1.4s 时，NO_x 脱除效率为 58.8%，SO_2 脱除效率为 91.1%，说明 NO_x 和 SO_2 的脱除反应在如此短的时间内并没有进行完全。当塔内停留时间增大到 5s 后，此时继续增大塔内停留时间对 NO_x 和 SO_2 脱除效率的促进作用不明显。

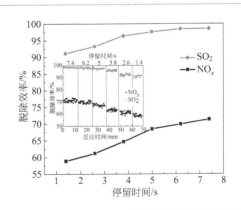

图 8-25
塔内停留时间对 NO_x 和 SO_2 脱除效率的影响

图 8-26 展示了喷淋液 pH 对 NO_x 和 SO_2 脱除效率的影响。从图中可以看出碱性条件对于 NO_x 和 SO_2 的吸收较为有利。当喷淋液的 pH 值不断降低时，溶液中 H^+ 浓度增大，从而抑制反应(8-72)向右进行，因此溶液中的 I^- 得不到及时补充，NO_x 脱除效率下降。此外，溶液中 H^+ 浓度的增大，还会导致式(8-73)～式(8-75)的一系列副反应发生，进一步消耗溶液中的 I^-。当喷淋液的 pH 值增大到 11 时，NO_x 和 SO_2 的脱除效率分别达到了 73% 和 98%。

$$O_2 + 4H^+ + 4I^- \longrightarrow 2I_2 + 2H_2O \tag{8-73}$$

$$3O_2 + 2H^+ + 2I^- \longrightarrow 2HIO_3 \tag{8-74}$$

$$O_2 + 2H^+ + 2I^- \longrightarrow 2HIO \tag{8-75}$$

图 8-26

喷淋液 pH 对 NO_x 和 SO_2
脱除效率的影响

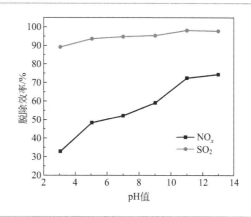

图 8-27 和图 8-28 分别展示了模拟烟气中 SO_2 和 NO_x 的初始浓度对 NO_x 和 SO_2 脱除效率的影响。当模拟烟气中 SO_2 浓度大于 50×10^{-6} 时，NO_x 的脱除效率保持在 71% 附近，SO_2 的脱除效率保持在 98% 附近。说明使用 KI 作为添加剂时，NO_x 和 SO_2 脱除效率不受 SO_2 初始浓度波动的影响。但是当模拟烟气中没有 SO_2 时，NO_x 的脱除效率随着反应时间的延长而逐渐下降，说明 SO_2 在 NO_x 的脱除过程中扮演了很重要的角色，也就是式(8-72)中，和 I_2 反应重新生成 I^-。通常情况下，燃煤电厂烟气中，SO_2 的浓度往往比 NO_x 的浓度要高。因此，实际采用 KI 同时脱硫脱硝过程中，SO_2 的浓度可以保证 I^- 的补充。在图 8-28 所示 NO 浓度对 NO_x 和 SO_2 脱除效率的影响中，可以看出 NO 初始浓度在 $(100 \sim 300) \times 10^{-6}$ 的范围内变化时，NO_x 和 SO_2 脱除效率变化不大。截取反应最后 10min 内 NO_x 和 SO_2 的平均脱除效率作图发现，随着 NO 初始浓度的增大，NO_x 的脱除效

率略微有所降低，这是由于 KI 的相对浓度有所降低，总体影响可以忽略。

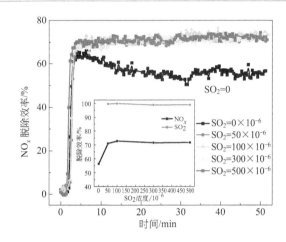

图 8-27
SO₂ 浓度的影响

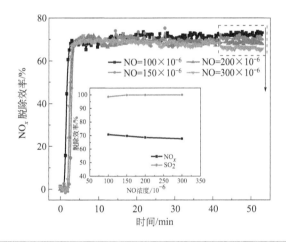

图 8-28
NO 浓度的影响

（3）反应脱硝副产物的影响

图 8-21 显示了在 KI 同时脱硫脱硝后的溶液中，NO_2^- 和 NO_3^- 是 NO_x 在水溶液中的主要存在形式，以 NO_2^- 为主。图 8-29 展示了喷淋液中 NO_2^- 和 NO_3^- 对 NO_x 和 SO_2 脱除效率的影响。溶液中 NO_2^- 和 NO_3^- 的变化由 $NaNO_2$ 和 $NaNO_3$ 调节。从图中可以看出，喷淋液中 NO_3^- 浓度在 0～0.2mol/L 范围内变化时，NO_x 和 SO_2 的脱除效率基本不受影响。但是，NO_2^- 浓度的增大则对 NO_x 的脱除表现出了抑制作用，当喷淋液中 NO_2^- 浓度从 0 增大到 0.2mol/L 时，NO_x 的脱除效率从 69.2% 降低到了 31.6%，SO_2 的脱除效率基本不变。这主要是由于 NO_2^- 浓度的增大会抑制反

应(8-71)向右进行，NO_x 脱除效率随之下降。然而，NO_2^- 又是 NO_x 脱除的主要副产物，因此及时将反应产生的 NO_2^- 进行转化或者去除是 KI 实现大规模应用前必须解决的重要问题。

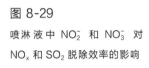
图 8-29

喷淋液中 NO_2^- 和 NO_3^- 对
NO_x 和 SO_2 脱除效率的影响

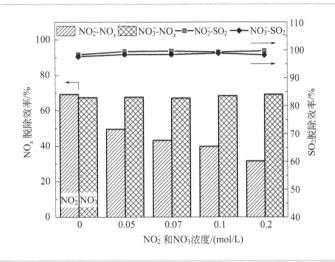

8.4　深度氧化耦合湿法吸收脱硝特性

　　按照反应当量比，当 O_3/NO（摩尔比）大于 1 时，烟气中的 NO_2 会被过量的 O_3 深度氧化为 N_2O_5，反应时间是影响 N_2O_5 生成的关键因素。当反应时间为 3～5s 时，过量的 O_3 能将 NO_2 充分氧化成 N_2O_5，即充分深度氧化。而实际工程应用中反应时间一般小于 1s，过量的 O_3 未能充分氧化 NO_2，此时进入脱硫系统中的 NO_x 为 NO_2 和 N_2O_5 的混合气，即非充分深度氧化。本节将介绍深度氧化耦合湿法吸收过程，主要分为深度充分氧化产物 N_2O_5 和深度非充分氧化产物吸收特性这两部分。

8.4.1　深度充分氧化产物 N_2O_5 湿法吸收特性

　　模拟烟气按照 NO 浓度为 100×10^{-6}、O_3/NO（摩尔比）为 2.2 进行配比。当进行 6s 的充分深度氧化后，烟气中 NO_2 约为 5×10^{-6}，其他氮氧化物以 N_2O_5 的形式存在。采用摩尔浓度为 50mmol/L 的 Na_2CO_3 溶液作为喷淋塔喷淋浆液吸收污染物，两层喷淋，液气比在 6.6～18L/m^3 范围内调节，喷淋液温度维持在 60℃，烟气塔内停留时间为 3.0s。喷淋稳定运行时间为 50min，运行结束后对喷淋浆液取样测量浆液中离子浓度，得出运行过程中吸收的氮含量，从而计算得出 NO_x 的脱除效率，如图 8-30 所示。从图中可以看出，臭氧充分深度氧化烟气结合 Na_2CO_3 溶液湿法喷淋时的 NO_x 脱除效率随液气比增加而升高。液气比越高，模拟烟气与喷淋液体之间的反应接触面积越大，因此液气传质系数提高，NO_x 脱除效率相应提高。由于臭氧完全深度氧化后形成 N_2O_5，它比 NO_2 更容易被液相吸收，且 N_2O_5 溶解与水生成的 HNO_3 是强酸，减少了传质阻力，使得臭氧将 NO 深度氧化为 N_2O_5 后的湿法脱除效率远高于基本氧化为 NO_2 的工况。

图 8-30

NO_x 脱除效率随液气比变化情况

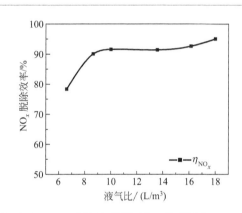

液气比统一保持在 $16.15L/m^3$，仅改变 Na_2CO_3 溶液的浓度，得到 Na_2CO_3 溶液浓度分别为 0mmol/L、2mmol/L、5mmol/L、10mmol/L、20mmol/L 和 50mmol/L 时的 NO_x 脱除效率曲线和反应前后喷淋液 pH 值变化，如图 8-31 所示。可以看出，随着 Na_2CO_3 溶液浓度的不断提高，NO_x 脱除效率也不断提高，NO_x 脱除效率基本大于 80%。NO_x 脱除效率随 Na_2CO_3 溶液浓度升高而增大的原因在于随着 Na_2CO_3 的不断加入，反应物浓度升高，加快了喷淋液与氧化后烟气的反应速率，同时喷淋液 pH 值也不断提高，使得 N_2O_5 气体更加容易被喷淋液所吸收。后期 NO_x 脱除效率随 Na_2CO_3 浓度增加而升高的趋势减缓的原因在于继续增加 Na_2CO_3 溶液浓度对 pH 值的改变能力减弱，NO_x 脱除效率升高随之趋缓。从图 8-31 中可发现，当 Na_2CO_3 浓度为 0mmol/L 时喷淋浆液 pH 值为 2.9～5.5，同样获得了较高的 NO_x 脱除效率（80%），原因在于 N_2O_5 溶于水后生成的强酸易电离，对继续溶解 N_2O_5 抑制作用小，使得 N_2O_5 与水反应同样具有较高的反应速率。

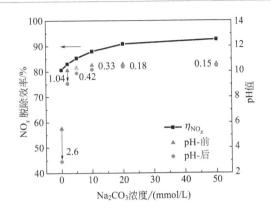

图 8-31

NOₓ 脱除效率及喷淋液前
后 pH 值随 Na₂CO₃ 溶液
浓度变化

　　改变喷淋层的高度从而改变烟气的停留时间，测试了 4 个不同喷淋工况，各工况对应停留时间如表 8-7 所示，实验结果如图 8-32 所示。

表 8-7　各工况烟气在塔内停留时间

工况	烟气由喷淋塔入口至第一层(下)喷淋停留时间	烟气由喷淋塔入口至第二层(上)喷淋停留时间
工况一	1.85s	3.0s
工况二	1.28s	2.43s
工况三	0.7s	1.85s
工况四	0.7s	1.28s

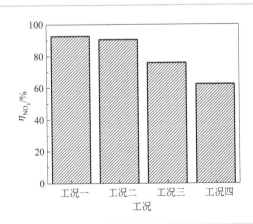

图 8-32

不同烟气塔内停留时间对
NOₓ 脱除效率的影响

　　由图 8-32 可以看出，烟气在塔内的停留时间对 NOₓ 脱除效率有显著的影响。随着烟气在塔内停留时间的减少，NOₓ 脱除效率不断降低。当烟气在塔内停留时间为 2.43～3.0s 时，NOₓ 脱除效率的降低不明显，且 NOₓ

脱除效率仍维持在90%以上，3.0s时NO_x脱除效率可达92%。当停留时间减少至1.85s和1.28s后，NO_x脱除效率分别骤减至75%和62%。这说明N_2O_5虽然能在碱液中完成较为充分的吸收反应，但仍需要一定的反应时间。当烟气在塔内停留时间大于2.43s时，NO_x（95%是N_2O_5）基本完全被碱液喷淋吸收，因此，此时NO_x脱除效率大致相同。

8.4.2　深度非充分氧化产物吸收特性

模拟烟气按照NO浓度为100×10^{-6}、O_3/NO（摩尔比）为2.2进行试验，当进行0.5s的非充分深度氧化后，烟气中NO_2约为75×10^{-6}，其他氮氧化物以N_2O_5的形式存在。采用两层喷淋，液气比在$8.6 \sim 18 L/m^3$（总液气比）范围内调节，喷淋液温度为60℃，烟气塔内停留时间为3.0s，臭氧氧化烟气气相反应时间为0.5s。喷淋稳定运行时间为50min，运行结束后对喷淋浆液取样测量浆液中离子浓度，得出运行过程中吸收的氮含量，从而计算得出NO_x脱除效率。实验结果如图8-33所示。从图中可以看出，NO_x脱除效率随液气比增大而提高。其原因在于液气比的提高增加了液气反应有效接触面积，进而提高NO_x脱除效率。另外，随着液气比的提高，NO_x脱除效率增长幅度不及充分深度氧化工况，其原因在于当前置气相反应时间较短，N_2O_5生成过程未进行完全时，喷淋液相比气相反应时间对系统NO_x脱除效率的影响程度减小，此时NO_x脱除效率主要受N_2O_5生成反应完成度的影响。

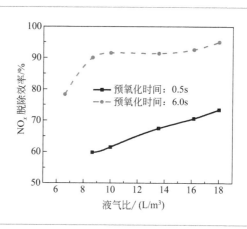

图 8-33

臭氧非充分深度氧化 NO 时 NO_x 脱除效率随液气比的变化

从图8-34中可以看出，随着Na_2CO_3溶液浓度的不断升高，NO_x脱除效率不断升高，但升高的趋势逐渐减缓。其原因在于Na_2CO_3溶液的浓度提高后，反应物的浓度升高，同时浆液的 pH 值升高，使得反应速率提高，更利于脱除酸性的 NO_2 和 N_2O_5 气体。NO_x 脱除效率升高趋势减缓的原因与前述充分深度氧化时相同。将非充分深度氧化与充分深度氧化的结果作对比可以发现，前者 NO_x 脱除效率明显下降，这是因为当前置臭氧氧化烟气未充分时，进入喷淋塔的模拟烟气中仍有相当部分的 NO_x 以 NO_2 的形式存在，而 NO_2 在不含添加剂的碱液中的湿法脱除效率较低，影响了系统整体的 NO_x 脱除效率。这说明在一定的喷淋液浓度下，前置深度氧化 NO 时氧化时间的减少会降低系统整体的 NO_x 脱除效率。

图 8-34

臭氧非充分深度氧化 NO 时 NO_x 脱除效率随 Na_2CO_3 溶液浓度的变化

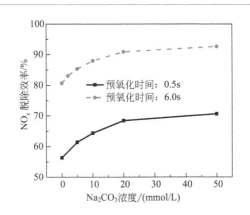

液气比统一保持在 $16.15L/m^3$，Na_2CO_3 溶液的初始浓度统一为 50mmol/L，通过改变喷淋层高度研究烟气有效停留时间对 NO_x 脱除效率的影响。实际臭氧脱硝改造的老锅炉 WFGD 系统中塔内烟气停留时间约 2～4s，据此试验采用两层喷淋，测试了四个不同的喷淋工况，如表 8-8 所示，实验结果如图 8-35 所示。

表 8-8　前置气相氧化反应时间 0.5s 试验中各工况烟气在塔内停留时间

工况	烟气由喷淋塔入口至第一层(下)喷淋停留时间/s	烟气由喷淋塔入口至第二层(上)喷淋停留时间/s
工况一	2.43	4.74
工况二	2.43	3.58
工况三	1.85	3.00
工况四	1.28	2.43

由图 8-35 可以看出，随着烟气在塔内停留时间的增加，NO_x 脱除效率不断提高，系统 NO_x 脱除效率仍可达到 70% 以上。另外，当前置氧化时间缩短，深度氧化不充分时，NO_x 脱除效率明显降低。出现以上现象的原因

在于，NO_2 受 O_3 深度氧化向 N_2O_5 转变的气相反应平衡时间需要 $3\sim5s$，在喷淋塔前短时间的前置氧化并不能将 NO_2 充分氧化成 N_2O_5，大部分的氧化产物为 NO_2，因此前置氧化时间的缩短导致 NO_x 脱除效率较充分深度氧化时明显降低。另外，当模拟烟气进入喷淋塔后，在喷淋塔中臭氧深度氧化 NO 生成 N_2O_5 的反应持续进行，生成 N_2O_5 后再被 Na_2CO_3 脱除。因此，延长烟气在喷淋塔中的有效停留时间后，NO_x 能在塔内被更充分地氧化成 N_2O_5，最终使系统整体的 NO_x 脱除效率提高。

图 8-35
前置气相氧化反应时间 0.5s 时不同烟气塔内停留时间对 NO_x 脱除效率

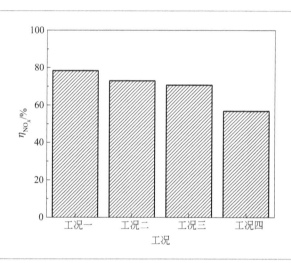

8.5 NO_x 深度氧化与 SO_2 的同时吸收特性

实际烟气中通常含有 SO_2，SO_2 的存在对 NO_x 脱除效率往往有影响，因此有必要探究 NO_x 深度氧化的条件下与 SO_2 的同时吸收特性。以下探究了 SO_2 浓度对 NO_x 深度氧化后吸收特性的影响。

在配气中分别通入 50×10^{-6}、100×10^{-6}、200×10^{-6} 和 400×10^{-6} 的 SO_2 以模拟实际烟气中存在的 SO_2，总气量维持在 $20L/min$，配气如表 8-9 所示。保持 O_3/NO（摩尔比）为 $2.0\sim2.2$，前置氧化气相反应时间 0.5s，液气比统一保持在 $16.15L/m^3$，Na_2CO_3 溶液的初始浓度统一为 $50mmol/L$。得到前置臭氧非充分深度氧化 NO 反应时间为 0.5s，结合 Na_2CO_3 溶液喷淋时，不同 SO_2 浓度工况下 NO_x 脱除效率如图 8-36(a) 所示，反应前后喷淋

浆液 pH 值变化如图 8-36(b) 所示。

表 8-9　模拟烟气成分表

总气量/(L/min)	空气/%	O₂ 钢瓶气/(L/min)	NO/10^{-6}	SO₂/10^{-6}
20	平衡	0.8	100	50/100/200/400

图 8-36

不同 SO₂ 浓度工况下 SO₂、NOₓ 脱除效率和浆液反应前后 pH 值

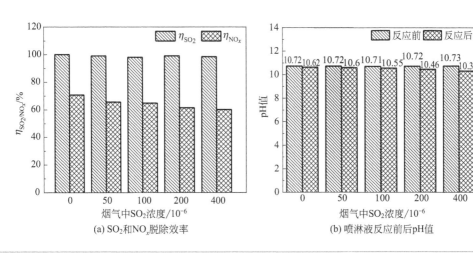

(a) SO₂和NOₓ脱除效率　　(b) 喷淋液反应前后pH值

由图 8-36(a) 可以看出，随着烟气中 SO₂ 浓度的不断提高，前置臭氧非充分深度氧化 NO（气相反应时间 0.5s）结合 Na₂CO₃ 溶液喷淋系统的 NOₓ 脱除效率逐步降低，但总体上都获得了 60% 以上的 NOₓ 脱除效率，SO₂ 基本被完全脱除，不存在 SO₂ 时系统 NOₓ 脱除效率达 70.6%。由图 8-36(b) 可知，随着烟气中 SO₂ 浓度的升高，喷淋结束后浆液 pH 值会略微降低，这是因为酸性的 SO₂ 气体被喷淋液吸收后减弱了喷淋液的碱性。SO₂ 的存在会抑制系统对 NOₓ 的脱除的原因在于：①烟气中存在 SO₂ 时，烟气气相氧化过程中 SO₂ 基本不会影响臭氧对 NO 的氧化[202]，但 SO₂ 在喷淋塔中被吸收后会生成 SO_3^{2-}，SO_3^{2-} 具有还原性，其在喷淋塔喷淋过程中既会通过反应式(8-48)促进 NO₂ 的脱除，又可通过反应式(8-76)消耗喷淋塔中仍在与 NO₂ 发生气相反应的 O₃，与 NO₂ 和 O₃ 反应的过程形成竞争，抑制了 NO₂ 的脱除。且由于 O₃ 的氧化性较 NO₂ 更高，当高浓度的 SO₂ 被吸收后生成的 SO_3^{2-} 会优先与 O₃ 反应，故抑制作用大于促进作用，使得系统对 NOₓ 的脱除效率随烟气中 SO₂ 浓度的提高而降低。②前人研究表明，含有 SO_3^{2-} 的

喷淋液可促进喷淋液对 O_3 的吸收和分解[203]，导致喷淋塔中臭氧深度氧化 NO 过程的反应物减少，抑制了喷淋吸收性强的 N_2O_5 的生成，影响了系统 NO_x 脱除效率。③烟气中 SO_2 浓度增加，降低了喷淋液的 pH 值，影响了系统 NO_x 脱除效率。

$$8NO_2 + S_2O_3^{2-} + 5H_2O \longrightarrow 8NO_2^- + 2SO_4^{2-} + 10H^+ \qquad (8\text{-}76)$$

与 8.2.3 小节中前置臭氧非深度氧化 NO 结合碱液喷淋吸收过程中 SO_2 对 NO_x 脱除起到的促进作用相比较，前置臭氧非充分深度氧化 NO 时 SO_2 对 NO_x 的脱除起到了相反的作用。其原因在于，在前置臭氧非深度氧化 NO 脱除技术路线中，气相氧化反应中的 O_3 仅需要将 NO 氧化成 NO_2，结合含有添加剂的碱液即可对 NO_2 进行脱除，而 SO_2 被喷淋液吸收后生成的 SO_3^{2-} 可与 NO_2 发生氧化还原反应进而促进 NO_2 的吸收脱除，提高系统的 NO_x 脱除效率；而在前置臭氧非充分深度氧化 NO 脱除技术路线中，O_3 需要将 NO 深度氧化成 N_2O_5 才能通过碱液喷淋获得较高的 NO_x 脱除效率。前置非充分深度氧化时气相反应时间短，气相反应不完全，此时在喷淋塔中仍在进行深度气相氧化反应，而反应物 O_3 会被 SO_3^{2-} 竞争吸收，影响了喷淋吸收性强的 N_2O_5 的生成，最终抑制了 NO_x 脱除效率。

第9章

残留臭氧的分解与
吸收副产物处理

9.1 臭氧大气环境排放标准

根据臭氧安全使用规范，引起人员一定反应的浓度为 $(0.5\sim1)\times10^{-6}$，允许接触的时间是 90min，时间长了会感到口干等不适；浓度在 $(1\sim4)\times10^{-6}$ 会引起人员咳嗽，允许接触时间为 60min；浓度在 $(4\sim10)\times10^{-6}$ 会引起强烈咳嗽，允许接触时间为 20min。国际上很多国家已制定了臭氧工业卫生标准：国际臭氧协会规定可在 0.1×10^{-6} 的臭氧浓度下接触 600min；美国规定可在 0.1×10^{-6} 的臭氧浓度下接触 480min；德国、法国和日本也将这一数值规定为 0.1×10^{-6}。早在 1993 年，国家环境保护局和国家技术监督局就发布了恶臭污染物排放标准，如表 9-1 所示，对臭氧的排放限值作出规定。而在 2012 年发布的环境空气质量标准中，则规定环境空气中臭氧浓度一级标准为 $100\mu g/m^3$，也就是 0.047×10^{-6}，如表 9-2 所示，该标准已于 2016 年正式实施。同样的，在《室内空气中臭氧卫生标准》（GB/T 18202—2000）中规定臭氧一小时平均最高容许浓度为 $0.1mg/m^3$（即 0.047×10^{-6}）。在《臭氧消毒器卫生要求》（GB 28232—2020）中规定在有人条件下使用臭氧消毒器时应密闭，周围环境中臭氧泄漏量应小于等于 $0.1mg/m^3$。密闭条件下臭氧消毒一个工作周期结束后，密闭室内臭氧气体残留量应小于等于 $0.16mg/m^3$，即 0.075×10^{-6}。

表 9-1 恶臭污染物排放标准（GB 14554—1993）[204]

污染物	排气筒高度/m	标准值(无量纲)
臭氧(O_3)	15	2000
	25	6000
	35	15000
	40	20000
	50	40000
	≥60	60000

表 9-2 环境空气质量标准（GB 3095—2012）[205]

污染物	平均时间	浓度限值/($\mu g/m^3$)	
		一级	二级
臭氧(O_3)	日最大 480min 平均	100	160
	60min 平均	160	200

9.2　湿法洗涤过程及添加剂对残留臭氧的分解

工程应用中为了保证烟气中 NO_x 有较好的氧化降解吸收效率，喷入臭氧的化学当量比往往大于 1，这就导致了少量的臭氧气体残留。

臭氧较早应用于水污染处理，故关于废水中臭氧分解机理的研究已取得较多成果。Weiss[206] 首次提出了臭氧在水中分解的机理模型，目前普遍遵循的机理有两个，即 Staehelin 等[207] 提出的 SHB 机理和 Tomiyasu 等[208] 提出的在高 pH 值条件下的 TFG 机理。

与此同时，国内外学者针对臭氧在空气中的热分解特性也开展了大量的研究工作，并提出了相关热分解经验公式。但大部分工作仅针对高浓度（$>1000\times10^{-6}$）[44] 和室内浓度（$<1\times10^{-6}$）的臭氧分解开展研究。本节针对实际电站锅炉臭氧脱硝工艺，模拟脱硫塔和尾部烟囱运行环境，介绍残余低浓度臭氧的热分解过程。

9.2.1　残留臭氧分解模拟测试

模拟测试系统如图 9-1 所示。该试验系统由臭氧发生器、质量流量计和喷淋塔组成。其中，喷淋塔内径为 33.5mm，高度为 200mm，喷淋流量为 0.2L/min，塔内停留时间为 4.8s，臭氧初始浓度为（$100\sim150$）$\times10^{-6}$。图 9-1 中所示的喷淋塔出口管道为模拟尾部烟囱，6 个阀门分别对应不同的热分解时间。

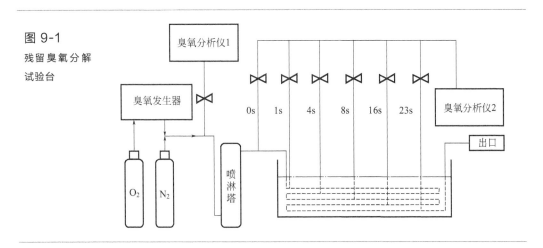

图 9-1
残留臭氧分解
试验台

本节主要针对喷淋塔内臭氧分解率（简称"塔内分解率"，R_t）、水浴加热段（即尾部烟囱）内随加热时间变化的臭氧分解率（简称"沿程分解率"，R_w）和综合臭氧塔内分解和沿程分解得出的臭氧总分解率（R_a）等展开说明。

臭氧分解率的计算采用如下公式：

$$分解率 = \frac{[O_3]_{初始} - [O_3]_t}{[O_3]_{初始}} \times 100\%   \tag{9-1}$$

式中，$[O_3]_{初始}$为分解段内残留臭氧的初始浓度；$[O_3]_t$为水浴加热段内随停留时间 t 而变化的臭氧浓度。计算塔内分解率 R_t 时，式（9-1）中 $[O_3]_{初始}$ 取喷淋塔入口残留臭氧浓度 $[O_3]_{塔前}$，$[O_3]_t$ 取 $[O_3]_0$；计算沿程分解率 R_w 时，式（9-1）中 $[O_3]_{初始}$ 取 $[O_3]_0$，$[O_3]_t$ 取相应停留时间后的残留臭氧浓度；计算总分解率 R_a 时，式（9-1）中 $[O_3]_{初始}$ 取喷淋塔入口残留臭氧浓度 $[O_3]_{塔前}$，$[O_3]_t$ 取 $[O_3]_{23}$。

9.2.2 水浴温度的影响

考虑到工程实际中烟气经过脱硫塔后温度约在 70～90℃之间，本节研究经过无浆液的喷淋塔后，水浴温度分别为 70℃、80℃ 和 90℃ 时的臭氧沿程分解率，如图 9-2 所示。可见，分解率大体上与停留时间呈线性关系；温度越高臭氧分解速率越快；经过 23s 这一充分的停留时间后，臭氧分解率最高也只能达到约 18.40%。可见，若烟气经臭氧氧化后不通过湿式洗涤塔喷淋，仅靠臭氧的自然分解，烟囱出口臭氧的浓度是不会达标的，因此必须采取其他措施促进臭氧分解。

图 9-2
水浴温度对臭氧沿程分解的影响

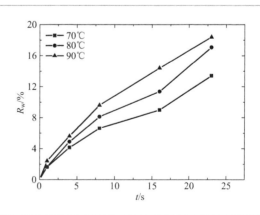

9.2.3　水喷淋的影响

实际电厂臭氧氧化后的烟气都要经过湿式洗涤塔喷淋。为揭示喷淋液对臭氧塔内分解和沿程分解的影响，首先以水为喷淋介质，研究喷淋温度变化对臭氧塔内分解的影响。研究得到了 $40 \sim 80 \, ℃$ 之间臭氧塔内分解率随水喷淋温度 T 的变化规律，如图 9-3(a) 所示。可见，喷淋温度的提高有利于臭氧塔内分解，在 $60 \, ℃$ 时臭氧塔内分解率为 25.03%。此外，塔内分解率基本与喷淋温度呈线性关系，导致这一变化趋势的原因在于：一方面温度升高促进臭氧分解；另一方面温度升高导致湿度增加。因此臭氧与水的反应式(9-2)增强，从而导致臭氧快速分解。

$$O_3 + H_2O \longrightarrow H_2O_2 + O_2 \tag{9-2}$$

为揭示水喷淋对臭氧沿程分解的影响，于水浴温度 $90 \, ℃$ 下，选定水喷淋温度分别为 $40 \, ℃$ 和 $60 \, ℃$ 的工况进行臭氧沿程分解试验，所得结果如图 9-3 (b) 所示。水喷淋的情况下臭氧沿程分解率要比相同水浴温度下无喷淋时高（即与图 9-2 中 $90 \, ℃$ 工况对比）。其原因归结于水喷淋可有效提高沿程烟气湿度，促进沿程臭氧气体与水蒸气发生均相反应 [式(9-2)]，提高反应速率，进而促进臭氧分解。此外，高喷淋温度能提高臭氧沿程分解率，这是由于喷淋温度提高导致烟气出塔后的含湿量增加，有利于残留臭氧的分解。喷淋温度为 $60 \, ℃$ 时，臭氧沿程末端分解率（23s）为 30.59%，臭氧塔体出口浓度降至 54.64×10^{-6}，仍显著高于国家标准。

图 9-3

喷淋温度对臭氧塔内、沿程分解的影响

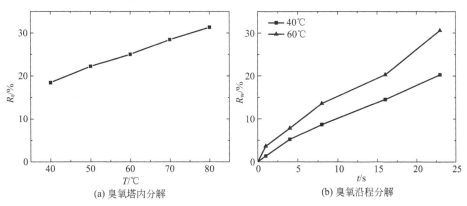

(a) 臭氧塔内分解　　　　(b) 臭氧沿程分解

9.2.4　喷淋浆液添加剂种类的影响

向喷淋水中加入 0.04mol/L 的 $CaSO_3$、Na_2SO_3、$NaNO_2$ 以及 $CaSO_3$ + $(NH_4)_2SO_4$ 和 Na_2SO_3 + $NaNO_2$，在喷淋温度 60℃ 时，研究了喷淋液中添加剂种类对臭氧塔内分解的影响。试验结果与无喷淋和水喷淋进行了比较，如图 9-4(a) 所示。图中，混合 1 代表 $CaSO_3$ + $(NH_4)_2SO_4$ 的混合溶液，混合 2 代表 Na_2SO_3 + $NaNO_2$ 的混合溶液。

由图 9-42(a) 可得：①臭氧塔内分解效果从高到低顺序为添加剂喷淋＞水喷淋＞无喷淋，其原因在于臭氧与水的反应本身就可促进臭氧分解，添加剂中还原性离子与臭氧发生氧化还原反应可进一步促进臭氧分解。加入 Na_2SO_3 后喷淋液与臭氧主要发生式(9-3)～式(9-6) 所示的反应，加入 $CaSO_3$ 后喷淋液与臭氧主要发生反应(9-4)～反应(9-7)，加入 $NaNO_2$ 后喷淋液与臭氧主要发生反应式(9-8) 和反应(9-9)。②添加剂种类对促进臭氧分解效果的顺序为 Na_2SO_3 ＞ Na_2SO_3 + $NaNO_2$ ＞ $CaSO_3$ + $(NH_4)_2SO_4$ ＞ $NaNO_2$ ＞ $CaSO_3$。这是两方面因素综合作用的结果。其一是 pH 值的影响，pH 值越高越有利于臭氧分解，其根本原因可由 TFG 机理[208] 中的式(9-10) 说明。而除 $CaSO_3$ + $(NH_4)_2SO_4$ 外其余四种添加剂（即 Na_2SO_3、Na_2SO_3 + $NaNO_2$、$NaNO_2$ 和 $CaSO_3$）溶液的 pH 值的大小关系恰好与上述臭氧分解效果顺序相同。$CaSO_3$ + $(NH_4)_2SO_4$ 混合溶液对臭氧分解效果优于 $CaSO_3$ 的原因将在 9.2.6 中详细分析。其二是溶液中可以与臭氧进行氧化还原反应的还原性离子的影响，亚硫酸根的还原性强于亚硝酸根 NO_2^-，而 $CaSO_3$ 则由于溶解度较低而不太利于分解臭氧。③四种添加剂喷淋液均可使臭氧塔内分解率高达 91％ 以上。尤其是加入 Na_2SO_3 后塔内臭氧分解率可高达 99.49％，试验中可使臭氧从喷淋塔入口浓度 110×10^{-6} 降至出口浓度 0.56×10^{-6} 上下。可见喷淋液中添加 Na_2SO_3 后已可使塔体出口臭氧浓度降至很低水平，但仍为前述 0.047×10^{-6} 的 10 倍以上，仍需进一步采取措施。

$$Na_2SO_3 \longrightarrow 2Na^+ + SO_3^{2-} \tag{9-3}$$

$$SO_3^{2-} + O_3 \longrightarrow SO_4^{2-} + O_2 \tag{9-4}$$

$$SO_3^{2-} + H^+ \longrightarrow HSO_3^- \tag{9-5}$$

$$HSO_3^- + O_3 \longrightarrow HSO_4^- + O_2 \tag{9-6}$$

$$CaSO_3 \longrightarrow Ca^{2+} + SO_3^{2-} \tag{9-7}$$

$$NaNO_2 \longrightarrow Na^+ + NO_2^- \tag{9-8}$$

$$NO_2^- + O_3 \longrightarrow NO_3^- + O_2 \tag{9-9}$$

$$O_3 + OH^- \longrightarrow HO_2^- + O_2 \tag{9-10}$$

喷淋液中添加剂种类对臭氧沿程分解的影响如图9-4(b)所示。与水喷淋相比，三种添加剂的加入均对臭氧沿程分解有促进作用，这应归功于喷淋液中还原性离子被烟气携带进入水浴加热段将在水浴加热作用下进一步将残余臭氧还原而分解。不同添加剂对臭氧沿程分解的促进效果的顺序与塔内相同，这也验证了上述分析。加入添加剂后，流出塔外的更低浓度的残余臭氧的沿程分解率也大致与停留时间呈线性关系，对于分解臭氧效果最好的 Na_2SO_3 添加剂，经喷淋塔后残余臭氧沿程分解率最高达到 65.76%，可将上述 0.56×10^{-6} 的塔体出口浓度降至 0.19×10^{-6}，仍高于排放限值 0.047×10^{-6}。

图 9-4

添加剂种类对臭氧塔内分解和沿程分解的影响

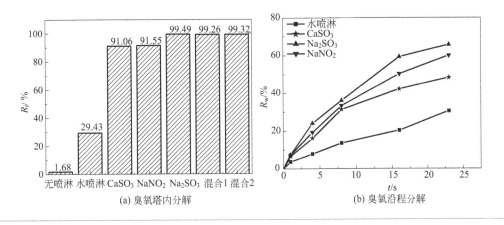

(a) 臭氧塔内分解 (b) 臭氧沿程分解

9.2.5 添加剂浓度的影响

选取 Na_2SO_3 和 $NaNO_2$ 为目标添加剂，在喷淋温度为 60℃工况下，得到了臭氧塔内分解率随添加剂浓度 c 的变化曲线，如图9-5所示。可以看出，对于 $NaNO_2$ 添加剂，臭氧塔内分解率随添加剂浓度升高而持续增大；而对于 Na_2SO_3 添加剂，Na_2SO_3 浓度对臭氧塔内分解率的影响不显著。此外，Na_2SO_3 添加剂对臭氧塔内分解的效果明显优于 $NaNO_2$。为排除两种添加剂喷淋液因 pH 值不同带来的影响，试验中还在两种添加剂浓度相同的情况下，通过加入 NaOH 使两种添加剂喷淋液的 pH 值相同，发现 Na_2SO_3 对应臭氧塔内分解率为 99.71%，而 $NaNO_2$ 为 96.10%，这也说明 $NaNO_2$ 本身对臭氧的分解效果就差于 Na_2SO_3，这是因为亚硫酸根的还原性强于亚硝酸根。这也验证了 9.2.4 所陈述的观点。

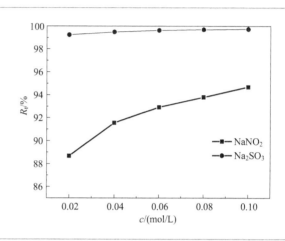

图 9-5

添加剂浓度对臭氧塔内分解的影响

9.2.6 最终排放浓度比较

对无喷淋、水喷淋、0.04mol/L $CaSO_3$ 喷淋液、0.04mol/L $CaSO_3$ + 0.04mol/L $(NH_4)_2SO_4$ 复合喷淋液和 0.04mol/L Na_2SO_3 + 0.04mol/L $NaNO_2$ 复合喷淋液五种工况下的臭氧最终排放浓度和分解率进行了对比。在喷淋温度 60℃、水浴温度 90℃ 和停留时间 23s 下所得测量结果如表 9-3 所示。可见，与无喷淋和水喷淋相比，喷淋液中加入可与臭氧反应的还原性物质可大幅度降低臭氧的最终排放浓度。采用两种复合型添加剂时，残留臭氧经湿式洗涤塔内喷淋液洗涤和塔后 23s 的沿程分解，最终排放浓度均可降至 0.047×10^{-6} 以下。以 $CaSO_3$ 和 $(NH_4)_2SO_4$ 为添加剂时的臭氧最终排放浓度之所以能够比单一 $CaSO_3$ 添加剂时降低，主要是因为反应(9-11) 和反应(9-12) 的存在，生成溶解度高的 $(NH_4)_2SO_3$ 和 NH_4HSO_3，这样可以提高传质速率并增加溶液中可溶性 S(Ⅳ) 的存在[209]，有利于对臭氧的还原分解。Na_2SO_3 + $NaNO_2$ 的效果优于两者单独存在时效果的原因在于喷淋液中还原性离子的浓度和种类增加，可提高进入模拟烟道的还原性离子的浓度和种类，促进臭氧沿程分解。

$$SO_3^{2-} + 2NH_4^+ \longrightarrow (NH_4)_2SO_3 \qquad (9\text{-}11)$$

$$HSO_3^- + NH_4^+ \longrightarrow NH_4HSO_3 \qquad (9\text{-}12)$$

表 9-3　臭氧最终排放浓度和分解率比较

喷淋液	无喷淋	水喷淋	CaSO_3	CaSO_3+(NH_4)_2SO_4	Na_2SO_3+NaNO_2
排放浓度/10^{-6}	89.45	54.64	1.32	0.03~0.04	0.03~0.04
总分解率/%	28.2	48.0	98.9	99.9	99.9

9.3　臭氧催化分解反应机理

在针对臭氧处理的技术中，催化分解法因其较高的安全性、经济性和高转化效率，被认为是最具有应用前景的方案。过渡金属氧化物中具有较高经济性和低温催化性能的锰氧化物对于臭氧脱除具有独特的优势。当前国内外针对锰氧化物催化臭氧脱除的选型优化及机理研究越来越丰富。但在实际工程应用方面，脱硫塔出口烟气为高水低硫的烟气环境，普通催化剂在此条件下会存在中毒、循环使用后效率下降等问题，影响工程实际调控。而目前针对高湿含硫工业环境对锰氧化物催化分解影响的研究还不足，如不同晶体构型锰氧化物在催化中的表现及机理、锰氧化物在负载基材上的微观形态对于催化的影响等问题还需进一步探索。因此，寻求一种能在烟囱出口高水低硫的环境下高效催化臭氧分解的催化剂尤为重要，需尽早完善针对特定环境下的抗硫抗水催化剂的研究。

9.3.1　臭氧分解催化剂制备方法与理化特性

（1）催化剂制备方法

四种不同晶型 MnO_2（$\alpha\text{-}MnO_2$、$\beta\text{-}MnO_2$、$\gamma\text{-}MnO_2$、$\delta\text{-}MnO_2$）制备方法同 7.3.1 节，在进行测试及反应之前，将所有样品用 40～60 目筛进行筛分。

（2）催化剂理化特性

$\alpha\text{-}MnO_2$、$\beta\text{-}MnO_2$、$\gamma\text{-}MnO_2$、$\delta\text{-}MnO_2$ 的 XRD 图谱如图 9-6 所示。其中 $\alpha\text{-}MnO_2$、$\beta\text{-}MnO_2$、$\gamma\text{-}MnO_2$、$\delta\text{-}MnO_2$ 的 XRD 图谱分别与 JCPDS 44-0141、JCPDS 24-0735、JCPDS 14-0644 和 JCPDS 52-0556 标准卡片峰值一

致$^{[210]}$，没有明显杂质峰，说明制备样品与目标晶型一致。

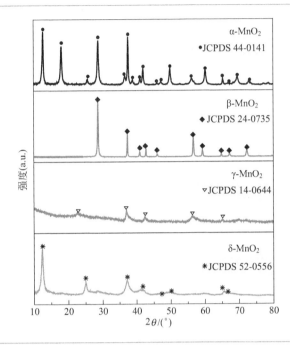

图 9-6

α-MnO$_2$、 β-MnO$_2$、 γ-MnO$_2$、
δ-MnO$_2$ 的 XRD 图谱

α-MnO$_2$、β-MnO$_2$、γ-MnO$_2$、δ-MnO$_2$ 的 BET 比表面积、孔隙体积和平均孔径测试数据如表 9-4 所示。可以看出，四种样品的比表面积顺序为 δ-MnO$_2$＞γ-MnO$_2$＞α-MnO$_2$＞β-MnO$_2$，孔隙体积顺序也为 δ-MnO$_2$＞γ-MnO$_2$＞α-MnO$_2$＞β-MnO$_2$，而平均孔径顺序为 γ-MnO$_2$＞α-MnO$_2$＞β-MnO$_2$＞δ-MnO$_2$。从结构上推测，由于 δ-MnO$_2$ 具有最大的比表面积和孔隙体积，同等情况下其接触面积更大，反应更充分迅速；β-MnO$_2$ 的比表面积和孔隙体积均为最小，同等情况下催化更慢。

表 9-4　α-MnO$_2$、β-MnO$_2$、γ-MnO$_2$、δ-MnO$_2$ BET 比表面积、孔隙体积及平均孔径测试结果

晶型	BET 比表面积/(m^2/g)	孔隙体积[①]/(cm^3/g)	平均孔径[②]/nm
α-MnO$_2$	22.0	0.08	16.9
β-MnO$_2$	11.0	0.03	12.9
γ-MnO$_2$	41.9	0.17	18.0
δ-MnO$_2$	84.4	0.30	12.6

① BJH 脱附孔总体积。
② BJH 脱附平均孔径。

α-MnO$_2$、β-MnO$_2$、γ-MnO$_2$、δ-MnO$_2$ 的 SEM 照片如图 9-17 所示。

α-MnO$_2$ 和 β-MnO$_2$ 均由松散的杆状/方柱状结合而成，其中 α-MnO$_2$ 的杆状晶体相比 β-MnO$_2$ 更为纤长，结合较为紧密。γ-MnO$_2$ 和 δ-MnO$_2$ 呈现颗粒状，而 δ-MnO$_2$ 不同于其他三种 MnO$_2$ 的柱状/方杆状晶体纤维，呈现近似仙人球结构，由类似片状物组合而成，分布更加紧密杂乱，与 δ-MnO$_2$ 的层状结构有关[211]，也对应着其相对最大的比表面积。

图 9-7

SEM 图像

(a) 和 (b) α-MnO$_2$；(c) 和 (d) β-MnO$_2$；(e) 和 (f) γ-MnO$_2$；(g) 和 (h) δ-MnO$_2$

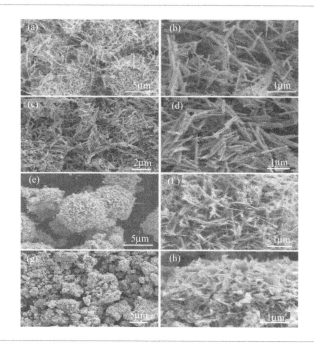

H$_2$-TPR 曲线如图 9-8(a) 所示。α-MnO$_2$ 在 290℃ 和 310℃ 处具有两个还原峰，主要对应 MnO$_2$ → Mn$_2$O$_3$ → Mn$_3$O$_4$ 的还原过程。γ-MnO$_2$ 的还原峰在 281℃ 和 383℃，而样品 β-MnO$_2$ 的还原峰出现在更高的温度（296℃ 和 401℃），表明 β-MnO$_2$ 相对更难以被 H$_2$ 还原。δ-MnO$_2$ 的还原模式类似于 α-MnO$_2$，但其还原峰在 218℃ 和 275℃，均低于前三种催化剂，表明 δ-MnO$_2$ 的被还原性更高。

氧气程序升温脱附（O$_2$-TPD）曲线如图 9-8(b) 所示。其中 350℃ 以下的峰是由于化学吸附氧和活性表面氧的释放[212]，400～600℃ 内的峰是因为亚表面中晶格氧的释放，700℃ 以上的峰则归因于主体晶格氧的演变[213]。四种样品中，δ-MnO$_2$ 只出现了一个主体峰，这表明活性 δ-MnO$_2$ 的活性中心结构有所不同；从脱附峰面积来看，四种样品中 β-MnO$_2$ 的脱附峰面积最大，γ-MnO$_2$ 次之，而 α-MnO$_2$ 和 δ-MnO$_2$ 的面积则较小。δ-MnO$_2$ 在 400～

600℃范围内没有明显脱附峰，其余三种 MnO_2 在此范围内出现信号的顺序为 $\gamma\text{-}MnO_2 \to \beta\text{-}MnO_2 \to \alpha\text{-}MnO_2$，同时在 700℃ 以上高温区出峰顺序为 $\alpha\text{-}MnO_2 \to \delta\text{-}MnO_2 \to \beta\text{-}MnO_2 \to \gamma\text{-}MnO_2$。这表明 $\beta\text{-}MnO_2$ 和 $\gamma\text{-}MnO_2$ 亚表面晶格中氧的结合键能相对较弱，易发生相转变。而 $\alpha\text{-}MnO_2$ 和 $\delta\text{-}MnO_2$ 亚表面晶格中氧结合（吸附）键能较强，相对来说更为稳定。

图 9-8

$\alpha\text{-}MnO_2$、$\beta\text{-}MnO_2$、$\gamma\text{-}MnO_2$ 和 $\delta\text{-}MnO_2$ 的 $H_2\text{-}TPR$ 图谱（a）和 $O_2\text{-}TPD$ 图谱（b）

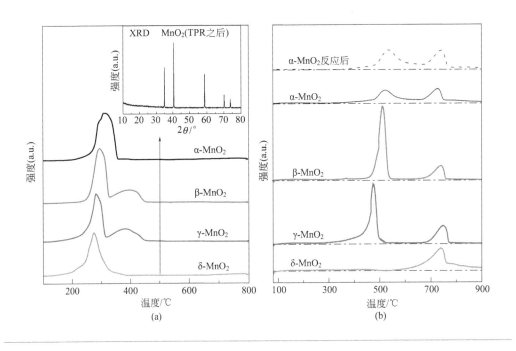

图 9-9(a) 和图 9-9(b) 分别给出四种二氧化锰样品的 Mn $2p_{3/2}$ 和 O 1s 的 XPS 光谱，表 9-5 中给出两种 XPS 光谱的测试数据。四种样品表面 Mn^{3+}/Mn^{4+}（摩尔比）从高到低顺序为 $\delta\text{-}MnO_2 \to \alpha\text{-}MnO_2 \to \gamma\text{-}MnO_2 \to \beta\text{-}MnO_2$，这与 $H_2\text{-}TPR$ 测试中可还原性的顺序一致。

由于活性中心（氧空位 V_0）受 Mn^{3+}/Mn^{4+} 和 O^{2-}/O^0 之间的平衡影响，因此 $\delta\text{-}MnO_2$ 中 Mn^{3+} 比例最高，这意味着 $\delta\text{-}MnO_2$ 晶体中会产生更多的氧空位[214]，在催化分解 O_3 分子时活性中心更多，效率更高。同时可以推出表面氧空位密度顺序为 $\delta\text{-}MnO_2 > \alpha\text{-}MnO_2 > \gamma\text{-}MnO_2 > \beta\text{-}MnO_2$，推测 $\delta\text{-}MnO_2$ 的催化效率较高，而 $\beta\text{-}MnO_2$ 的催化效率较低。

图 9-9

α-MnO₂、β-MnO₂、γ-MnO₂ 和 δ-MnO₂ 样品的 XPS 图

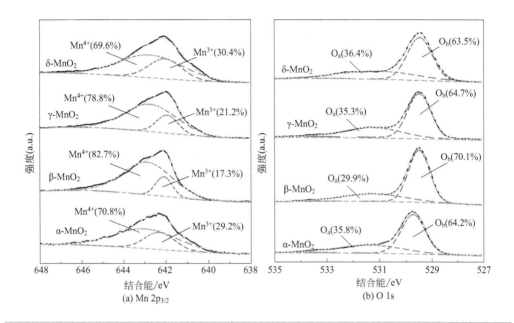

(a) Mn 2p₃/₂ (b) O 1s

表 9-5　α-MnO₂、β-MnO₂、γ-MnO₂ 和 δ-MnO₂ 样品 Mn 2p$_{3/2}$ XPS 数据

样品	Mn^{3+}/eV	Mn^{4+}/eV	Mn^{3+}/%	Mn^{4+}/%	Mn^{3+}/Mn^{4+}
α-MnO₂	642.3	642.9	29.2	70.8	0.40
β-MnO₂	642.1	642.9	17.3	82.7	0.21
γ-MnO₂	641.9	642.7	21.2	78.8	0.27
δ-MnO₂	642.0	642.7	30.4	69.6	0.44

O 1s XPS 谱图中较低结合能的峰（529.5eV 和 529.7eV）是晶格氧（O$_β$）产生的，即 "Mn—O—Mn"；较高结合能的峰（531.0~531.5eV）是表面吸附氧（O$_α$）造成的，记为 "Mn—O—V$_0$"，V$_0$ 表示空位。四种样品的 O$_α$/O$_β$（摩尔比）顺序为 δ-MnO₂＞α-MnO₂＞γ-MnO₂＞β-MnO₂（表 9-6），这说明 δ-MnO₂ 表面吸附氧最丰富。由于氧分子通常都是吸附在样品表面的氧空位上，所以其表面氧空位最多，而相应 β-MnO₂ 表面氧空位密度最低。

表 9-6   α-MnO₂、β-MnO₂、γ-MnO₂ 和 δ-MnO₂ 样品 O 1s XPS 数据

Sample	O_α/eV	O_β/eV	O_α/%	O_β/%	O_α/O_β
α-MnO₂	529.7	531.4	35.8	64.2	0.56
β-MnO₂	529.5	531.2	29.9	70.1	0.43
γ-MnO₂	529.5	531.3	35.3	64.7	0.55
δ-MnO₂	529.5	531.1	36.4	63.5	0.57

综上所述，可知 δ-MnO₂ 中具有较高含量的 Mn^{3+} 和丰富的表面氧空位，其表面上吸附的活性氧更容易被还原，更有利于臭氧在催化剂表面分解。

9.3.2   臭氧催化分解活性

臭氧分解特性在固定床反应器中测试，测试系统主要包括配气系统、测量系统和反应系统，N_2、SO_2 和 NO_x 按模拟烟气成分进行配比，经预混后与臭氧和催化剂在石英制的圆柱体混气筒（长 650mm，内径 50mm）中进行反应。反应管前端臭氧浓度通过高浓度臭氧分析仪（BMT 964）测量，Model 205 臭氧分析仪测量反应管后端臭氧浓度[215]。

取制备好的 α-MnO₂、β-MnO₂、γ-MnO₂、δ-MnO₂ 催化剂各 0.15g，分别进行催化降解臭氧效率的测试。参照实际脱硫塔尾部烟气温度，调整管式炉温控系统使石英管内温度为 80℃（由插入石英管内的热电偶温度计监控），通入 N_2 和 O_3/O_2 混合气，总流量为 1.5L/min，按比例配气并调整臭氧发生器功率，使反应管前端臭氧浓度为 100×10^{-6}。单个样品催化测试时间为 300min，其反应效率曲线如图 9-10(a) 所示。

在稳定性测试中，四种样品对臭氧分解的活性排序为：δ-MnO₂ > α-MnO₂ > γ-MnO₂ > β-MnO₂。其中 α-MnO₂ 和 γ-MnO₂ 催化效率随时间缓慢下降，300min 后分别降为 90.7% 和 88.2%，这表明 α-MnO₂ 与 γ-MnO₂ 在对臭氧催化降解的过程中出现了部分失活的现象。β-MnO₂ 在测试开始后效率迅速下降，最后降低至 78.7%，表明 β-MnO₂ 在臭氧分解方面耐受性较差。而 δ-MnO₂ 在 300min 催化测试中催化效率始终保持 100%，表现出最高的催化活性和稳定性，这与 δ-MnO₂ 最大的比表面积、最高的 Mn^{3+} 含量和最多的氧空位有关，与前文表征时的推测一致。

温度对催化剂的活性影响较大，选取 δ-MnO₂ 进一步进行温度影响试验。在实际工程中，需要处理残留臭氧的应用场所主要在脱硫塔下游，烟气温度一般在 50~80℃ 范围，因此进行四组温度测试考察样品在 40~100℃ 范

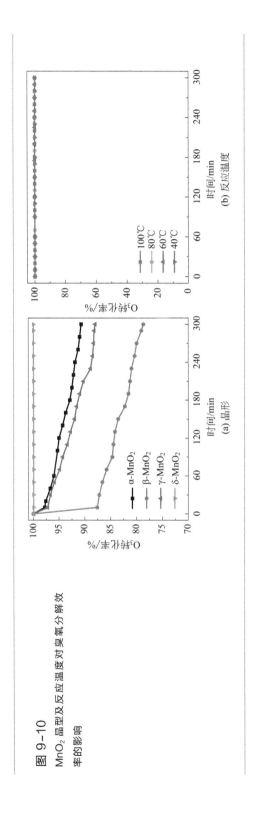

图 9-10
MnO₂ 晶型及反应温度对臭氧分解效率的影响

围内的活性，结果如图 9-10(b) 所示。可以看到 $\delta\text{-MnO}_2$ 对臭氧的分解效率在 $40\sim100℃$ 内均保持 100%，可以适应脱硫塔尾部烟气温度。

9.3.3 抗硫抗水性能

脱硫处理后的烟气中仍有较高水汽和少量 SO_2，SO_2 能造成催化剂不可逆失活，同时水汽也会对催化剂造成影响，因此需要研究催化剂在实际烟气环境下的耐受情况[216]。选取 $\delta\text{-MnO}_2$ 进行 SO_2 及水汽影响测试，结果如图 9-11 所示。

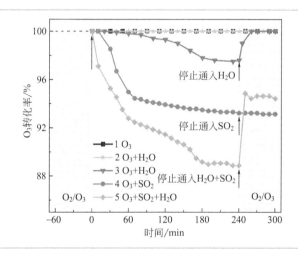

图 9-11

$\delta\text{-MnO}_2$ 催 化 剂 抗 硫 抗 水 试 验

（80℃）

$1—100\times10^{-6}O_3$；$2—O_3+1.01\%$ H_2O；$3—O_3+2.03\%$ H_2O；$4—O_3+10\times10^{-6}SO_2$；$5—O_3+10\times10^{-6}SO_2+2.03\%$ H_2O

水汽影响：在干燥清洁或低湿度（水汽含量 $<1.01\%$）气氛环境下，$\delta\text{-MnO}_2$ 的转化率始终可保持在 100%。继续增大湿度后，$\delta\text{-MnO}_2$ 催化效率出现缓慢下降，当水汽含量为 2.03% 时，反应后催化效率下降至 93.3%。而停止通入水汽后，催化剂效率逐渐回升至干燥气氛下的 100%。在低温低湿条件下，H_2O 分子会在催化剂表面活性位上发生吸附脱附，这种动态稳定状态受温度、臭氧浓度和空速比等影响。当表面 H_2O 分子吸脱附达到平衡后，剩余活性位点足以分解通入的臭氧，因此转化率始终保持在 100%。当湿度较高时，剩余活性中心不能完全催化臭氧分解，导致催化效率略微下降。而 H_2O 分子的吸脱附不改变催化剂表面活性位点性能，因此停止水汽通入后，催化剂效率随表面吸附 H_2O 分子的脱附能逐渐回升至 100%。

SO_2 影响：引入 SO_2 后催化剂效率骤降，随后缓慢低至 93.2%。而停止通入 SO_2 后，催化效率不能回升。结合表征结果可以得出，低温下 SO_2

会与臭氧分子抢夺表面活性位点，此外硫中毒形成的硫酸盐和亚硫酸盐会阻塞表面活性中心，使材料不可逆失活，因此催化效率下降。同时刚开始通入 SO_2 时争夺活性中心的阻力较小，催化效率迅速下降；随着中毒程度的加深，活性中心动态竞争的阻力加大，因此催化剂出现持续缓慢中毒现象。而已生成的硫酸锰、亚硫酸锰在停止通入 SO_2 后无法分解脱附，对催化剂造成不可逆失活，因此效率不能回升，这也说明 $\delta\text{-}MnO_2$ 对 SO_2 耐受能力不佳。

水汽及 SO_2 影响：从图 9-11 中曲线 5 可以看出同时通入水汽和 SO_2 后，$\delta\text{-}MnO_2$ 催化效率下降趋势和幅度比单因素作用时都大，效率最终趋于 88.9%。而停止通入水汽和 SO_2 后，效率小幅回升至 94.5%，高于只通入 SO_2 时。结合表征结果分析得出，在高湿含硫环境中，水汽的引入会促进 SO_2 在催化剂表面倾向生成更多亚硫酸盐，从而加剧催化剂的中毒。而停止通入水汽和 SO_2 后，被 H_2O 分子占据的部分活性中心得以释放，同时 H_2O 分子促进生成的亚硫酸物种部分分解，而硫酸盐不分解，一定程度上抑制了不可逆的硫中毒，因此停止通入水汽和 SO_2 后，催化剂活性回升但无法完全恢复。

9.4 残留臭氧的大气扩散与自分解过程模拟

活性分子臭氧氧化脱硝技术耦合催化氧化、流场优化、反应温度和时间精确控制等手段，可在实现烟气 NO_x 超低排放的同时显著降低臭氧投加量，有效控制了烟囱出口的臭氧残留。在实施某厂臭氧烟气脱硝项目中，第三方权威机构检测显示，烟囱出口的臭氧残留浓度仅为 $1.07mg/m^3$（0.499ppm）。

此外，臭氧的化学性质极不稳定，在空气中会自发分解成氧气（$2O_3 \longrightarrow 3O_2 + 285kJ$）。因此，烟囱出口残留的微量臭氧进入空气后，一方面会在空气中稀释扩散，另一方面会快速分解成氧气。图 9-12 为数值模拟获得的不同风速时 1m 和 18m 高度处 O_3 浓度随烟囱下游距离的分布曲线，为充分评估臭氧残留对大气环境的影响，烟囱出口的臭氧浓度设定为 5×10^{-6}（远高于实测的臭氧排放浓度）。

从图 9-12 结果可以看出，在不同风速下，烟囱下游 $Z = 1m$（地面）和 18m（6 层楼）高度处大气中的 O_3 浓度均小于 3×10^{-9}，远低于国标要求的

47×10^{-9}（$0.10 \mathrm{mg/m^3}$）。因此，臭氧氧化脱硝工艺中烟囱出口残留的微量臭氧经自身分解和空气稀释后，并不会对周边大气环境中的臭氧浓度产生明显影响，更不会造成大气中的臭氧污染。

图 9-12

1m 和 18m 高度处 O_3 浓度随烟囱下游距离的分布曲线

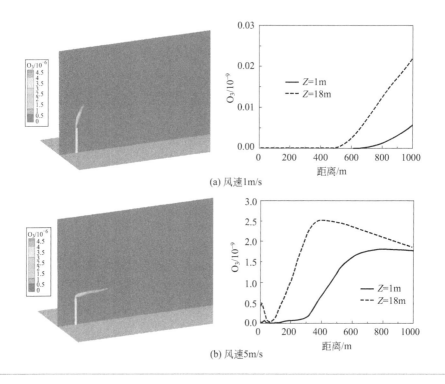

(a) 风速1m/s

(b) 风速5m/s

9.5　脱硝副产物的无害化处理

NO_2 的吸收产物为有毒的亚硝酸盐[217]，因而需要对吸收液中的亚硝酸根离子进行无害化处理。考虑到处理成本的经济性，氧化剂次氯酸钠有一定的发展前景。本节从多角度介绍次氯酸钠氧化亚硝酸盐的反应特性。

理论上，次氯酸钠和亚硝酸钠反应的摩尔比为 $1:1$，其反应方程式如下：

$$\mathrm{NaClO + NaNO_2 \longrightarrow NaNO_3 + NaCl} \tag{9-13}$$

9.5.1　试验原理及方法

为更好地反映氧化效率，定义其计算方法为：

$$\eta = \frac{m_1/62}{m_1/62 + m_2/46} \times 100\%$$ (9-14)

溶液中氮的物质的量浓度（mol/L）计算方法为：

$$n_N = \frac{m_1}{62} + \frac{m_2}{46}$$ (9-15)

式中，m_1、m_2 分别为反应溶液中硝酸根和亚硝酸根的质量浓度。

9.5.2　摩尔比的影响

本节定义摩尔比为 n_1/n_2，其中 n_1 和 n_2 分别为反应溶液中次氯酸钠和亚硝酸钠的物质的量浓度。采用十二水合磷酸氢二钠和十二水合磷酸二氢钠配制 pH 缓冲液作反应溶剂，调节两者比例使溶剂 pH 值分别稳定在 5 和 6。在亚硝酸钠浓度为 0.05mol/L 时，30min 后不同摩尔比（n_1/n_2）的试验结果如图 9-13 所示。

图 9-13

摩尔比对氧化效率的影响

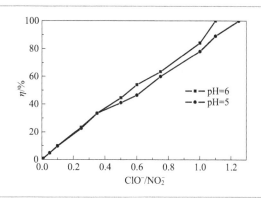

在弱酸环境中，氧化效率与摩尔比之间基本呈线性递增关系。在摩尔比 0.35 之前，两种 pH 条件下的氧化效率一致，但当摩尔比超过 0.5 之后，溶剂 pH=5 的氧化效率开始低于溶剂 pH=6 的工况。溶剂 pH=6 时氧化效率达到 100% 所需摩尔比为 1.1，而溶剂 pH=5 时则需要 1.25。由此可推测，随着溶剂 pH 值继续降低，氧化效率达到 100% 时的摩尔比会持续提高。同时溶剂 pH 值太低，溶液中的 H^+ 浓度增加，NO_2^- 会与 H^+ 结合生成 HNO_2。

图 9-14 为两种 pH 值的缓冲液作溶剂时，反应结束后溶液 pH 值随摩尔比的变化规律。由溶剂 pH=5 的曲线可以看出：即使有缓冲液存在，反应

结束后，不同摩尔比条件下 pH 值变化依然较大。这是因为次氯酸钠呈强碱性，未完全和亚硝酸钠发生反应，未参与反应的次氯酸钠引起反应后溶液的 pH 值明显升高。次氯酸钠由于其易分解特性，在处理含亚硝酸盐的脱硫脱硝浆液时，即便过量也可以及时分解而不对环境造成二次污染。此外，对比 pH＝5 和 pH＝6 这两条曲线可看出 pH 缓冲溶液能够使反应始终维持在弱酸环境下，保持较高氧化效率。

图 9-14
摩尔比对反应后溶液 pH 值的影响

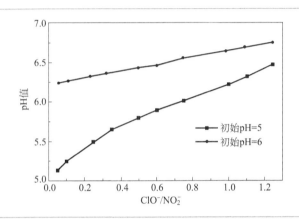

9.5.3 亚硝酸根初始浓度

由上述试验可知，次氯酸钠在 pH＝5 时对亚硝酸根的氧化效率较高。因此本节采用 pH＝5 的缓冲液作溶剂，增加亚硝酸钠初始投入量，使其达到 0.5mol/L，观察初始浓度改变对氧化效率的影响，得到图 9-15 所示试验结果。由图 9-15 可知，随着摩尔比增加，氧化效率的变化趋势基本一致。当

图 9-15
亚硝酸钠浓度对氧化效率的影响

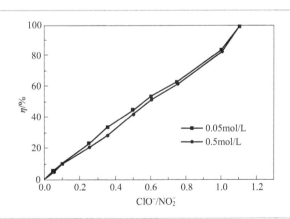

摩尔比在 1.1 左右时，次氯酸钠能将亚硝酸钠完全氧化成硝酸钠，转化废水中的亚硝酸根离子。由此可推知，初始浓度的改变对氧化效率没有太大影响。

9.6　脱硝副产物的资源化利用

在臭氧氧化结合还原型添加剂脱除 NO_x 后其副产物主要以亚硝酸盐为主，若采用钙基吸收，则副产物主要为亚硝酸钙。从资源化、综合利用的角度出发，利用复盐反应提取臭氧多脱副产物亚硝酸钙（复盐沉淀法）应该是未来发展的方向。在含有亚硝酸钙的水体中投入氢氧化钙之后，生成的氢氧化钙悬浊液将会与水体中的钙离子和亚硝酸根离子发生复盐的沉淀及水解反应，反应式如下：

$$Ca(NO_2)_2 + Ca(OH)_2 + 2H_2O \Longrightarrow Ca(NO_2)_2 \cdot Ca(OH)_2 \cdot 2H_2O$$

$$(9\text{-}16)$$

本书采用复盐沉淀效率 η 这一参数来描述溶液中溶解态的亚硝酸根转变为复盐沉淀物的固定效率，其计算方法为：

$$\eta = \frac{m_1 - m_2}{m_1} \times 100\%$$

$$(9\text{-}17)$$

式（9-17）中 m_1 和 m_2 为反应前、反应后的亚硝酸根的质量浓度（mg/L）。

$$\text{反应物摩尔比} = \frac{n_1}{n_2}$$

$$(9\text{-}18)$$

定义 n_1/n_2 为反应物摩尔比。式（9-18）中，n_1 为反应器中氢氧化钙的摩尔浓度，mol/L；n_2 为反应器中亚硝酸钙的摩尔浓度，mol/L。

本书介绍各因素对反应过程的影响，建立臭氧多脱吸收液中亚硝酸钙复盐沉淀反应的最佳条件，为复盐沉淀法大规模处理亚硝酸钙提供理论基础，对一般的工业废水处理也具有一定借鉴意义。

9.6.1　反应温度

由 Van't Hoff 规则可知，温度对化学反应速率的影响较大，一般认为在其他条件不变的情况下温度每提高 10℃，化学反应速率将会提高 2～4 倍。为评估反应温度对复盐沉淀反应的影响并确定一个最佳的反应温度，在其他条件保持不变的情况下，在 65～100℃内每隔 5℃设定一个反应温度，试验采用的亚硝酸钙初始浓度为 0.25mol/L，摩尔比 n_1/n_2 为 1.2，每个温度下的反应时间均为 30min，所得复盐沉淀效率 η 随反应温度的变化规律如图 9-16 所示。可见，不同反应温度下复盐沉淀效率 η 均处于 20％～24％这一水平内，且随着反应温度上升，复盐沉淀效率 η 虽然变幅不大，但是呈现先上升后下降趋势，在 80℃达到峰值。这一现象可归因于复盐沉淀反应是一个可逆的化学反应，当温度升高时复盐水解反应更容易发生，使得沉淀效率降低。因此 80℃被认为是本节复盐沉淀反应的最佳温度。

图 9-16

反应温度对复盐沉淀效率的影响

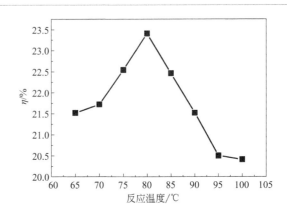

9.6.2　反应时间

图 9-17 展示了在温度 80℃、亚硝酸钙初始浓度 0.25mol/L 和摩尔比 n_1/n_2

图 9-17

反应时间对复盐沉淀效率的影响

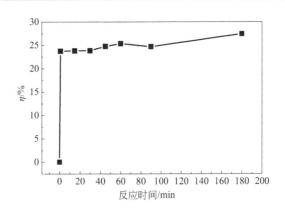

为 1.2 条件下，反应时间在 0～180min 内不同时间下的复盐沉淀效率。在反应 1min 后复盐沉淀效率迅速达到 23.7％的水平，随后复盐沉淀效率呈现缓慢上升趋势。可知，复盐沉淀反应可在较短时间内接近平衡。从实际应用角度出发，短的反应时间有利于复合沉淀法连续处理工业废水工艺。

9.6.3 亚硝酸根初始浓度

在参考工业废水中亚硝酸钙典型浓度的情况下，亚硝酸钙初始浓度分别为 0.02mol/L、0.05mol/L、0.08mol/L、0.2mol/L、0.5mol/L、0.8mol/L 和 1mol/L 下的复盐沉淀效率（保持反应温度 80℃、摩尔比 1.2 和反应时间 20min）如图 9-18 所示。可见，随溶液中亚硝酸钙初始浓度增大，复盐沉淀效率先由 0.02mol/L 时的 24％快速升至 0.08mol/L 时的 26.8％，之后随初始浓度增大而缓慢升高，至 1mol/L 时也仅达到 29％这一仍较低水平。这是因为当亚硝酸钙初始浓度较低时，反应所能达到的平衡限度较小且易被其他条件所影响，故而在低初始浓度时增大亚硝酸根离子浓度可明显地促进复盐沉淀；随着初始浓度增加，复盐沉淀效率也随之提高，但反应所达到的平衡限度较为稳定，周围条件变化对其作用不明显。

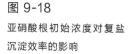

图 9-18
亚硝酸根初始浓度对复盐
沉淀效率的影响

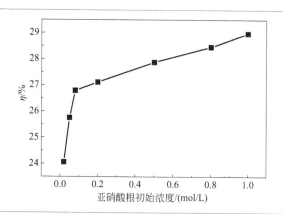

9.6.4 摩尔比 n_1/n_2

从可逆反应的化学平衡移动原理上来看，增大氢氧化钙的添加量可使复盐沉淀平衡向右移动，从而提高复盐沉淀效率。为此，试验研究了摩尔比 n_1/n_2 对复盐沉淀效率的影响（其中反应温度、亚硝酸钙初始浓度和反应时间分别固定在 80℃、0.25mol/L 和 20min），所得试验结果如图 9-19 所示。

可见，随 n_1/n_2 从 0.5 增大到 10，复盐沉淀效率持续增大。但是，上升曲线的斜率大体上呈逐渐减小趋势，这意味着在高摩尔比 n_1/n_2 下物料利用将变得越来越不经济。此外，试验中发现，随 n_1/n_2 不断增大，固体不溶物明显增加，使得过滤的困难程度不断增大。根据物质沉淀溶解平衡可知，在整个反应过程中微溶的氢氧化钙处于沉淀溶解平衡状态，摩尔比 n_1/n_2 越大，溶液中固体氢氧化钙越多，氢氧化钙的沉淀溶解速度越快。因此复盐沉淀的生成机制可能在于：复盐沉淀是在氢氧化钙不断进行的溶解平衡中生成的，其间还伴有氢氧化钙的析出过程。

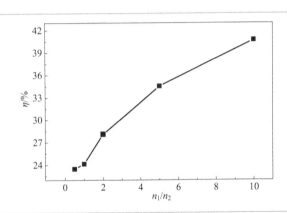

图 9-19
摩尔比 n_1/n_2 对复盐沉淀效率的影响

9.6.5　溶液扰动

先前试验中观察到反应液中有较多颗粒存在，考虑在颗粒周围形成扰动流场可以增大反应物的接触面积，提高反应速率以及反应进程。同时，超声波具有能量大、扰动强[218] 和降低反应活化能的优点[219]。鉴于此，机械式搅拌和超声波形成的扰动作用应当对复盐沉淀反应有促进作用。由于受超声装置的限制，此处反应温度为 60℃，但亚硝酸钙初始浓度和摩尔比 n_1/n_2 均保持之前的常规值（即 0.25mol/L 和 1.2），超声波频率为 40kHz。设计了 3 种试验工况，分别为：①超声，不搅拌；②超声，200r/min 搅拌；③不超声，200r/min 搅拌。

从图 9-20 中试验结果来看，由搅拌带来的反应物组分混合程度的增加，在一定程度上有利于复盐沉淀反应的进行（即复盐沉淀效率增加），如工况 1和工况 2 对比所示；而从工况 2 和工况 3 的对比来看，超声波的加入对沉淀反应有明显的促进作用，原因可能是在超声波的能量作用下，氢氧化钙微细颗粒相对于液相还存在额外的剧烈扰动，这样的扰动大大地促进了氢氧化钙的溶解/沉淀平衡进程，使得生成的复盐量增大，复盐沉淀效率提高。

图 9-20

反应过程的扰动条件对复盐沉淀效率的影响

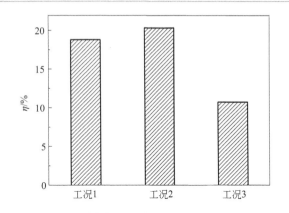

9.6.6　氢氧化钙析出环境

根据上述试验结果，推测复盐沉淀可能是在氢氧化钙的不断溶解/沉淀过程中伴随着氢氧化钙的析出而一并生成的，为了验证这个推测，用以下 2 个试验方案进行研究：

① 由亚硝酸钙＋氯化钙配制好钙离子总量，再按照摩尔比添加氢氧化钠，如此可构建出氢氧化钙析出的条件。对应的离子反应方程式为：

$$2Ca^{2+}+2OH^{-}+2NO_2^{-}+2H_2O \Longleftarrow Ca(NO_2)_2 \cdot Ca(OH)_2 \cdot 2H_2O$$

$$(9\text{-}19)$$

② 氧化钙在水中能够与水迅速发生反应放热，生成 $Ca(OH)_2$，这一方面符合复盐产生需要提供热量的条件，另一方面又可以创造出氢氧化钙析出的条件。对应的反应方程式为：

$$CaO+H_2O \longrightarrow Ca^{2+}+2OH^{-} \qquad (9\text{-}20)$$

$$2Ca^{2+}+2OH^{-}+2NO_2^{-}+2H_2O \Longleftarrow Ca(NO_2)_2 \cdot Ca(OH)_2 \cdot 2H_2O$$

$$(9\text{-}21)$$

根据这 2 个方案开展了相应 4 个工况的试验研究，试验工况条件如下：①直接加入 $Ca(OH)_2$ 粉末；②加入 80℃ 的 $Ca(OH)_2$ 浆液；③$CaCl_2$＋$Ca(NO_2)_2$ 配好 Ca^{2+} 总量，后加入相应量的 NaOH；④直接加入 CaO 粉末。其中，工况 3 和工况 4 是人为构造的氢氧化钙析出条件，工况 1 和工况 2 则考虑不同氢氧化钙加药形式，无人为构造析出氢氧化钙环境。

4 种不同氢氧化钙析出条件下的复盐沉淀效率对比如图 9-21 所示。工况

1 和 2 工况没有明显的氢氧化钙析出条件，而工况 3 和工况 4 则在反应开始的瞬间有一个很明显的氢氧化钙析出过程。对比工况 1 和工况 2 可以看到，氢氧化钙的加入形式无论是粉末还是浆液对复盐沉淀效率几乎没有影响，而氢氧化钠替代氢氧化钙（即工况 3）和氧化钙（即工况 4）的添加，由于在加入反应的瞬间构造了氢氧化钙的析出条件，能够有效提高复盐沉淀效率。可见，此处工况 1~4 的试验结果验证了之前对复盐生成机理的推测，即复盐沉淀反应是一个离子之间的相互反应，复盐是随着溶解的氢氧根离子与钙离子结合形成氢氧化钙的析出过程产生的。

图 9-21

不同氢氧化钙析出条件下的复盐沉淀效率

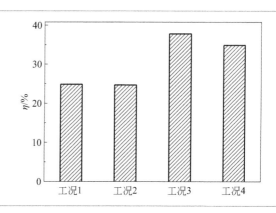

第10章

基于臭氧氧化的
燃烧烟气 NO_x
超低排放工程
应用

2014 年起，作者团队研发的活性分子臭氧氧化燃烧烟气多种污染物一体化脱除技术开始工业化应用。从解决炭黑干燥炉尾气污染物治理问题到实现电站锅炉低负荷下的超低排放，臭氧脱硝技术日渐成熟，应用也趋向于多元化，已在多个行业、多种炉型上取得成功应用。本章将选择燃煤电站锅炉中三个不同炉型案例，包括煤粉炉、循环流化床锅炉和链条炉，详细介绍臭氧脱硝技术的工艺流程和应用特点，以及结合 SCR、SNCR 进行深度脱硝的经济性分析。同时以烟气高含水的炭黑干燥炉、烟气高碱金属的生物质锅炉以及与半干法脱硫结合的钢铁烧结机三个案例介绍臭氧脱硝技术在非电行业中的应用。

10.1 燃煤电站锅炉的工业应用

10.1.1 煤粉炉工程应用案例（案例一）

（1）工程简介

哈尔滨某发电有限公司 1#～3# 三台锅炉是额定蒸发量为 220t/h 的煤粉炉，都是单锅筒、自然循环、集中下降管呈倒 U 形布置的固态排渣煤粉炉，采用正四角切向布置的角式煤粉燃烧器，其额定蒸发量为 220t/h，过热器出口工作压力为 9.8MPa，过热蒸汽温度为 540℃，给水温度为 215℃，排烟温度为 142℃，锅炉效率达到 91.53%。1#～5# 锅炉尾部烟气汇合统一进入石灰石-石膏法脱硫塔内处理，共配备 2 个脱硫塔，按 1#、2# 锅炉共用一塔，3#～5# 锅炉共用一塔设计，脱硫塔前总烟道为连通烟道并设有挡板门，运行时挡板门的开关可控制 1# 和 2# 锅炉烟气是否与 3#～5# 锅炉烟气混合以再分配的形式进入脱硫塔。

1#～5# 煤粉炉的设计煤种为鸡西烟煤，其煤质资料如表 10-1 所示。由表 10-1 中数据可见，根据 GB/T 15224.1—2018 和 GB/T 15224.2—2010，灰分在 30%～40% 之间属于高灰煤，硫分＜0.5% 属于特低硫煤，该煤粉炉的鸡西烟煤为特低硫、中高灰和高挥发性煤。由于水分和灰分含量都很高，容易点燃，而且燃烧会造成污染，需要设计烟气污染物脱除装置。

表 10-1 锅炉设计煤质资料

| 收到基组分占比/% | | | | | | | | 收到基低位发热量/(kJ/kg) |
碳	氢	氧	氮	硫	水分	灰分	挥发分	
46.25	3.04	4.94	0.57	0.42	8	36.78	20.19	18095

该公司 $1^\#$ ～ $3^\#$ 燃煤锅炉前期脱硝改造采用的是 SNCR 工艺技术，NO_x 排放浓度降至 $200mg/m^3$（标态，干基，$6\%O_2$，本案例中污染物数值均以此折算）以下。根据最新超低排放要求，NO_x 排放浓度需要控制在 $50mg/m^3$ 以下。

项目围绕两条技术路线进行对比分析。技术路线一为独用 SCR 技术，舍弃原有 SNCR 设施，在上级省煤器和空预器之间布置 2＋1 层催化剂，因锅炉老旧，未预留空间，需新建 SCR 反应器，整体脱硝效率按 85% 设计。技术路线二为 SNCR、SCR 和臭氧脱硝联用，原有 SNCR 设施保留，在上级省煤器和空预器之间布置 1 层催化剂（正好留有 1 层催化剂空间），在脱硫前布置臭氧脱硝装置。首先由 SNCR 将 NO_x 降至 $200mg/m^3$ 以下，再经过 SCR 降至 $100mg/m^3$ 以下，最后由臭氧脱硝脱除 NO_x 至 $50mg/m^3$ 以下。考虑安全性问题，还原剂均采用尿素，因此独用的 SCR 技术路线需要增加尿素裂解装置。SNCR、SCR 和臭氧脱硝联用技术路线中 SCR 使用的还原剂来自 SNCR 中未反应完的氨。从技术可行性及经济性两方面做了对比分析。技术可行性方面，因为技术路线一中 SCR 技术应用广泛且成熟度高，本身不存在问题，但由于此项目锅炉老旧，已有多次改造且资料丢失严重，省煤器和空预器改造工程量大，存在一定的风险。技术路线二中 SNCR/SCR 联用本身不存在问题，臭氧脱硝技术也有不少的工程案例。两条技术路线都是可行的。经济性方面，由于外置的 SCR 反应器改造费用高，技术路线一投资成本远高于技术路线二，关于折算设备寿命后的运行费用，技术路线一也高于技术路线二（详细的经济性分析在本节后续详细介绍）。因此，综合对比分析后项目采用 SNCR、SCR 和臭氧脱硝联用技术路线。该项目采用的臭氧脱硝工艺路线如图 10-1 所示，因氧气用量较大，使用 VPSA 空分制氧。

表 10-2 为案例一臭氧脱硝工艺的设计参数及设备选型情况。三台锅炉设计烟气总量为 $840000m^3/h$，臭氧脱硝入口即 SCR 出口设计最大 NO_x 浓度为 $100mg/m^3$，通过计算得到臭氧投加量，以此数值为基础选择臭氧发生器和空分制氧机型号。考虑到备用及经济性，在空间允许的情况下一般不选择单台 $120kg/h$ 以上臭氧发生器，该项目选择了 4 台 $90kg/h$ 容量的臭氧发生器。变压吸附制氧机需要的产量一般与臭氧成比例关系，比例系数为 $1kg$ 臭氧需要 $8m^3$ 氧气。变压吸附空分制氧机产量调节成本较大，一般为固定产量运行，多余的氧气以排空形式处理。该项目综合分析锅炉长期运行情况后选择了 2 台 $1120m^3/h$ 和 1 台 $560m^3/h$ 的空分制氧机，运行经济性最佳。臭

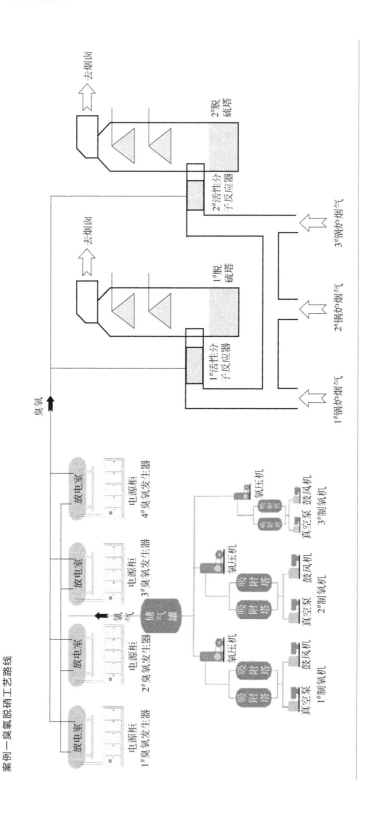

图 10-1

案例一臭氧脱硝工艺路线

氧发生器通过调节进气流量和电功率实现臭氧量的调节来满足各个工况的需求，并达到经济性运行。

表 10-2 案例一臭氧脱硝工艺的设计参数及设备选型情况

项目	参数	备注
烟气量	840000m³/h	干基，按 6% 含氧量折算
臭氧脱硝入口最大 NO$_x$ 浓度	100mg/m³	
空分制氧机选型	2×1120m³/h，1×560m³/h	变压吸附空分制氧机
臭氧发生器选型	4×90kg/h	管式臭氧发生器

（2）NO$_x$ 的脱除效率及长时间运行情况

图 10-2 为该项目 1$^\#$ 活性分子反应器所在线路上 NO$_x$ 初始浓度为 160mg/m³、烟气流量为 250000m³/h 的工况下 NO$_x$ 脱除效率特性曲线。从图中可以发现 NO$_x$ 的脱除效率曲线与实验室结果相似，随着 O$_3$/NO（摩尔比）增加，NO$_x$ 的脱除效率起初增长较慢，当摩尔比达到一定程度以后，NO$_x$ 的脱除效率显著增加，最后在摩尔比大于一定值以后 NO$_x$ 的脱除效率增长趋势减缓，这与 N$_2$O$_5$ 的生成过程有关。结果显示在 O$_3$/NO（摩尔比）为 1.7 左右，NO$_x$ 脱除效率在 84% 左右，能满足将氮氧化物从 160mg/m³ 降低至 50mg/m³ 以下的脱硝要求。同时也发现臭氧 NO$_x$ 的脱除效率受系统进口氮氧化物浓度变化影响较小，见图 10-3 不同初始浓度下 NO$_x$ 脱除效率随 O$_3$/NO（摩尔比）变化的特性曲线。

图 10-2

NO$_x$ 脱除效率随 O$_3$/NO（摩尔比）变化的特性曲线

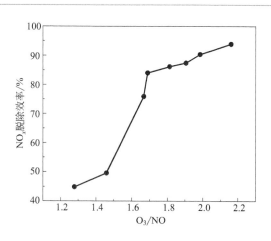

图 10-3

不同初始浓度下 NO$_x$ 脱除

效率随 O$_3$/NO（摩尔比）

变化的特性曲线

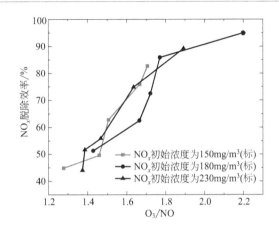

图 10-4 为案例一长时间运行脱硫塔出口氮氧化物的排放情况。氮氧化物浓度为小时均值，从图中可以发现在 168h 运行期间脱硫塔出口氮氧化物浓度均能保证在 50mg/m³ 以下，这与臭氧投加量调节反应迅速有关。当烟气量或臭氧脱硝系统进口氮氧化物浓度变化时，可以通过调节臭氧投加量来满足脱硝要求。图 10-5 为案例一的现场照片。

图 10-4

案例一长时间运行脱硫塔

出口氮氧化物排放情况

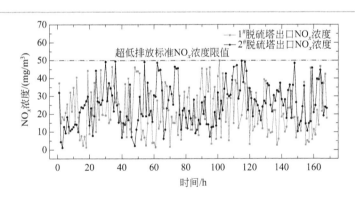

图 10-5

案例一现场照片

(a) 臭氧发生器　　　(b) 变压吸附空分制氧机

10.1.2　流化床炉工程应用案例（案例二）

（1）应用背景

案例二为 2 台循环流化床锅炉的超低排放改造项目，锅炉容量分别为150t/h 和 100t/h，为周边提供蒸汽辅以发电。因此，锅炉负荷受终端蒸汽用户使用情况影响，一般夜晚负荷低，昼夜变化大。超低排放改造前已投运SNCR 脱硝，氮氧化物排放浓度能降至 $160mg/m^3$ 以下（以含氧量为 6% 折算，本案例中污染物数值均以此折算）。在做技术可行性研究时，充分分析对比了 SCR 技术与臭氧脱硝技术。因锅炉负荷时常会降低，导致 SCR 催化剂安装位置处烟气温度过低不能满足使用条件，所以 SCR 不能全时投运，同时锅炉因未预留足够的催化剂安装空间改造费用高。考虑到锅炉容量较小，需要处理的烟气量不大，SNCR 出口 NOₓ 浓度也较低，因此如果使用臭氧脱硝而需投加的臭氧量较少，综合对比后该项目决定直接在 SNCR 后端采用臭氧脱硝来使氮氧化物降低至 $50mg/m^3$ 以下。

（2）工艺路线及结果

案例二采用的臭氧脱硝工艺路线和设计参数如图 10-6 和表 10-3 所示。工艺流程与案例一相差不大，在脱硫塔前布置活性分子反应器喷入臭氧，因

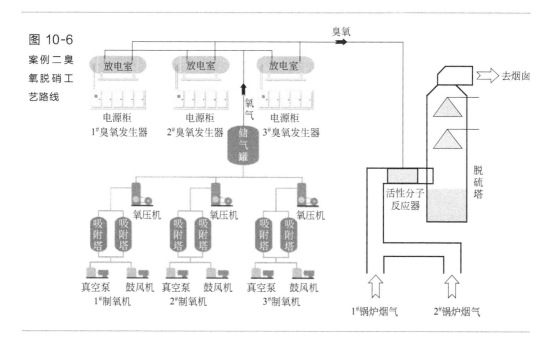

图 10-6
案例二臭氧脱硝工艺路线

锅炉负荷以昼夜周期性变化居多，因此臭氧发生器和空分制氧机选型为 2+1 配置，即 2 台运行时满足最高工况需求，1 台为备用。

表 10-3 案例二臭氧脱硝工艺的设计参数及设备选型情况

项目	参数	备注
烟气量	350000m³/h	干基
臭氧脱硝入口最大 NO_x 浓度	230mg/m³	
空分制氧机选型	3×400m³/h	变压吸附空分制氧机
臭氧发生器选型	3×50kg/h	管式臭氧发生器

图 10-7 为案例二长时间运行脱硫塔出口氮氧化物的排放情况。氮氧化物浓度为小时均值，从图中可以发现在 720h 运行期间脱硫塔出口氮氧化物浓度均能保证在 50mg/m³ 以下。即使在烟气量变化约 20% 情况下，也能保证达标排放，再次验证臭氧脱硝灵活调节，可满足全时运行的优点。图 10-8 为案例二的现场照片。

图 10-7

案例二长时间运行脱硫塔出口氮氧化物排放情况

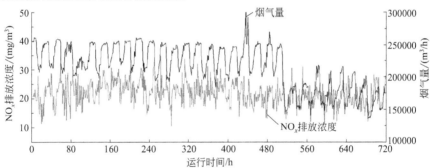

图 10-8

案例二现场照片

(a) 设备间　　　　　　(b) 变压吸附空分制氧机　　　　　(c) 臭氧发生器

10.1.3　链条炉工程应用案例（案例三）

（1）应用背景

案例三为 3 台链条炉的脱硝改造项目，链条炉是最具代表性的层燃炉，属于工业锅炉（容量 65t/h 以下）。早些年发展迅速，在我国工业锅炉中数量占据最多。由于燃烧不稳定，SNCR 技术对其 NO$_x$ 的脱除效率不高，一般也没有预留安装 SCR 催化剂的空间。而且考虑到单体锅炉容量较小，催化剂空间的改造工作量大、成本高，因此 SCR 技术经济性远不如大型锅炉。该项目 3 台锅炉容量分别为 35t/h、35t/h 和 50t/h，与案例二相似，主要为周边提供蒸汽辅以发电。同样，锅炉负荷受终端蒸汽用户使用情况影响，昼夜变化大。改造前没有任何脱硝装置，锅炉出口氮氧化物浓度在 250mg/m^3 以下（以含氧量为 9.3% 折算，本案例中污染物数值均以此折算），环保排放标准为 100mg/m^3 以下。在做技术可行性分析时，因 SNCR 技术在链条炉上效果不佳未予考虑，主要对比了 SCR 技术和臭氧脱硝技术，同样由于未预留催化剂位置和锅炉负荷波动大的问题，臭氧脱硝技术在该项目上占优势，同时臭氧脱硝技术可以处理 3 台锅炉汇总后的烟气，经济优势更加明显。

（2）工艺路线及结果

案例三采用的臭氧脱硝工艺路线和设计参数如图 10-9 和表 10-4 所示。

图 10-9

案例三臭氧脱硝工艺流程图

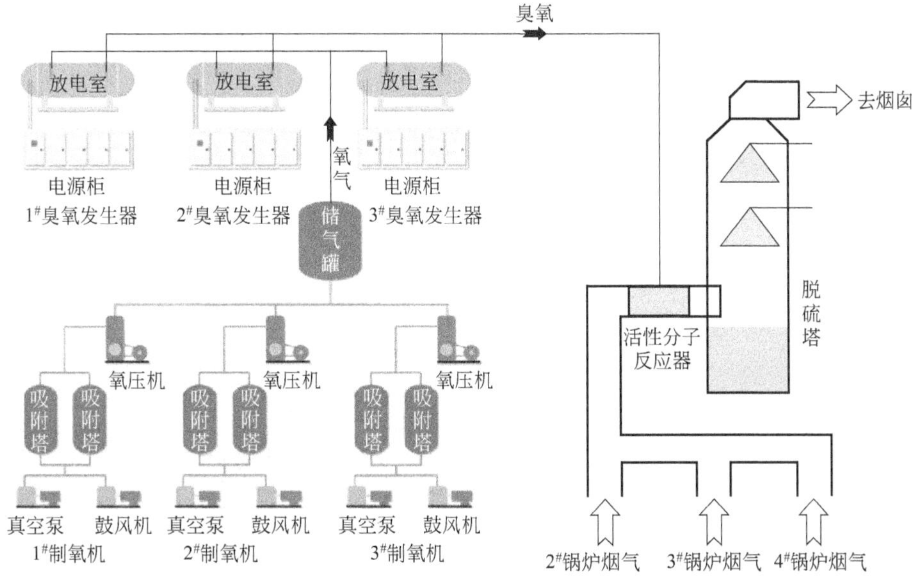

工艺路线与案例二相同，在脱硫塔前布置活性分子反应器喷入臭氧，臭氧发生器和空分制氧机设计选型为 2＋1 配置。

表 10-4　案例三臭氧脱硝工艺的设计参数及设备选型情况

项目	参数	备注
烟气量	180000m³/h	干基
臭氧脱硝入口最大 NO_x 浓度	250mg/m³	
空分制氧机选型	3×200m³/h	变压吸附空分制氧机
臭氧发生器选型	3×25kg/h	管式臭氧发生器

图 10-10 为案例三长时间运行脱硫塔出口氮氧化物的排放情况，氮氧化物浓度为实时浓度。从图中可以发现负荷上升后，出口氮氧化物浓度也会上升，随后下降，这是由于臭氧量调节使得排放满足要求。因为环保排放主要以小时均值为依据，所以此调节方式可以满足要求，在锅炉负荷变化大时建议预判式调节臭氧投加量，即在需要增加负荷前提前增加臭氧投加量。图 10-11 为案例三的现场照片。

图 10-10

案例三长时间运行脱硫塔出口氮氧化物排放情况

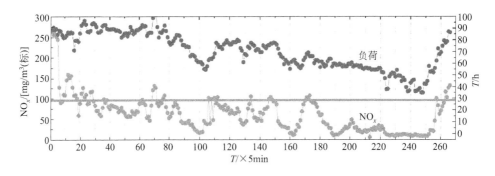

图 10-11

案例三现场照片

(a) 变压吸附空分制氧机　　　　　　　　(b) 臭氧发生器

10.1.4　技术及经济性分析

（1）技术特点对比

活性分子臭氧多脱是将活性分子臭氧喷入除尘器之后、喷淋洗涤塔之前的烟道内，而后结合 WFGD 实现多种污染物一塔多脱，核心是活性分子。SCR 技术是把还原剂氨气喷入锅炉省煤器下游 $300 \sim 400 ℃$ 的烟道内，在催化剂作用下，利用脱硝剂（氨气或者尿素）将烟气中 NO_x 还原成无害的 N_2 和 H_2O。SCR 装置需在烟道上增设一个反应器，催化剂是核心。活性分子臭氧脱硝和 SCR 脱硝技术特点对比见表 10-5。

表 10-5　活性分子臭氧脱硝和 SCR 脱硝技术特点对比

方案	SCR 脱硝	活性分子臭氧脱硝		SCR＋SNCR 耦合
反应剂	可使用 NH_3 或尿素	活性分子臭氧		可使用 NH_3 或尿素
反应温度	$300 \sim 400 ℃$	$\leq 120 ℃$		SNCR：$850 \sim 1100 ℃$；SCR：$300 \sim 400 ℃$
NO_x 的脱除效率	可达＞90%	可达＞90%		60%～90%
Hg、二噁英脱除率	Hg：30%～40%	Hg：＞95%[220-223]	部分 VOCs[224-228]	Hg：20%～30%
脱硝反应剂喷射位置	多选择省煤器与 SCR 反应器间烟道内	除尘器之后、脱硫塔之前		锅炉负荷不同喷射位置也不同，通常位于一次过热器或二次过热器后端
脱硝反应剂储存	液氨：储存量超过 40t 为重大危险源，须经过安全、环保与消防等机构的评估，且至少约需 $2500 \sim 3000 m^2$ 的场地；尿素：需加装尿素溶解装置	现用现制，由于生命周期（几十秒）限制不能储存		液氨：储存量超过 40t 为重大危险源，须经过安全、环保与消防等机构的评估，且至少约需 $2500 \sim 3000 m^2$ 的场地；尿素：需加装尿素溶解装置
系统压力损失	催化剂会造成压力损失，$900 \sim 1200 Pa$	烟道反应器，$100 \sim 200 Pa$		催化剂用量较 SCR 小，产生的压力损失相对较低，$400 \sim 600 Pa$
燃料的影响	灰分会磨耗催化剂，碱金属氧化物会使催化剂钝化，AS、S 等会使催化剂失活	无		影响与 SCR 相同。由于催化剂的体积较小，更换催化剂的总成本较全尺寸 SCR 低
NO_x 的脱除效率炉侧影响因素	受省煤器出口烟气温度的影响	无		受炉膛内烟气流速及温度分布的影响

方案	SCR 脱硝	活性分子臭氧脱硝	SCR＋SNCR 耦合
二次污染	氨逃逸，长时间运行后，SCR 催化剂会富集一些痕量重金属元素，废弃后的催化剂需要进行无害化处理	臭氧逃逸，可自行分解	氨逃逸，长时间运行后，SCR 催化剂会富集一些痕量重金属元素，废弃后的催化剂需要进行无害化处理
运行影响	空预器堵塞，烟道阻力增加，增加引风机能耗	增加了循环浆液阴离子浓度，导致钙离子浓度增大，易结垢	空预器堵塞，烟道阻力增加，增加引风机能耗
占用空间	大，催化塔需靠近尾部烟道	大，布置简单，与脱硫塔距离可超过 50m	一般，催化塔需靠近尾部烟道
后续检修	需定期更换催化剂（3～4 年）	主要设备 10 年内无需更换	需定期更换催化剂（3～4 年）

臭氧具备极强的氧化能力，分解产物为氧气，无二次污染，可通过放电大规模制备，生存周期足以完成氧化反应等，因此选择臭氧作为前置氧化的氧化剂。通过实验室试验和动力学模拟发现：①在 O_3/NO（摩尔比）小于 1 时，NO 的主要氧化产物为 NO_2，NO 的氧化应该在 200℃以下进行；②O_3 也可高效氧化汞，但汞的最佳氧化温度在 200～250℃；③NO 和汞共同存在时，O_3 首先与 NO 反应；④SO_2、CO、CO_2、HCl 的存在对 O_3 氧化 NO 的影响十分微弱。臭氧氧化多脱技术具有实现 SO_2、NO_x、Hg^0 和 VOCs 多种污染物协同脱除的潜力，目前 NO_x 的脱除效率均可达到 90％以上，具有实现超低排放的能力。同时臭氧的氧化具有选择性，可根据排放浓度和目标浓度调节配比，控制能耗。臭氧多脱技术可依托于目前厂内脱硫已有的洗涤塔进行氧化产物的吸收，改造难度小，烟道改动小，基本无压损，具有广阔的应用前景。

（2）经济性对比

以方案一为例详细对比分析 SCR 技术与臭氧脱硝技术的经济性。直接采用 SCR 技术将烟气中氮氧化物从 $330mg/m^3$ 降至 $50mg/m^3$，经计算需要布置 2＋1 层催化剂，位置在省煤器与空预器之间。但因此处空间预留有限（只能布置 1 层催化剂），需要改造省煤器及空预器，单独建造 SCR 反应器，成本高，此处改造占总成本比例大。还原剂采用尿素裂解方式。投资运行成本如表 10-6 所示。投资成本为静态投资，运行成本包括设备折旧费和维修费、生产成本（电费、还原剂费用、催化剂更换检测处理费用、水蒸气费用等）及财务费用等，年运行时间为 5000h。从表中可以看到针对此项目的 SCR 技术路线投资费用远大于 SCR 和臭氧脱硝联用技术路线，这与 SCR 反应器的改造成本密切相关。同时臭氧脱硝集中处理 3 台锅炉混合后的烟气，也具有一定的经济性优势。在运行费用方面需要折算设备折旧和维护费用，因而 SCR 技术路线的运行费用也高于 SCR 和臭氧脱硝联用技术路线。

表 10-6　方案一中两个技术路线的投资和运行成本对比

项目	投资/万元	运行/(万元/年)	单位成本增加值/[元/(kW·h)]
SCR	8000	1500	0.044
SCR＋臭氧	4000	1200	0.035

10.2　特殊锅炉的工业应用

10.2.1　高含水烟气炭黑尾气治理案例（案例四）

（1）工程简介

随着中国汽车制造业的快速兴起，作为轮胎生产主要原料的炭黑供应量急剧增加。目前，全国炭黑年产量达到 500 万吨[229]，氮氧化物排放量贡献达到 4.7 万吨。杭州某橡胶厂有一台烟气量为 60000m³/h 的炭黑干燥炉，供应橡胶行业所用的炭黑原料，生产工艺流程如图 10-12 所示。燃料在燃烧炉内进行燃烧产生 1700～1900℃ 的高温烟气（含有 SO$_2$ 和 NO$_x$），而后高温烟气进入裂解炉对原料油进行高温裂解，裂解后期喷入冷却水对炉内进行强制降温，停止裂解并生成炭黑，裹挟着炭黑的烟气流经空气预热器（烟气温

图 10-12

炭黑生产工艺流程

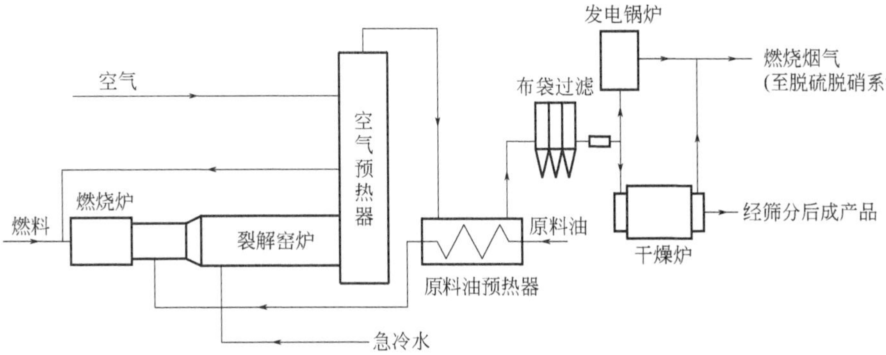

度由 750℃ 降至 400℃）和原料油加热装置（烟气温度由 400℃ 降至 220℃）后经过袋式除尘器过滤，由滤袋收集烟气中的炭黑。此时的炭黑中含有大量水汽，并呈球状，经由后部的炭黑干燥炉进行干燥脱水，而后流经二次布袋除尘器，由滤袋收集干燥后的炭黑，即获得合格的炭黑制品。

该工程的烟气原始参数如表 10-7 所示，技术指标要求如表 10-8 所示。最为显著的特点是烟气出口温度很低，仅为 170℃；且含水量极高，达到 55％。由于 SNCR 温度窗口在 850～1100℃，而此温度窗口位于裂解窑炉炉尾，此时喷入的尿素或者氨水蒸发汽化后会被烟气中的炭黑大量吸附，在显著增加还原剂耗量的同时还将严重影响炭黑品质，故不能采用 SNCR 进行烟气脱硝。裂解后的烟气在空气预热器之后和原料油加热装置之前的温度为 220～400℃，虽然在此区段具备 SCR 脱硝温度区间（SCR 脱硝温度窗口为 300～400℃），但两方面的因素使 SCR 并不适用：①裂解炉尾部需喷入大量急冷水，使其后烟气中的含湿量非常高，SCR 催化剂在如此高含水量烟气环境中其 NO_x 的脱除效率会受到严重抑制；②该区段烟气中含有大量裂解不完全的黏性油质，极易造成 SCR 催化剂堵塞，进而导致 SCR 的 NO_x 脱除效率下降和催化剂使用寿命较短等问题。此烟气流经布袋除尘器滤下所携带的炭黑颗粒，干净的烟气再次被送入炭黑干燥回转窑炉内，可燃气体进行燃烧并产生部分 NO_x。炭黑干燥回转窑炉内的工况条件和设备空间不适合 SNCR 或者安装 SCR 催化剂，干燥炉出口烟温为 180℃，远低于 SCR 反应温度。因此现有成熟的 SNCR 和 SCR 不适用于炭黑生产线烟气脱硝。

表 10-7　烟气原始参数

序号	名称	单位	参数
1	烟气量	m^3/h	60000
2	烟气温度	℃	约 170
3	烟气含水率	％	55
4	SO_2 入口浓度（干基）	mg/m^3	约 1000
5	SO_2 要求排放浓度（干基）	mg/m^3	＜100
6	NO_x 入口浓度（干基）	mg/m^3	约 650
7	NO_x 要求排放浓度	mg/m^3	＜240

表 10-8　技术指标要求

序号	指标项目	单位	指标数值
1	SO_2 排放浓度	mg/m^3	＜100（6％O_2 折算）

续表

序号	指标项目	单位	指标数值
2	NO$_x$ 排放浓度	mg/m^3	<240(6%O$_2$ 折算)
3	设计钙硫比	Ca/S	1.03
4	设计臭氧与 NO$_x$ 当量比	O$_3$/N	1.05
5	石灰石耗量	t/h	0.104
6	耗水量	t/h	3.5
7	耗电量	kW·h	约 480
8	脱硫系统总阻力	Pa	1600
9	脱硫废水排放量	t/h	0.22

　　本项目采用活性分子臭氧氧化结合石灰石-石膏湿法洗涤硫硝一体化脱除工艺。与传统的 SNCR 和 SCR 脱硝技术效果比，该技术可在较低烟气温度时高效脱硝，且不改动炭黑原有生产工艺，同时不存在氨残留问题。与单独的脱硫或脱硝工艺相比，在一个系统内实现同时脱硫脱硝（脱氮）的工艺具有一定的优越性，可以减少系统复杂性、提高运行性能以及降低运行成本。脱硫脱硝设计排放标准执行国家相关规范和标准。SO$_2$ 排放浓度 <100mg/m^3，NO$_x$ 排放浓度 <240mg/m^3，O$_2$ 按 6% 折算。

　　(2) 系统工艺流程

　　具体工艺流程和现场建设效果如图 10-13 所示。液氧罐内的液氧经由汽化器减压阀和稳压阀，以稳定的压力进入活性分子臭氧发生系统，经过介质

图 10-13

炭黑干燥炉臭氧氧化脱硫脱硝工艺流程及现场图

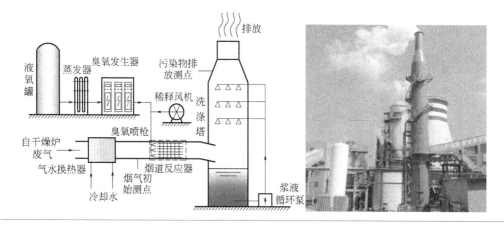

阻挡放电（DBD）生成较高浓度的臭氧，而后进入静态混合器与稀释风机提供的带压空气进行充分混合，随后进入装在洗涤塔前烟道部分的烟道反应器。来流高温烟气经由汽水换热器实现余热回收利用，同时烟温降至 120℃以下。烟道反应器内由经过特殊流场设计的格栅和活性分子喷枪组成，在烟道反应器内活性分子与烟气中的 NO_x 进行充分的混合和反应，而后进入石灰石-石膏湿法洗涤塔，在洗涤塔内部实现高价态 NO_x 和 SO_2 的高效脱除。净化后的净烟气通过洗涤塔顶烟囱直接排放。

（3）烟气温度影响的工程测试

臭氧与 NO 的反应过程中，$O_3/NO<1$ 时，O_3 与 NO 反应的主要产物是 NO_2，该过程基本不受温度影响。但当 $O_3/NO>1$ 时，O_3 开始与 NO_2 反应生成高价态氮氧化物（以 N_2O_5 为主），该过程受温度影响较大。实验室结果表明，在温度小于 110℃ 时，O_3 可以将 NO_2 氧化为 N_2O_5，当反应温度为 60~80℃ 时，NO_2 基本可以完全转化为 N_2O_5。而温度过高时不利于 N_2O_5 的生成，这主要是由于温度升高会导致 O_3 和 N_2O_5 分解加快。因此，工程应用中塔前烟气温度是影响 NO_x 脱除效率的重要因素。

如图 10-14 所示，在 $O_3/NO<1$ 时，塔前烟气温度对 NO_x（这里的 NO_x 指 NO 和 NO_2 之和）脱除效率影响不大；随着 O_3/NO（摩尔比）继续增大，塔前烟气温度对 NO_x 脱除效率的影响开始显现。在 $O_3/NO>1$ 时，随着塔前烟气温度从 100℃ 增至 155℃，相同 O_3/NO（摩尔比）条件下，温度越低 NO_x 脱除效率越高；在 $O_3/NO=2$，塔前烟气温度为 100℃ 时，NO_x 脱除效率可达到 94%。由于烟气中 NO_x 的初始浓度始终在变化，

图 10-14

不同烟气温度 NO_x 的脱除效率与塔后 NO_x 浓度

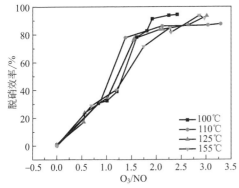
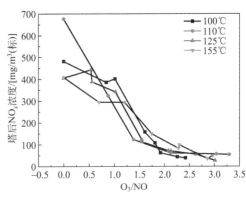

不能用单独的塔后 NO$_x$ 浓度来对比脱除效果。但在塔前烟气温度为 100℃ 和 110℃，O$_3$/NO＝2 时，塔后 NO$_x$ 浓度（文中 NO$_x$ 浓度和 SO$_2$ 浓度均为按 6％氧气浓度折算后的数值）可下降到 50mg/m^3 左右。而随着温度的升高，塔后 NO$_x$ 浓度下降到 50mg/m^3 左右所需的 O$_3$/NO（摩尔比）变大。

塔前烟气温度越高，N$_2$O$_5$ 不断分解为 NO$_2$ 和 NO$_3$，NO$_3$ 又不断分解为 NO$_2$，O$_3$ 继续与 NO$_2$ 反应，生成 NO$_3$ 和 N$_2$O$_5$，形成了一个循环。最终 O$_3$ 耗尽，循环终止，NO$_x$ 大部分以 NO$_2$ 形式存在。与 NO$_2$ 相比，N$_2$O$_5$ 更容易被吸收浆液吸收。因此，随着塔前烟气温度的升高，相同 O$_3$/NO（摩尔比）下的 NO$_x$ 的脱除效率不断下降。但由于工程中塔前反应时间短，氧化反应在温度较低的吸收塔中继续进行，因此，在塔前烟气温度较高的工况下仍然能够取得较好的 NO$_x$ 脱除效率。

（4）喷淋吸收段影响的工程测试

湿法吸收塔共有三层喷淋，开启不同喷淋层将改变烟气在塔内的停留时间和液气比。开启上两层喷淋，烟气在塔内的停留时间为 3.43s；开启下两层喷淋，烟气在塔内的停留时间为 2.4s。开启上两层喷淋的液气比为 21.8L/m^3，开启三层喷淋的液气比为 32.7L/m^3。NO$_2$ 向 N$_2$O$_5$ 的转化速率较慢，这一反应主要在塔内进行。因此，烟气在塔内的停留时间对 NO$_2$ 向 N$_2$O$_5$ 的转化效率有明显的影响。

由图 10-15 看出，烟气在塔内的停留时间对 NO$_x$ 脱除效率有显著的影响。当 O$_3$/NO＜1 时，由于氧化产物主要为 NO$_2$，停留时间对 NO$_x$ 脱除效率的影响不大；当 O$_3$/NO＞1 时，NO$_2$ 开始向 N$_2$O$_5$ 转化，停留时间对 NO$_x$

图 10-15

烟气在塔内不同停留时间的 NO$_x$ 脱除效率和塔后 NO$_x$ 浓度

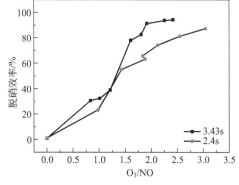
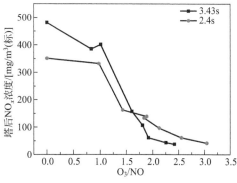

脱除效率的影响开始显现，相同 O_3/NO（摩尔比）时，停留时间为 3.43s 的 NO_x 脱除效率明显高于 2.4s 的工况。当烟气在塔内停留时间为 3.43s，$O_3/NO>2.0$ 时，NO_x 脱除效率均在 90% 以上，塔后 NO_x 浓度控制在 $50mg/m^3$ 以下，最低可达到 $30mg/m^3$。

由图 10-16 可以看出，NO_x 和 SO_2 一体化脱除过程中，烟气在塔内停留时间的延长在一定程度上有利于 SO_2 的吸收脱除，两种工况均可达到 96% 以上的脱硫效率。此外，两个停留时间的塔后 SO_2 浓度均在 $30mg/m^3$ 以下，最低可达到 $5mg/m^3$ 以下。

图 10-16

烟气在塔内不同停留时间的脱硫效率与塔后 SO_2 浓度

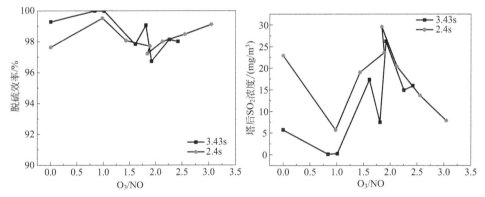

如图 10-17 所示，与烟气在塔内停留时间相比，在一定的液气比范围内，液气比的变化对 NO_x 脱除的影响不大。

图 10-17

不同液气比的 NO_x 脱除效率与塔后 NO_x 浓度

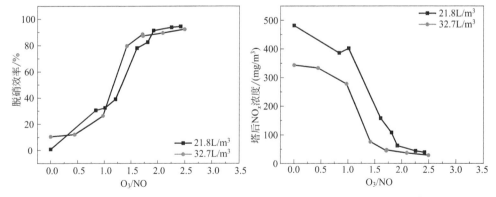

（5）第三方检测报告

杭州市环境检测科技有限公司富阳分公司检测结果显示，二氧化硫排放浓度小于 15mg/m^3，氮氧化物排放浓度小于 3mg/m^3，烟（粉）尘排放浓度是 20.7mg/m^3。检测报告指出在检测日工况条件下，治理后排放的废气中的烟尘、二氧化硫、氮氧化物排放浓度均符合 GB 13271—2001《锅炉大气污染物排放标准》中二时段标准限制要求。杭州市环境监测中心站进行了项目竣工环境保护验收监测。监测结果显示，二氧化硫排放浓度小于 43mg/m^3，氮氧化物排放浓度小于 21mg/m^3，颗粒物排放浓度小于 0.02mg/m^3。

10.2.2　高碱金属生物质锅炉烟气治理案例（案例五）

（1）工程简介

该生物质电厂锅炉为循环流化床锅炉，额定蒸发量为 130t/h，额定蒸汽压力为 9.81MPa，额定蒸汽温度为 540℃。锅炉采用半塔式布置（高温过热器以及低温过热器布置在分离器前），采用中温分离。用来产生蒸汽的热量来自流化床系统。燃烧产生的高温烟气夹带着物料通过炉膛向上流动，通过水冷吊挂管、高温过热器以及中温过热器，炉膛上部后水冷壁两侧的出口切向进入蜗壳式绝热旋风分离器，粗的物料在旋风分离器内被分离下来后经过与旋风分离器底部相连的回料器，返回位于布风板之上的炉膛密相区，实现循环燃烧。烟气经位于旋风分离器顶部的出口烟道，通过尾部包墙过热器进入尾部第一竖井烟道，在竖井烟道内，烟气向下冲刷并向四壁及其内的尾部受热面（依次为低温过热器、省煤器以及空预器）放热，最后流经第二竖井烟道的空气预热器后离开锅炉本体。

该生物质锅炉燃料由多种生物质构成，主要包括稻秆、麦秆、稻壳和桑树枝等。表 10-9 和表 10-10 分别展示了燃料及灰成分的化学分析数据。从表中可以看出该生物质混合燃料的灰成分中碱金属 K 的含量很高，其中桑树枝的灰分 K 含量（以 K$_2$O 计）可达 30％以上。较高的碱金属 K 会造成 SCR 催化剂堵塞，因此，也印证了该生物质锅炉烟气不能采用 SCR 脱硝技术。

表 10-9　生物质混合燃料的化学分析

分析指标	单位	生物质燃料
C_{ar}	％	31.76
H_{ar}	％	3.89

分析指标	单位	生物质燃料
O_{ar}	%	27.89
N_{ar}	%	0.53
S_{ar}	%	0.06
M_{ar}	%	30
A_{ar}	%	5.86
$Q_{net,ar}$	kJ/kg	10951

表 10-10　灰成分的化学分析

分析指标(质量分数)/%	稻秆	麦秆	桑树枝	稻壳
SiO_2	44.62	53.58	18.58	80.88
Al_2O_3	1.35	1.21	3.6	1.47
Fe_2O_3	0.32	0.35	1.32	0.22
CaO	4.74	3.53	14.61	1.77
MgO	2.75	2.0	3.94	0.54
SO_3	1.75	1.55	0.9	0.55
TiO_2	0.05	0.04	0.22	0.08
K_2O	26.82	28.38	31.71	9.53
Na_2O	1.86	1.66	1.73	0.52
P_2O_5	2.4	1.6	10.8	0.75
MnO_2	0.69	0.12	0.10	0.25

（2）系统工艺流程

锅炉烟气臭氧氧化脱硝超低排放工艺的现场布置和工艺流程如图 10-18
所示，主要包括制氧系统、臭氧发生系统、臭氧反应系统和吸收系统等。其
中制氧系统采用 VPSA 变压吸附制氧，臭氧发生系统采用臭氧发生器，吸收
系统采用湿法吸收塔。由 VPSA 制氧系统提供的富氧气源（纯度≥92%）经
臭氧发生器产生臭氧，喷入锅炉尾部烟道中与低温（<150℃）烟气进行充
分混合，并在特制的臭氧混合反应器中对 NO_x 进行氧化。经臭氧氧化后的
烟气随后进入湿法吸收塔洗涤，最后经烟囱排放。此次臭氧脱硝改造主要设
备为 3 套 560m³/h VPSA 空分制氧机（两用一备），3 套 70kg/h 臭氧发生器
（两用一备），1 套湿法吸收塔，1 套臭氧反应器。

图 10-18

臭氧多种污染脱除工艺流程

(a) 现场布置图

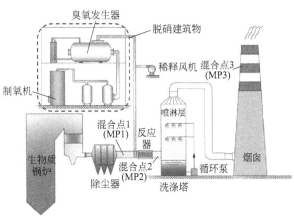

(b) 工艺流程图

（3）氧化效率的工程测试

　　NO 的氧化是臭氧脱硝技术的第一步，NO 的氧化程度决定了 NO_x 的脱除效率。图 10-19 展示了 NO 的氧化效率随 O_3/NO（摩尔比）的变化曲线。其中 NO_x 的初始浓度和氧化后浓度在图 10-18 中 MP1 和 MP2 通过测孔测量。由于德图烟气分析仪只能分析 NO 和 NO_2 的浓度，不能检测 N_2O_5 浓度，所以出口 NO_x 的浓度是降低的。图中可以看出随着 O_3/NO（摩尔比）

图 10-19

NO 的氧化效率随 O_3/NO

（摩尔比）的变化曲线

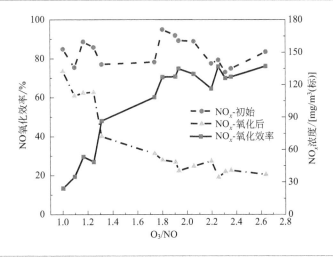

的增加，NO 的氧化效率显著增加，但是当 O_3/NO（摩尔比）达到 1.8 时，NO 的深度氧化效率为 70%，并且不随 O_3/NO（摩尔比）的继续增加而增大。如前所述，NO 深度氧化为 N_2O_5 的反应时间为 3~7s。本试验中 MP1 和 MP2 两个测点之间的距离大概为 4m，结合 6m/s 左右的烟气流速，可以计算得到从臭氧喷入到烟气分析的反应时间约为 0.67s。因此，如此短暂的反应时间并不能满足深度氧化的要求，所以当 $O_3/NO > 1.8$ 时，NO 的氧化效率不能进一步增加。

（4）脱硝效率的工程测试

在臭氧多种污染物脱除技术的工业应用中，臭氧发生器和空分设备的投资大约占项目总投资的 2/3。另外，过量的臭氧投入虽然可以达到令人满意的 NO_x 脱除效果，但是会造成尾部排放中臭氧残留的增加。因此，估算合理的臭氧投入量不仅可以有效估计项目总投资，还可以避免臭氧的过量排放。图 10-20 展示了 NO_x 的脱除效率随 O_3/NO（摩尔比）的变化。图中可以看出 NO_x 的脱除效率随着 O_3/NO（摩尔比）的增加而显著增加，在 $O_3/NO > 2.4$ 时，NO_x 的脱除效率达到了 93%。当 $O_3/NO > 2.0$ 时，可以看出 NO_x 脱除效率增长的趋势减缓，说明此时继续增加臭氧投加量收效甚微。和图 10-19 结果相比较，图 10-20 的脱除效率明显增加，主要是由于反应时间的延长会使喷入的臭氧和未反应的 NO_x 在喷淋塔中继续反应。

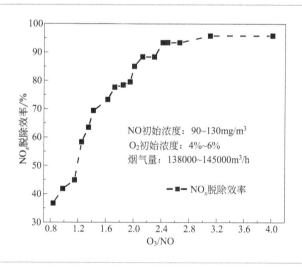

图 10-20

NO_x 的脱除效率随 O_3/NO（摩尔比）的变化

在本工程应用中臭氧反应器为专利技术的喷枪格栅反应器，其中 48 个臭氧喷射口均匀布在 6 个独立的支管中，每个支管的流量均已调整标定，现场布置图如图 10-21 所示。良好的烟气和臭氧的混合可以避免局部臭氧浓度过高而产生的臭氧热分解现象，有利于降低臭氧的投入量，提高 NO_x 脱除效率。本调试工况，维持总臭氧投加量不变，改变六个支管的阀门开合（如表 10-11 所示），测试臭氧和烟气的混合效果对 NO_x 脱除效率的影响。图 10-22 展示了四种工况下的 NO_x 脱除效率随 O_3/NO 的变化曲线，从图中可以看出烟气与喷入臭氧的混合效果对 NO_x 脱除效率的影响很大。工况 $1^\#$ 中在 O_3/NO 相同的情况下，NO_x 的脱除效率是最高的，其次是工况 $2^\#$ 和 $4^\#$。结合表 10-11 可以看出阀门打开的数量越多，脱硝效果也就越好。另外，可以观察到当 $O_3/NO < 1.2$ 时，四个工况的 NO_x 脱除效率差距不大，这是由于在此过程中基本是 NO 向 NO_2 的转化，而这个转化过程是非常迅速的，局部过高浓度的臭氧来不及分解就完成了和 NO 的反应，因此，受混合状况的影响很小。但是当摩尔比进一步增大的时候，四种工况的差距逐渐增大。尤其是工况 $3^\#$，只开中间两个支管阀门的情况，NO_x 脱除效率最小，这是因为 NO_2 向 N_2O_5 的转换速率较慢，在臭氧喷入口处出现了局部臭氧浓度过高的现象，此时臭氧热分解反应加剧，造成了臭氧的不必要消耗。

图 10-21

阀门现场布置图

表 10-11　不同工况下阀门的工作状态

工况	阀门#1	阀门#2	阀门#3	阀门#4	阀门#5	阀门#6
工况 $1^\#$	●	●	●	●	●	●
工况 $2^\#$	●	●	●	●	○	○
工况 $3^\#$	○	○	●	●	○	○
工况 $4^\#$	●	●	○	○	●	●

注：●阀门开，○阀门关。

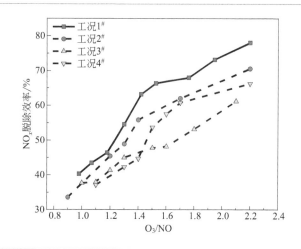

图 10-22

臭氧和烟气的混合效果对
NO_x 脱除效率的影响曲线

在本项目中，湿法喷淋塔布置了两层喷淋，每层喷淋都配备有一个浆液循环泵，此外两层喷淋对应的烟气在塔内的停留时间经计算得出分别为 3.2s 和 4.0s。图 10-23 中为液气比和塔内停留时间对 NO_x 脱除效率的影响。从图中可以看出液气比为 $7.2L/m^3$、停留时间为 4.0s 时脱硝效果最好。当液气比相同时，4.0s 的塔内停留时间时脱硝效果略优于 3.2s 停留时间的脱硝效果。较长的停留时间有利于延长残留臭氧和未反应 NO_x 的反应时间，较大的液气比有利于增强气液传质，故均有利于 NO_x 脱除效率的提高。

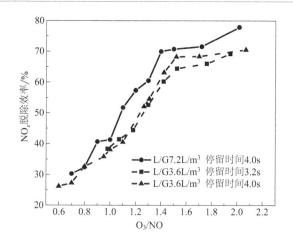

图 10-23

液气比对 NO_x 脱除效率的
影响曲线

从理论上讲，N_2O_5 的生成反应需要 O_3 和 NO 的化学计量比是 1.5，所以在工业应用中只要投加的臭氧量高于这个摩尔比，烟囱排放处就有可能会造成臭氧残留的现象，产生二次污染。所以我们对烟囱出口的臭氧残留进行在线分析，结果如图 10-24 所示。当 O$_3$/NO<2.1 时，在烟囱出口处几乎未检测到臭氧残留（低于仪器的检测限 0.1×10^{-6}）。当摩尔比进一步增大的时候，残留臭氧的浓度逐渐增大，最后几乎线性增加。这时候的 O$_3$/NO（摩尔比）大于化学计量比，这是因为臭氧喷入口烟气的温度为 110℃，喷淋塔出口烟气温度也有 60℃，在这个过程中未参与反应的臭氧会有一定的热分解，还有一部分臭氧会溶解在喷淋液中而被消耗。此外，在本项目中喷淋塔出口至烟囱出口要经历一段较长的烟道和高耸的烟囱，这些都会造成残留臭氧的分解。根据本项目的运行参数，按烟气量为 150000m^3/h、入口 NO$_x$ 为 150mg/m^3 来进行计算，得出臭氧喷入量与 O$_3$/NO 的关系如图 10-24 中所示，可以看出在实际运行中，该生物质电厂的臭氧投加量保持在 48.5kg/h 以内时，烟囱出口几乎不会产生臭氧残留的现象。

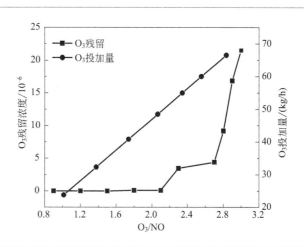

图 10-24

臭氧残留量随 O$_3$/NO（摩尔比）的变化曲线

不同于传统的 SCR 和 SNCR 还原法的技术，臭氧脱硝技术是将 NO 氧化成高价态的氮氧化物，然后在湿法喷淋塔中进行吸收。这样就会向喷淋浆液中引入 N 元素。为了了解浆液中 N 元素存在的形态，对吸收浆液进行连续三天取样，抽滤完成后对滤液做了离子色谱分析，结果如图 10-25 所示，从图中可以看出浆液中的 N 元素主要以 NO$_3^-$ 的形式存在。另外，浆液中的 SO$_4^{2-}$ 浓度很低，这正好和此生物质锅炉烟气中 SO$_2$ 的浓度较低相对应。我们在烟囱出口处取了一些凝结的水蒸气也进行了离子色谱分析，可以看出，相较于浆液，烟囱出口处凝结水蒸气中的 NO$_2^-$ 和 NO$_3^-$ 的浓度都极低，因此，N 元素并不会隐藏在水蒸气中排入大气。

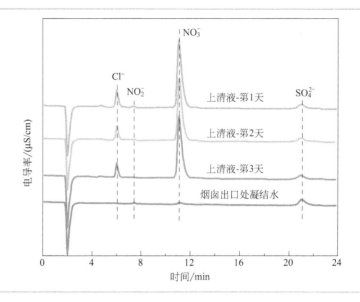

图 10-25

脱硝浆液和烟囱排放水蒸气的离子色谱分析

将抽滤完的滤渣进行收集，在 95℃ 的烘箱中放置整晚烘干，随后进行 XRD 和 FTIR 分析。从图 10-26 滤渣的 XRD 分析结果可以看出，滤液和 CaCO₃（PDF♯86-2339）晶体较为吻合，主要成分应该是 $CaCO_3$。为了研究滤渣表面的官能团，将滤渣进行 FTIR 分析。可以很明显地看到 $1439cm^{-1}$ 处有一个很强的吸收峰，在 $873cm^{-1}$ 和 $715cm^{-1}$ 处有两个尖峰，这三个吸收峰都是 C—O 的伸缩振动峰，是碳酸盐的特征峰[230,231]，这个结果和 XRD

图 10-26

浆液滤渣的 XRD 和傅里叶红外光谱分析

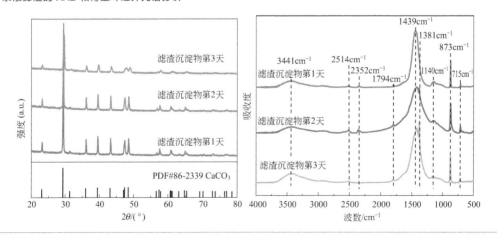

的分析结果相对应。此外，在 $1140cm^{-1}$ 处的吸收峰是硫酸盐的拉伸振动造成的，是 SO_2 经浆液吸收、转化而成的 $CaSO_4$。在 $1381cm^{-1}$ 处，还有一个很狭窄的尖峰，这是硝酸盐物种存在的证明[92,232]。

在电厂的实际运行中，臭氧投加量是一个关键运行参数，了解不同臭氧投加量和烟囱出口污染物的排放浓度之间的大致对应关系对电厂的实际运行具有参考意义。图 10-27 显示了前端臭氧投加量与烟囱出口处 NO_x 排放浓度的关系。在最开始的 30min，臭氧投加量为 29.6kg/h，出口 NO_x 的浓度在 $100mg/m^3$ 左右波动。可以看出出口处 NO_x 的浓度波动很大，这是由于生物质焚烧电厂燃烧的燃料复杂多样，所以产生的 NO_x 初始浓度波动很大。当我们加大臭氧发生器的功率，将臭氧投加量提高至 34.8kg/h 时，出口的 NO_x 浓度已经可以控制在 $50mg/m^3$ 以下了，这已经满足了超低排放的要求。当进一步增加臭氧投加量到 42.3kg/h 后，排放 NO_x 的浓度已经降低至 $15mg/m^3$ 左右，可见臭氧多种污染物一体化脱除技术可以实现很高效的 NO_x 脱除效率，并且在工业应用中得到了验证，可以适用于生物质焚烧烟气等复杂烟气环境的污染物脱除。

图 10-27

不同臭氧投加量下烟囱出口 NO_x 的排放特性

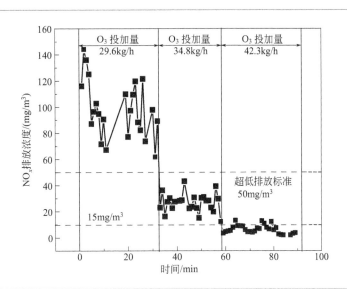

10.2.3　钢铁烧结机半干法脱除案例（案例六）

（1）应用背景

案例六是钢铁生产工艺中的 1 台 $198m^2$ 烧结机氮氧化物超低排放改造。随着电站锅炉超低排放改造进入尾声，炼钢作为污染物排放的重点行业也加入超低排放治理的行列。烧结机是钢铁生产的主要组成部分，是铁矿粉的烧结处理环节。由于烧结机内部是产品，生产过程中不能引入其他杂质，虽然其温度区间符合 SNCR 技术的要求，但不能完全保证反应的尿素或其他还原剂不会影响生产工艺。烧结机出口烟气温度一般小于 200℃ 且含有大量的粉尘，因此低温 SCR 技术需要先除尘再升温，成本高。烧结机出口烟气中氮氧化物浓度一般在 250mg/m³ 以下，进行超低排放改造需降低至 50mg/m³ 以下，直接使用臭氧脱硝技术较其他技术具有经济性优势。

（2）工艺路线及结果

案例六虽然结合 SDA 半干法脱硫工艺，但采用的臭氧脱硝工艺路线与其他案例相同，工艺路线和设计参数如图 10-28 和表 10-12 所示，活性分子反应器布置在 SDA 脱硫塔前烟道上，因钢厂生产过程中需要大规模使用氧气，所以不需要额外配置空分制氧机。

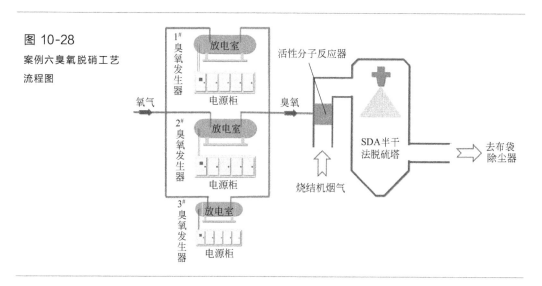

图 10-28
案例六臭氧脱硝工艺
流程图

表 10-12　案例六臭氧脱硝工艺的设计参数及设备选型情况

项目	参数	备注
烟气量	750000m³/h	干基，按 16% 氧气折算
臭氧脱硝入口最大 NO_x 浓度	250mg/m³	
臭氧发生器选型	2×120+80kg/h	管式臭氧发生器

图 10-29 为案例六长时间运行烟囱出口氮氧化物的排放情况，氮氧化物浓度为小时均值。从图中可以发现运行时基本上能满足超低排放要求，此项目未备用臭氧发生器，臭氧脱硝系统进口氮氧化物浓度升高或臭氧发生器故

障停机都有可能造成氮氧化物临时超标的问题。因此，对现场运行稳定性要求高的需要备用一套设备。图 10-30 为案例六的现场照片。

图 10-29
案例六长时间运行脱硫塔
出口氮氧化物排放情况

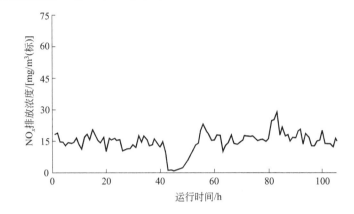

图 10-30
案例六现场照片

(a) 臭氧发生器　　　　　　(b) 冷却塔　　　　　　(b) 活性分子反应器

10.3　技术优势与展望

10.3.1　技术优势

前面各章详细地介绍了臭氧烟气氮氧化物脱除技术的发展历程、应用领域、创新研究成果和典型工业应用案例。该技术从 2005 年提出开始，历经了不断的技术革新：技术路线从 NO 初级氧化为 NO_2，结合添加剂洗涤吸收，到 NO 深度氧化为 N_2O_5，传统湿法/半干法高效吸收，再到现在的耦合催化剂前置催化氧化和深度催化氧化；目标污染物也从 NO_x、SO_2、Hg，拓宽到 VOCs 治理领域。技术的每一次创新都是试验与实践的结合，顺应了国家大气污染物治理的方针政策，并且该技术已经在多种复杂工业过程的烟气排放治理方面获得了成功应用，取得了良好的经济效益和社会效益。

臭氧氧化多种污染物一体化脱除技术不仅是实现对 NO_x、SO_2、Hg 和 VOCs 等大气污染物同时脱除的协同控制技术之一，还是现阶段对于 NO_x 达到超低排放，甚至近零排放的最有效、最经济的"终极"技术之一。该技术可以在不影响工厂现有设备的前提下，根据实际烟气条件和排放要求，灵活地与低氮燃烧技术以及 SCR 和 SNCR 等传统脱硝技术相耦合，有效解决了传统脱硝技术实现 NO_x 超低排放难度大、成本高的问题。

臭氧氧化多种污染物一体化脱除技术在处理工业过程排放的复杂烟气方面具有很强的技术适应性，该技术不受锅炉负荷、烟气条件和烟气成分变化的影响，尤其在不适用于传统 SCR 脱硝技术的场景中具有巨大的应用优势。例如，针对钢铁工业中烧结机烟气，由于排烟温度低、烟温波动大，因此没有适宜的 SCR 催化剂的温度窗口；生物质锅炉烟气中碱金属 K 等含量较高，容易造成催化剂孔道粘连、堵塞、失活；炭黑尾气炉烟气杂质多、含水量大，不适宜 SCR 和 SNCR 反应等。

总而言之，臭氧氧化多种污染物一体化脱除技术目前已经成为一种成熟的大气污染物协同治理技术，是现阶段燃煤电厂、工业窑炉等企业在考虑烟气排放治理方向上可供选择的可靠技术之一。

10.3.2　未来展望

为了取得更广泛的工程应用，满足未来更严格的排放标准，还有许多问题亟待解决。到目前为止，臭氧氧化 NO_x 机理及 SO_2 与 NO_x 同步吸收过程的研究已较为全面，但对 VOCs、Hg 及 NO_x 同步氧化过程的了解还不够充分。因此，对该技术未来的研究方向进行了讨论和总结：

（1）VOCs 氧化

VOCs 的排放量已经超过了 SO_2 和 NO_x 的排放量。在不久的将来，VOCs 减排将变得越来越重要。VOCs 的脱除同样以氧化为主，臭氧催化氧化具有低温高效降解的潜力。开发低温、高效、稳定和高选择性的新型催化剂至关重要。烟气中有机污染物种类繁多，然而研究一直集中在单一类型的有机分子上。因此应强调多种 VOCs 混合效应，这将有助于优化催化臭氧处理多元有机污染物。

（2）Hg 氧化

关于臭氧氧化 Hg 的研究还很少。O_3 和 Hg 的化学计量比很高，约为 $8900 \sim 17900$。低温下的高氧化效率和较少的臭氧输入是一个挑战。

（3）同时氧化

NO$_x$、SO$_2$、VOCs 和 Hg 具有不同的物理化学性质，如分子结构、动态直径、极性和氧化还原能力等，会在臭氧存在下表现出竞争或协同的吸附氧化。不同污染物之间的相互作用仍然是未知的。此外，NO$_x$ 和 SO$_2$ 的浓度始终远高于其他污染物。NO$_x$ 氧化中间体 NO$_3$ 具有比臭氧更高的氧化性。因此，如何利用这一氧化电位是需要研究的问题。还应考虑烟气中其他成分，特别是水蒸气的影响。

（4）能源消耗

在这项技术中，臭氧生产是最大的能源消耗。臭氧用量通常取决于最佳条件下的初始污染物浓度。当然，臭氧氧化结合燃烧调节技术，或者与 SNCR 和 SCR 结合使用，可实现高成本效益，远优于单一臭氧注入的低 NO$_x$ 技术路线。此外，烟气中残余的氧气也可以用作辅助氧化剂。

参考文献

[1] 刘建中.浅析中国新能源产业的发展现状及传统能源行业的战略选择 [J].中国煤炭，2010，36 (1)：21-23.

[2] Sheeba K N, Babu J S C, Jaisankar S. Air gasification characteristics of coir pith in a circulating fluidized bed gasifier [J]. Energy for Sustainable Development，2009，13 (3)：166-173.

[3] Ma J, Xu X, Zhao C, et al. A review of atmospheric chemistry research in China：Photochemical smog, haze pollution, and gas-aerosol interactions [J]. Advances in Atmospheric Sciences，2012，29 (5)：1006-1026.

[4] Zhao Y B, Gao P P, Yang W D, et al. Vehicle exhaust：An overstated cause of haze in China [J]. Science Of The Total Environment，2018，612：490-491.

[5] 尹学博.雾霾之 $PM_{2.5}$ 的来源、成分、形成及危害 [J].大学化学，2014，29 (5)：1-6.

[6] 岑可法，姚强，骆仲泱，等.高等燃烧学 [M].杭州：浙江大学出版社，2002.

[7] 王智化.燃煤多种污染物一体化协同脱除机理及反应射流直接数值模拟 DNS 的研究 [D]．杭州：浙江大学，2005.

[8] 冉献强.氮氧化物控制技术的研究进展 [J].低碳世界，2017 (19)：3.

[9] 孙雅丽.燃煤电厂烟气氮氧化物排放控制技术发展现状 [J].环境科学与技术，2011，34 (S1)：174-179.

[10] 应明良.600MW 机组对冲燃烧锅炉低氮燃烧改造及运行调整 [J].中国电力，2011，44 (4)：55-58.

[11] 袁力.新型 M-PM 低氮燃烧器在 700MW 机组的改造效果 [J].中国电力，2015，48 (4)：61-65.

[12] 顾卫荣，周明吉，马薇.燃煤烟气脱硝技术的研究进展 [J].化工进展，2012，31 (9)：2084-2092.

[13] Javed M T, Irfan N, Gibbs B. Control of combustion-generated nitrogen oxides by selective non-catalytic reduction [J]. Journal of Environmental Management，2007，83 (3)：251-289.

[14] Zandaryaa S, Gavasci R, Lombardi F, et al. Nitrogen oxides from waste incineration：Control by selective non-catalytic reduction [J]. Chemosphere，2001，42 (5)：491-497.

[15] Lyon R K. Method for the reduction of the concentration of NO in combustion effluents using ammonia, U. S. Patent 3, 900, 554 [P]. 1975-8-19.

[16] Arand J K, Muzio L J, Sotter J G. Urea reduction of NO_x in combustion effluents [J]. US Patent，1980，4 (208)：386.

[17] Srivastava R K W N, Grano D, Khan S, et al. Controlling NO_x emission from industrial sources [J]. Environmental progress，2005，24 (2)：181-197.

[18] Kim H H. Nonthermal plasma processing for air-pollution control：A historical review, current issues, and future prospects [J]. Plasma Processes and Polymers，2004，1 (2)：91-110.

[19] Wang W, Zhao Z, Liu F, et al. Study of NO/NO_x removal from flue gas contained fly ash and water vapor by pulsed corona discharge [J]. Journal of Electrostatics，2005，63 (2)：155-164.

[20] Ma H, Chen P, Zhang M, et al. Study of SO_2 removal using non-thermal plasma induced by dielectric barrier discharge (DBD) [J]. Plasma Chemistry and Plasma Processing，2002，22 (2)：

239-254.

[21] Ma S，Zhao Y，Yang J，et al. Research progress of pollutants removal from coal-fired flue gas using non-thermal plasma ［J］. Renewable and Sustainable Energy Reviews，2017，67：791-810.

[22] Wang T，Liu H，Zhang X，et al. NO and SO_2 removal using dielectric barrier discharge plasma at different temperatures ［J］. Journal of Chemical Engineering of Japan，2017，50（9）：702-709.

[23] Luo J，Niu Q，Xia Y，et al. Investigation of gaseous elemental mercury oxidation by non-thermal plasma injection method ［J］. Energy & Fuels，2017，31（10）：11013-11018.

[24] An J，Lou J，Meng Q，et al. Non-thermal plasma injection-CeO_2-WO_3/TiO_2 catalytic method for high-efficiency oxidation of elemental mercury in coal-fired flue gas ［J］. Chemical Engineering Journal，2017，325：708-714.

[25] 黄丽娜. 石灰石-石膏法与氨法脱硫技术比较 ［J］. 电力科技与环保，2011，27（5）：26-28.

[26] Zheng C H，Xu C R，Zhang Y X，et al. Nitrogen oxide absorption and nitrite/nitrate formation in limestone slurry for WFGD system ［J］. Applied Energy，2014，129：187-194.

[27] Atkinson R，Baulch D L，Cox R A，et al. Evaluated kinetic and photochemical data for atmospheric chemistry：Volume I -gas phase reactions of O_x，HO_x，NO_x and SO_x species ［J］. Atmospheric Chemistry And Physics，2004，4：1461-1738.

[28] Johnston H S，Cantrell C A，Calvert J G. Unimolecular decomposition of NO_3 to form NO and O_2 and a review of N_2O_5/NO_3 kinetics ［J］. Journal of Geophysical Research，1986，91.

[29] Tsang W，Hampson R F. Chemical kinetic data base for combustion chemistry. Part I Methane and related compounds ［J］. Journal of Physical and Chemical Reference Data，1986，15.

[30] Heimerl J M，Coffee T P. The unimolecular ozone decomposition reaction ［J］. Combustion and Flame，1979，35.

[31] Atkinson R，Baulch D L，Cox R A，et al. Evaluated kinetic and photochemical data for atmospheric chemistry 3 iupac subcommittee on gas kinetic data evaluation for atmospheric chemistry ［J］. Journal of Physical and Chemical Reference Data，1989，18（2）：881-1097.

[32] Demore W B，Sander S P，Golden D M，et al. Chemical kinetics and photochemical data for use in stratospheric modeling evaluation number 12 ［J］. JPL Publication，1997：1-266.

[33] Yuan E L，Slaughter J I，Koerner W E，et al. Kinetics of the decomposition of nitric oxide in the range $700\sim1800℃$ ［J］. Journal of Physical Chemistry，1959，63（6）：952-956.

[34] Phillips L F，Schiff H I. Mass-spectrometric studies of atomic reactions V Reaction of nitrogen atoms with NO_2 ［J］. Journal of Chemical Physics，1965，42（9）：3171-3174.

[35] Baulch D L，Drysdale D D，Horne D G. An assessment of rate data for high-temperature systems ［J］. Symp Int Combust Proc，1973，14：107-118.

[36] Tsang W，Herron J T. Chemical kinetic data-base for propellant combustion 1 Reactions involving NO，NO_2，HNO，HNO_2，HCN and N_2O ［J］. Journal of Physical and Chemical Reference Data，1991，20（4）：609-663.

[37] Hjorth J，Notholt J，Restelli G. A spectroscopic study of the equilibrium $NO_2 + NO_3 + M = N_2O_5 + M$ and the kinetics of the O_3/N_2O_5/NO_3/NO_2/air system ［J］. International Journal of

Chemical Kinetics，1992，24（1）：51-65.

[38] Hahn J，Luther K，Troe J. Experimental and theoretical study of the temperature and pressure dependences of the recombination reactions O＋NO$_2$（＋M）→NO$_3$（＋M） and NO$_2$＋ NO$_3$（＋M）→N$_2$O$_5$（＋M）［J］. Physical Chemistry Chemical Physics，2000，2（22）：5098-5104.

[39] Sun C L，Zhao N，Zhuang Z K，et al. Mechanisms and reaction pathways for simultaneous oxidation of NO$_x$ and SO$_2$ by ozone determined by in situ IR measurements ［J］. Journal of Hazardous Materials，2014，274：376-383.

[40] Ma Q，Wang Z，Lin F，et al. Characteristics of O$_3$-oxidizing for simultaneous desulfurization and denitration with limestone-gypsum wet scrubbing：Application in a carbon black drying kiln furnace ［J］. Energy & Fuels，2016，30：2302-2308.

[41] Aldén M，Edner H，Wallin S. Simultaneous spatially resolved NO and NO$_2$ measurements using one- and two-photon laser-induced fluorescence ［J］. Optics Letters，1985，10（11）：529-531.

[42] Wang Z，Zhou J，Fan J，et al. Direct numerical simulation of ozone injection technology for NO$_x$ control in flue gas ［J］. Energy & Fuels，2006，20（6）：2432-2438.

[43] Taketani F，Kawai M，Takahashi K，et al. Trace detection of atmospheric NO$_2$ by laser-induced fluorescence using a GaN diode laser and a diode-pumped YAG laser ［J］. Applied Optics，2007，46（6）：907-915.

[44] 王智化.燃煤多种污染物一体化协同脱除机理及反应射流直接数值模拟 DNS 的研究 ［D］. 杭州：浙江大学，2005.

[45] Dhandapani B，Oyama S T. Gas phase ozone decomposition catalysts ［J］. Applied Catalysis B：Environmental，1997，11（2）：129-166.

[46] Zhang Z S，Chen B B，Wang X K，et al. NO$_x$ storage and reduction properties of model manganese-based lean NO$_x$ trap catalysts ［J］. Applied Catalysis B：Environmental，2015，165：232-244.

[47] Lin F，He Y，Wang Z，et al. Catalytic oxidation of NO by O$_2$ over CeO$_2$-MnO$_x$：SO$_2$ poisoning mechanism ［J］. RSC Advances，2016，6（37）：31422-31430.

[48] Yang S，Qi F，Xiong S，et al. MnO$_x$ supported on Fe-Ti spinel：A novel Mn based low temperature SCR catalyst with a high N$_2$ selectivity ［J］. Applied Catalysis B：Environmental，2016，181：570-580.

[49] Tang W，Wu X，Li S，et al. Co-nanocasting synthesis of mesoporous Cu-Mn composite oxides and their promoted catalytic activities for gaseous benzene removal ［J］. Applied Catalysis B：Environmental，2015，162：110-121.

[50] Oku M. X-ray photoelectron spectra of KMnO$_4$ and K$_2$MnO$_4$ fractured in situ ［J］. Journal of Electron Spectroscopy and Related Phenomena，1995，74（2）：135-148.

[51] Zhang H，Chen J，Liang P，et al. Mercury oxidation and adsorption characteristics of potassium permanganate modified lignite semi-coke ［J］. Journal of Environmental Sciences，2012，24（12）：2083-2090.

[52] Reed C，Lee Y K，Oyama S T. Structure and oxidation state of silica-supported manganese oxide catalysts and reactivity for acetone oxidation with ozone ［J］. Journal of Physical Chemistry

B，2006，110（9）：4207-4216.

[53] Sudarsanam P，Hillary B，Amin M H，et al. Structure-activity relationships of nanoscale MnO_x/CeO_2 heterostructured catalysts for selective oxidation of amines under eco-friendly conditions [J]. Applied Catalysis B: Environmental，2016，185：213-224.

[54] Santos V P，Pereira M F R，Orfao J J M，et al. The role of lattice oxygen on the activity of manganese oxides towards the oxidation of volatile organic compounds [J]. Applied Catalysis B: Environmental，2010，99（1-2）：353-363.

[55] Venkataswamy P，Rao K N，Jampaiah D，et al. Nanostructured manganese doped ceria solid solutions for CO oxidation at lower temperatures [J]. Applied Catalysis B: Environmental，2015，162：122-132.

[56] Du X S，Gao X，Cui L W，et al. Investigation of the effect of Cu addition on the SO_2-resistance of a Ce-Ti oxide catalyst for selective catalytic reduction of NO with NH_3 [J]. Fuel，2012，92（1）：49-55.

[57] Dwikusuma F，Kuech T F. X-ray photoelectron spectroscopic study on sapphire nitridation for GaN growth by hydride vapor phase epitaxy: Nitridation mechanism [J]. Journal of Applied Physics，2003，94（9）：5656-5664.

[58] Wang P W，Hsu J C，Lin Y H，et al. Nitrogen bonding in aluminum oxynitride films [J]. Applied Surface Science，2010，256（13）：4211-4214.

[59] Hwangbo C K，Lingg L J，Lehan J P，et al. Reactive ion assisted deposition of aluminum oxynitride thin films [J]. Applied Optics，1989，28（14）：2779-2784.

[60] Sayan Ş，Süzer Ş，Uner D. XPS and in-situ IR investigation of $RuSiO_2$ catalyst [J]. Journal of Molecular Structure，1997，410：111-114.

[61] Yang S J，Guo Y F，Chang H Z，et al. Novel effect of SO_2 on the SCR reaction over CeO_2: Mechanism and significance [J]. Applied Catalysis B: Environmental，2013，136：19-28.

[62] Meng D，Zhan W，Guo Y，et al. A highly effective catalyst of $Sm-MnO_x$ for the NH_3-SCR of NO_x at low temperature: Promotional role of Sm and its catalytic performance [J]. Acs Catalysis，2015，5（10）：5973-5983.

[63] Machida M，Kurogi D，Kijima T. MnO_x-CeO_2 binary oxides for catalytic NO_x-sorption at low temperatures selective reduction of sorbed NO_x [J]. Chemistry of Materials，2000，12（10）：3165-3170.

[64] Kameoka S，Ukisu Y，Miyadera T. Selective catalytic reduction of NO_x with CH_3OH，C_2H_5OH and C_3H_6 in the presence of O_2 over Ag/Al_2O_3 catalyst: Role of surface nitrate species [J]. Physical Chemistry Chemical Physics，2000，2（3）：367-372.

[65] Zhang X，He H，Gao H，et al. Experimental and theoretical studies of surface nitrate species on Ag/Al_2O_3 using DRIFTS and DFT [J]. Spectrochimica Acta Part A: Molecular and Biomolecular Spectroscopy，2008，71（4）：1446-1451.

[66] Weast R C. Handbook of chemistry and physics，cleveland [J]. CRC Press，Inc，1974，1975：E58.

[67] Rezaei E，Soltan J. EXAFS and kinetic study of MnO_x/γ-alumina in gas phase catalytic oxidation of toluene by ozone [J]. Applied Catalysis B: Environmental，2014，148：70-79.

[68] Reed C，Xi Y，Oyama S T. Distinguishing between reaction intermediates and spectators：A kinetic study of acetone oxidation using ozone on a silica-supported manganese oxide catalyst [J]. Journal of Catalysis，2005，235 (2)：378-392.

[69] Jia J，Zhang P，Chen L. Catalytic decomposition of gaseous ozone over manganese dioxides with different crystal structures [J]. Applied Catalysis B：Environmental，2016，189：210-218.

[70] Konova P，Stoyanova M，Naydenov A，et al. Catalytic oxidation of VOCs and CO by ozone over alumina supported cobalt oxide [J]. Applied Catalysis A：General，2006，298：109-114.

[71] Einaga H，Futamura S. Comparative study on the catalytic activities of alumina-supported metal oxides for oxidation of benzene and cyclohexane with ozone [J]. Reaction Kinetics and Catalysis Letters，2004，81 (1)：121-128.

[72] Wang M，Zhang P，Li J，et al. The effects of Mn loading on the structure and ozone decomposition activity of MnO_x supported on activated carbon [J]. Chinese Journal of Catalysis，2014，35 (3)：335-341.

[73] Li W，Gibbs G V，Oyama S T. Mechanism of ozone decomposition on a manganese oxide catalyst I In situ raman spectroscopy and ab initio molecular orbital calculations [J]. Journal of the American Chemical Society，1998，120 (35)：9041-9046.

[74] Nishino A. Household appliances using catalysis [J]. Catalysis Today，1991，10 (1)：107-118.

[75] Poston J A，Siriwardane R V，Fisher E P，et al. Thermal decomposition of the rare earth sulfates of cerium (Ⅲ)，cerium (Ⅳ)，lanthanum (Ⅲ) and samarium (Ⅲ) [J]. Applied Surface Science，2003，214 (1)：83-102.

[76] Ferrizz R M，Gorte R J，Vohs J M. TPD and XPS investigation of the interaction of SO_2 with model ceria catalysts [J]. Catalysis Letters，2002，82 (1-2)：123-129.

[77] Ashmore P G，Burnett M G，Tyler B J. Reaction of nitric oxide and oxygen [J]. Transactions of the Faraday Society，1962，58：685-691.

[78] Olbregts J. Termolecular reaction of nitrogen monoxide and oxygen：A still unsolved problem [J]. International Journal of Chemical Kinetics，1985，17 (8)：835-848.

[79] Wang Z，Lin F，Jiang S，et al. Ceria substrate-oxide composites as catalyst for highly efficient catalytic oxidation of NO by O_2 [J]. Fuel，2016，166：352-360.

[80] Zhang L，Shi L，Huang L，et al. Rational design of high-performance $DeNO_x$ catalysts based on $Mn_xCo_{3-x}O_4$ nanocages derived from metal-organic frameworks [J]. ACS Catalysis，2014，4 (6)：1753-1763.

[81] Li M，Huang K，Schott J A，et al. Effect of metal oxides modification on CO_2 adsorption performance over mesoporous carbon [J]. Microporous and Mesoporous Materials，2017，249：34-41.

[82] Lin F，Shao J，Tang H，et al. Enhancement of NO oxidation activity and SO_2 resistance over $LaMnO_{3+\delta}$ perovskites catalysts with metal substitution and acid treatment [J]. Applied Surface Science，2019，479：234-246.

[83] Cai W，Zhao Y，Chen M，et al. The formation of 3D spherical Cr-Ce mixed oxides with roughness surface and their enhanced low-temperature NO oxidation [J]. Chemical Engineering Jour-

nal，2018，333：414-422.

[84] Chen H，Wang Y，Lyu Y K. High catalytic activity of Mn-based catalyst in NO oxidation at low temperature and over a wide temperature span [J]. Molecular Catalysis，2018，454：21-29.

[85] Shen Q，Zhang L，Sun N，et al. Hollow MnO_x-CeO_2 mixed oxides as highly efficient catalysts in NO oxidation [J]. Chemical Engineering Journal，2017，322：46-55.

[86] Liu L，Zheng C，Wu S，et al. Manganese-cerium oxide catalysts prepared by non-thermal plasma for NO oxidation：Effect of O_2 in discharge atmosphere [J]. Applied Surface Science，2017，416：78-85.

[87] Wu X，Liu S，Lin F，et al. Nitrate storage behavior of Ba/MnO_x-CeO_2 catalyst and its activity for soot oxidation with heat transfer limitations [J]. Journal of Hazardous materials，2010，181 (1-3)：722-728.

[88] Abdulhamid H，Fridell E，Dawody J，et al. In situ FTIR study of SO_2 interaction with Pt/Ba-CO_3/Al_2O_3 NO_x storage catalysts under lean and rich conditions [J]. Journal of Catalysis，2006，241 (1)：200-210.

[89] Liu J，Guo R T，Li M Y，et al. Enhancement of the SO_2 resistance of Mn/TiO_2 SCR catalyst by Eu modification：A mechanism study [J]. Fuel，2018，223：385-393.

[90] Gao F，Tang X，Yi H，et al. Promotional mechanisms of activity and SO_2 tolerance of Co- or Ni-doped MnO_x-CeO_2 catalysts for SCR of NO_x with NH_3 at low temperature [J]. Chemical Engineering Journal，2017，317：20-31.

[91] Tong W. Formulation of lucas-kanade digital image correlation algorithms for non-contact deformation measurements：A review：Lucas-kanade digital image correlation algorithms [J]. Strain，2013，49 (4)：313-334.

[92] Gao F，Tang X，Yi H，et al. In-situ DRIFTS for the mechanistic studies of NO oxidation over α-MnO_2，β-MnO_2 and γ-MnO_2 catalysts [J]. Chemical Engineering Journal，2017，322：525-537.

[93] López J M，Gilbank A L，García T，et al. The prevalence of surface oxygen vacancies over the mobility of bulk oxygen in nanostructured ceria for the total toluene oxidation [J]. Applied Catalysis B：Environmental，2015，174-175：403-412.

[94] Qi G S，Yang R T，Chang R. MnO_x-CeO_2 mixed oxides prepared by co-precipitation for selective catalytic reduction of NO with NH_3 at low temperatures [J]. Applied Catalysis B：Environmental，2004，51 (2)：93-106.

[95] Yang P，Yang S S，Shi Z N，et al. Deep oxidation of chlorinated VOCs over CeO_2-based transition metal mixed oxide catalysts [J]. Applied Catalysis B：Environmental，2015，162：227-235.

[96] Machida M，Uto M，Kurogi D，et al. MnO_x-CeO_2 binary oxides for catalytic NO_x sorption at low temperatures sorptive removal of NO_x [J]. Chemistry of Materials，2000，12 (10)：3158-3164.

[97] Ma C，Wen Y，Yue Q，et al. Oxygen-vacancy-promoted catalytic wet air oxidation of phenol from MnO_x-CeO_2 [J]. RSC Advances，2017，7 (43)：27079-27088.

[98] Wang T，Liu H，Zhang X，et al. Catalytic conversion of NO assisted by plasma over Mn-Ce/

ZSM5-multi-walled carbon nanotubes composites: Investigation of acidity, activity and stability of catalyst in the synergic system [J]. Applied Surface Science, 2018, 457: 187-199.

[99] Tang X, Li Y, Huang X, et al. MnO$_x$-CeO$_2$ mixed oxide catalysts for complete oxidation of formaldehyde: Effect of preparation method and calcination temperature [J]. Applied Catalysis B: Environmental, 2006, 62 (3-4): 265-273.

[100] Zhao P, Wang C, He F, et al. Effect of ceria morphology on the activity of MnO$_x$/CeO$_2$ catalysts for the catalytic combustion of chlorobenzene [J]. RSC Advances, 2014, 4 (86): 45665-45672.

[101] Lin F, Wang Z, Shao J, et al. Promotional effect of spherical alumina loading with manganese based bimetallic oxides on nitric oxide deep oxidation by ozone [J]. Chinese Journal of Catalysis, 2017, 38: 1270-1280.

[102] Escribano V S, Lopez E F, Gallardo Amores J M, et al. A study of a ceria-zirconia-supported manganese oxide catalyst for combustion of diesel soot particles [J]. Combustion and Flame, 2008, 153 (1-2): 97-104.

[103] Zhang C, Hua W, Wang C, et al. The effect of A-site substitution by Sr, Mg and Ce on the catalytic performance of LaMnO$_3$ catalysts for the oxidation of vinyl chloride emission [J]. Applied Catalysis B: Environmental, 2013, 134-135: 310-315.

[104] Zhao B, Ran R, Sun L, et al. A high-surface-area La-Ce-Mn mixed oxide with enhanced activity for CO and C$_3$H$_8$ oxidation [J]. Catalysis Communications, 2018, 105: 26-30.

[105] Zhang R, Villanueva A, Alamdari H, et al. SCR of NO by propene over nanoscale LaMn$_{1-x}$Cu$_x$O$_3$ perovskites [J]. Applied Catalysis A: General, 2006, 307 (1): 85-97.

[106] King G, Woodward P M. Cation ordering in perovskites [J]. Journal of Materials Chemistry, 2010, 20 (28): 5785.

[107] Zhao B, Ran R, Sun L, et al. NO catalytic oxidation over an ultra-large surface area LaMnO$_{3+\delta}$ perovskite synthesized by an acid-etching method [J]. RSC Advances, 2016, 6 (74): 69855-69860.

[108] Zhang Y, Steenwinkel J B, Bliek A. Surface properties and catalytic performance in CO oxidation of cerium substituted lanthanum-manganese oxides [J]. Applied Catalysis A: General, 2002, 235: 79-92.

[109] Chen J, Shen M, Wang X, et al. The influence of nonstoichiometry on LaMnO$_3$ perovskite for catalytic NO oxidation [J]. Applied Catalysis B: Environmental, 2013, 134-135: 251-257.

[110] Lin Fawei, Shao Jiaming, Yuan Dingkun, et al. Promotional effect of spherical alumina loading with manganese based bimetallic oxides on nitric oxide deep oxidation by ozone [J]. Chinese Journal of Catalysis, 2017, 38: 1270-1280.

[111] Liu Y, Dai H, Deng J, et al. In situ poly (methyl methacrylate) -templating generation and excellent catalytic performance of MnO$_x$/3DOM LaMnO$_3$ for the combustion of toluene and methanol [J]. Applied Catalysis B: Environmental, 2013, 140: 493-505.

[112] Lim E, Kim Y J, Kim J H, et al. NO oxidation activity of Ag-doped perovskite catalysts [J]. Journal of Catalysis, 2014, 319: 182-193.

[113] Onrubia J A, Pereda Ayo B, De La Torre U, et al. Key factors in Sr-doped LaBO$_3$ (B=Co or

Mn) perovskites for NO oxidation in efficient diesel exhaust purification [J]. Applied Catalysis B：Environmental，2017，213：198-210.

[114] Ponce S，Pena M，Fierro J. Surface properties and catalytic performance in methane combustion of Sr-substituted lanthanum manganites [J]. Applied Catalysis B：Environmental，2000，24 (3-4)：193-205.

[115] Lykaki M，Pachatouridou E，Carabineiro S A C，et al. Ceria nanoparticles shape effects on the structural defects and surface chemistry：Implications in CO oxidation by Cu/CeO$_2$ catalysts [J]. Applied Catalysis B：Environmental，2018，230：18-28.

[116] Yan Q，Chen S，Qiu L，et al. The synthesis of Cu$_y$Mn$_z$Al$_{1-z}$O$_x$ mixed oxide as a low-temperature NH$_3$-SCR catalyst with enhanced catalytic performance [J]. Dalton Transactions，2018，47 (9)：2992-3004.

[117] 周俊虎. 选择非催化还原过程中的 N$_2$O 生成与排放 [J]. 中国电机工程学报，2005，25 (13)：91-95.

[118] 侯祥松. 循环流化床锅炉 NO 和 N$_2$O 脱除的实验研究 [D]. 北京：清华大学，2007.

[119] Maienthal M. Lange's handbook of chemistry [J]. Journal of AOAC International，1979，62 (6).

[120] Ravishankara A R，Daniel J S，Portmann R W. Nitrous oxide (N$_2$O)：The dominant ozone-depleting substance emitted in the 21st century [J]. Science，2009，326 (5949)：123-125.

[121] 巨少达. 流化床内 Fe$_2$O$_3$ 催化脱除 N$_2$O 的实验与机理分析 [D]. 北京：华北电力大学，2015.

[122] 廖子昱. 循环流化床锅炉 N$_2$O 生成与控制研究 [D]. 杭州：浙江大学，2011.

[123] Santiago M，Hevia M A G，Perezramirez J. Evaluation of catalysts for N$_2$O abatement in fluidized-bed combustion [J]. Applied Catalysis B：Environmental，2009，90 (1)：83-88.

[124] 李孟丽. N$_2$O 的催化分解研究 [J]. 化学进展，2012，24 (9)：1801-1817.

[125] 程火生. 辽阳石化己二酸生产中 N$_2$O 减排技术应用研究 [D]. 北京：清华大学，2010.

[126] Beyer H，Emmerich J，Chatziapostolou K，et al. Decomposition of nitrous oxide by rhodium catalysts：Effect of rhodium particle size and metal oxide support [J]. Applied Catalysis a-General，2011，391 (1)：411-416.

[127] Konsolakis M. Recent advances on nitrous oxide (N$_2$O) decomposition over non-noble-metal oxide catalysts：Catalytic performance，mechanistic considerations，and surface chemistry aspects [J]. Acs Catalysis，2015，5 (11)：6397-6421.

[128] Ohnishi C，Asano K，Iwamoto S，et al. Alkali-doped Co$_3$O$_4$ catalysts for direct decomposition of N$_2$O in the presence of oxygen [J]. Catalysis Today，2007，120 (2)：145-150.

[129] Xue L，He H，Liu C，et al. Promotion effects and mechanism of alkali metals and alkaline earth metals on cobalt-cerium composite oxide catalysts for N$_2$O decomposition [J]. Environmental Science & Technology，2009，43 (3)：890-895.

[130] Nandasiri M I，Jambovane S R，McGrail B P，et al. Adsorption，separation，and catalytic properties of densified metal-organic frameworks [J]. Coordination Chemistry Reviews，2016，311：38-52.

[131] Zhang W，Jiang X，Wang X，et al. Spontaneous weaving of graphitic carbon networks synthesized by pyrolysis of ZIF-67 crystals [J]. Angewandte Chemie International Edition，2017，56 (29)：8435-8440.

[132] Gross A F，Sherman E，Vajo J J. Aqueous room temperature synthesis of cobalt and zinc soda lite zeolitic imidizolate frameworks [J]. Dalton Trans，2012，41 (18)：5458-5460.

[133] Li X Y，Jiang Q Q，Dou S，et al. ZIF-67-derived Co-NC@CoP-NC nanopolyhedra as an efficient bifunctional oxygen electrocatalyst [J]. Journal of Materials Chemistry A，2016，4 (41)：15836-15840.

[134] Wang L，Zhuo L，Cheng H，et al. Porous carbon nanotubes decorated with nanosized cobalt ferrite as anode materials for high-performance lithium-ion batteries [J]. Journal of Power Sources，2015，283：289-299.

[135] Zhou Y X，Chen Y Z，Cao L，et al. Conversion of a metal-organic framework to N-doped porous carbon incorporating Co and CoO nanoparticles：Direct oxidation of alcohols to esters [J]. Chemical Communications，2015，51 (39)：8292-8295.

[136] Jiang Z，Li Z，Qin Z，et al. LDH nanocages synthesized with MOF templates and their high performance as supercapacitors [J]. Nanoscale，2013，5 (23)：11770-11775.

[137] Zhu J，Kailasam K，Fischer A，et al. Supported cobalt oxide nanoparticles as catalyst for aerobic oxidation of alcohols in liquid phase [J]. Acs Catalysis，2011，1 (4)：342-347.

[138] Wang C B，Tang C W，Gau S J，et al. Effect of the surface area of cobaltic oxide on carbon monoxide oxidation [J]. Catalysis Letters，2005，101 (1-2)：59-63.

[139] Fu T，Liu R，Lv J，et al. Influence of acid treatment on N-doped multi-walled carbon nanotube supports for Fischer-Tropsch performance on cobalt catalyst [J]. Fuel Processing Technology，2014，122：49-57.

[140] Zhou G，Xie H，Wan T，et al. Removal of carbon monoxide by oxidation from excess hydrogen gas on Co_3O_4-NiO/AC catalyst [J]. International Journal of Chemical Reactor Engineering，2011，9 (1).

[141] Hu X，Wu L，Ju S，et al. Mechanistic study of catalysis on the decomposition of N_2O [J]. Environmental Engineering Science，2014，31 (6)：308-316.

[142] Centi G，Perathoner S，Vazzana F J C. Catalytic control of non-CO_2 greenhouse gases [J]. Chemtech，1999，29 (12)：48-55.

[143] 崔九思. 环境中挥发性有机化合物对人体健康影响的研究进展 [J]. 医学研究通讯，2000，29 (2)：20-23.

[144] 卢娟丽. VOCs废气来源、危害及处理技术研究 [J]. 环境与发展，2018，30 (3)：97-116.

[145] 刘锐. 地面臭氧污染形成原因及应对措施 [J]. 当代化工研究，2017 (12)：58-59.

[146] Atkinson R J A E. Atmospheric chemistry of VOCs and NO_x [J]. Atmospheric Environment，2000，34 (12-14)：2063-2101.

[147] Wang T，Xue L，Brimblecombe P，et al. Ozone pollution in China：A review of concentrations，meteorological influences，chemical precursors，and effects [J]. Science of the Total Environment，2017，575：1582-1596.

[148] 刘子楠. 不同源挥发性有机物生成二次有机气溶胶的研究进展 [J]. 现代化工，2019，39 (8)：54-58.

[149] Barsanti C，Pankow F J A E. Thermodynamics of the formation of atmospheric organic particulate matter by accretion reactions - Part 3：Carboxylic and dicarboxylic acids [J]. Atmospheric

Environment，2006，40（34）：6676-6686.

[150]　Odum J R，Hoffmann T，Bowman F，et al. Gas/particle partitioning and secondary organic aerosol yields [J]. Environmental Science & Technology，1996，30（8）：2580-2585.

[151]　Zhao Y，Wang Z，Zhao G，et al. Investigation of combustion reactivity and NO emission characteristics of chars obtained from the devolatilization of raw and partially dried lignite [J]. The Canadian Journal of Chemical Engineering，2020，98（2）：453-464.

[152]　乔雷.国内外挥发性有机物（VOCs）排放标准现状概述 [C].2015 年中国环境科学学会学术年会，2015.

[153]　黄进.挥发性有机物 VOCs 防治技术政策及标准体系框架研究 [J].中国标准化，2017（4）：70-75.

[154]　吕永龙.我国 VOCs 的排放特征及控制对策研究 [J].环境科学，2013，34（12）：4756-4763.

[155]　张永明.工业源 VOCs 末端治理技术浅析及减排展望 [J].环境影响评价，2018，40（2）：46-50.

[156]　甘志芬.挥发性有机化合物的来源与治理技术研究进展 [J].环境与发展，2017，29（10）：109-111.

[157]　赵恒.挥发性有机物治理技术研究进展 [J].石油化工，2019，48（3）：318-325.

[158]　黄炎杰.挥发性有机物（VOCs）吸附回收技术的研究进展 [J].环境与发展，2018，30（5）：92-94.

[159]　张竣尧.有机废气中挥发性有机化合物的净化技术 [J].中国资源综合利用，2013，31（8）：50-51.

[160]　高屿涛，李桥.吸附法处理 VOCs 气体的吸附材料研究进展 [J].低碳世界，2016（25）：272-273.

[161]　李立清.酸改性活性炭对甲苯、甲醇的吸附性能 [J].化工学报，2013，64（3）：970-979.

[162]　Chen G，Yu H，Lin F，et al. Utilization of edible fungi residues towards synthesis of high-performance porous carbon for effective sorption of Cl-VOCs [J]. Science of the Total Environment，2020，727.

[163]　Vellingiri K，Kumar P，Kim K H J N R. Coordination polymers：Challenges and future scenarios for capture and degradation of volatile organic compounds [J]. Nano Research，2016，9（11）：3181-3208.

[164]　Tanner J，Bläsing M，Müller M，et al. Reactions and transformations of mineral and nonmineral inorganic species during the entrained flow pyrolysis and CO_2 gasification of low rank coals [J]. Energy & Fuels，2016，30（5）：3798-3808.

[165]　李欣怡.燃煤烟气中 SO_3 迁移转化特性及其控制的研究现状及展望 [J].化工进展，2018，37（12）：370-379.

[166]　乔彤森.生物法处理气体中易挥发性有机物研究进展 [J].石化技术与应用，2006，24（1）：49-53.

[167]　王捷.VOC 废气治理工程技术方案研究 [J].化工设计通讯，2019，45（8）：239-240.

[168]　Liu P，He H，Wei G，et al. An efficient catalyst of manganese supported on diatomite for toluene oxidation：Manganese species，catalytic performance，and structure-activity relationship [J]. Microporous and Mesoporous Materials，2017，239：101-110.

[169] Long L，Zhao J，Yang L，et al. Room temperature catalytic ozonation of toluene over MnO_2/Al_2O_3 [J]. Chinese Journal of Catalysis，2011，32（6-8）：904-916.

[170] Hernández Alonso M D，Tejedor Tejedor I，Coronado J M，et al. Operando FTIR study of the photocatalytic oxidation of methylcyclohexane and toluene in air over TiO_2-ZrO_2 thin films：Influence of the aromaticity of the target molecule on deactivation [J]. Applied Catalysis B：Environmental，2011，101（3-4）：283-293.

[171] Li X，Zhu Z，Zhao Q，et al. Photocatalytic degradation of gaseous toluene over $ZnAl_2O_4$ prepared by different methods：A comparative study [J]. Journal of Hazardous materials，2011，186（2-3）：2089-2096.

[172] Wang H，Nie L，Li J，et al. Characterization and assessment of volatile organic compounds（VOCs）emissions from typical industries [J]. Chinese Science Bulletin，2013，58（7）：724-730.

[173] Rezaei E，Soltan J，Chen N. Catalytic oxidation of toluene by ozone over alumina supported manganese oxides：Effect of catalyst loading [J]. Applied Catalysis B：Environmental，2013，136-137：239-247.

[174] Reed C，Lee Y K，Oyama S T. Structure and oxidation state of silica-supported manganese oxide catalysts and reactivity for acetone oxidation with ozone [J]. Journal of Physical Chemistry B，2006，110（9）：4207-4216.

[175] Du C，Lu S，Wang Q，et al. A review on catalytic oxidation of chloroaromatics from flue gas [J]. Chemical Engineering Journal，2018，334：519-544.

[176] Liu Y，Yang W，Zhang P，et al. Nitric acid-treated birnessite-type MnO_2：An efficient and hydrophobic material for humid ozone decomposition [J]. Applied Surface Science，2018，442：640-649.

[177] Rezaei E，Soltan J. Low temperature oxidation of toluene by ozone over MnO_x/γ-alumina and MnO_x/MCM-41 catalysts [J]. Chemical Engineering Journal，2012，198-199：482-490.

[178] Wang X，Liu Y，Zhang T，et al. Geometrical-site-dependent catalytic activity of ordered mesoporous Co-based spinel for benzene oxidation：In situ DRIFTS study coupled with raman and XAFS spectroscopy [J]. ACS Catalysis，2017，7（3）：1626-1636.

[179] Sun M，Li W，Zhang B，et al. Enhanced catalytic performance by oxygen vacancy and active interface originated from facile reduction of OMS-2 [J]. Chemical Engineering Journal，2018，331：626-635.

[180] Bai B，Li J，Hao J. 1D-MnO_2，2D-MnO_2 and 3D-MnO_2 for low-temperature oxidation of ethanol [J]. Applied Catalysis B：Environmental，2015，164：241-250.

[181] Jin D，Hou Z，Zhang L，et al. Selective synthesis of para-para'-dimethyldiphenylmethane over H-beta zeolite [J]. Catalysis Today，2008，131（1-4）：378-384.

[182] He D，Liu L S，Ren J，et al. Catalytic combustion of volatile organic compounds over CuO-CeO_2 supported on SiO_2-Al_2O_3 modified glass-fiber honeycomb [J]. Journal of Fuel Chemistry and Technology，2017，45（3）：354-361.

[183] Gao J，Guo J，Liang D，et al. Production of syngas via autothermal reforming of methane in a fluidized-bed reactor over the combined CeO_2-ZrO_2/SiO_2 supported Ni catalysts [J]. Interna-

tional Journal of Hydrogen Energy，2008，33（20）：5493-5500.

[184] Alejandro S，Valdes H，Manero M H，et al. Oxidative regeneration of toluene-saturated natural zeolite by gaseous ozone：The influence of zeolite chemical surface characteristics [J]. Journal of Hazardous materials，2014，274：212-220.

[185] Si W，Wang Y，Zhao S，et al. A facile method for in situ preparation of the $MnO_2/LaMnO_3$ catalyst for the removal of toluene [J]. Environmental Science and Technology，2016，50 (8)：4572-4578.

[186] Magureanu M，Piroi D，Mandache N B，et al. In situ study of ozone and hybrid plasma Ag-Al catalysts for the oxidation of toluene：Evidence of the nature of the active sites [J]. Applied Catalysis B：Environmental，2011，104（1-2）：84-90.

[187] Xu W，Wang N，Chen Y，et al. In situ FT-IR study and evaluation of toluene abatement in different plasma catalytic systems over metal oxides loaded γ-Al_2O_3 [J]. Catalysis Communications，2016，84：61-66.

[188] Uy D，Wiegand K A，O'Neill A E，et al. In situ UV raman study of the NO_x trapping and sulfur poisoning behavior of Pt/Ba/γ-Al_2O_3 catalysts [J]. The Journal of Physical Chemistry B，2002，106（2）：387-394.

[189] Gallegos M V，Peluso M A，Finocchio E，et al. Removal of VOCs by catalytic process：A study of MnZnO composites synthesized from waste alkaline and Zn/C batteries [J]. Chemical Engineering Journal，2017，313：1099-1111.

[190] Li M，Hui K N，Hui K S，et al. Influence of modification method and transition metal type on the physicochemical properties of MCM-41 catalysts and their performances in the catalytic ozonation of toluene [J]. Applied Catalysis B：Environmental，2011，107（3-4）：245-252.

[191] 刘彬. 物理化学 [M]. 武汉：华中科技大学出版社，2008.

[192] Sander R. Compilation of Henry's Law constants for inorganic and organic species of potential importance in environmental chemistry [J]. Air Chemistry Department Max-Planck Institute of Chemistry，Germany，1999，3.

[193] Mohr P J，Taylor B N. CODATA recommended values of the fundamental physical constants：1998 [J]. Journal of Physical & Chemical Reference Data，1999，28（6）：1713-1852.

[194] Takeuchi H，Ando M，Kizawa N. Absorption of nitrogen oxides in aqueous sodium sulfite and bisulfite solutions [J]. Industrial & Engineering Chemistry Process Design and Development，1977，16（3）：303-308.

[195] 肖灵. 氧化结合钙基湿法脱除 NO_x 的工艺研究 [D]. 杭州：浙江大学，2011.

[196] Chen L，Lin J，Yang C. Absorption of NO_2 in a packed tower with Na_2SO_3 aqueous solution [J]. Environmental Progress，2002，21（4）：225-230.

[197] Huss A，Lim P K，Eckert C A. Oxidation of aqueous sulfur dioxide 1 Homogeneous manganese（Ⅱ）and iron（Ⅱ）catalysis at low pH [J]. The Journal of Physical Chemistry，1982，86（21）：4224-4228.

[198] Tang N，Liu Y，Wang H，et al. Enhanced absorption process of NO_2 in $CaSO_3$ slurry by the addition of $MgSO_4$ [J]. Chemical Engineering Journal，2010，160（1）：145-149.

[199] Huss A，Lim P K，Eckert C A. Oxidation of aqueous sulfur dioxide 2 High-pressure studies

and proposed reaction mechanisms [J]. The Journal of Physical Chemistry, 1982, 86 (21): 4229-4233.

[200] Gao X, Ding H, Du Z, et al. Gas-liquid absorption reaction between $(NH_4)_2SO_3$ solution and SO_2 for ammonia-based wet flue gas desulfurization [J]. Applied Energy, 2010, 87 (8): 2647-2651.

[201] Hikita H, Asai S, Tsuji T. Absorption of sulfur-dioxide into aqueous ammonia and ammonium sulfite solutions [J]. Journal of Chemical Engineering of Japan, 1978, 11 (3): 236-238.

[202] 张明慧. 臭氧氧化结合湿法喷淋对玻璃窑炉烟气同时脱硫脱硝实验研究 [J]. Journal of Fuel Chemistry and Technology, 2015, 43 (1).

[203] 林法伟. 臭氧多脱过程中残留臭氧的分解试验研究 [J]. 浙江大学学报（工学版）, 2015 (7): 1249-1254.

[204] GB 14554—1993 恶臭污染物排放标准.

[205] 马宝岐, 罗雄威. 我国半焦产业发展趋势及建议 [J]. 煤炭加工与综合利用, 2014 (4): 22-26.

[206] Weiss J. Investigations on the radical HO_2 in solution [J]. Transactions of the Faraday Society, 1935: 668-681.

[207] Staehelin J, Hoigne J. Decomposition of ozone in water in the presence of organic solutes acting as promoters and inhibitors of radical chain reactions [J]. Environmental Science & Technology, 1985, 19 (12): 1206-1213.

[208] Tomiyasu H, et al. Kinetics and mechanism of ozone decomposition in basic aqueous solution [J]. Inorganic Chemistry, 1985, 24 (19): 2962-2966.

[209] 张相. 臭氧氧化多种污染物协同脱除及副产物提纯的试验研究 [J]. 工程热物理学报, 2012, 33 (7): 1259-1262.

[210] Jia J, Zhang P, Chen L. Catalytic decomposition of gaseous ozone over manganese dioxides with different crystal structures [J]. Applied Catalysis B: Environmental, 2016, 189 (189): 210-218.

[211] Chen H, Wang Y, Lv Y. Catalytic oxidation of NO over MnO_2 with different crystal structures [J]. RSC Advances, 2016, 6 (59): 54032-54040.

[212] Xie Y, Yu Y, Gong X, et al. Effect of the crystal plane figure on the catalytic performance of MnO_2 for the total oxidation of propane [J]. Cryst Eng Comm, 2015, 17 (15): 3005-3014.

[213] Yang Y, Huang J, Wang S, et al. Catalytic removal of gaseous unintentional POPs on manganese oxide octahedral molecular sieves [J]. Applied Catalysis B: Environmental, 2013, 142: 568-578.

[214] Wang F, Dai H, Deng J, et al. Manganese oxides with rod-, wire-, tube-, and flower-like morphologies: Highly effective catalysts for the removal of toluene [J]. Environmental Science & Technology, 2012, 46 (7): 4034-4041.

[215] 张明慧. 烟气中超高浓度氮氧化物的前置氧化脱除机理研究 [D]. 杭州: 浙江大学, 2015.

[216] 马勇. 电厂大气环保设施非正常工况下大气污染物源强的确定及环境影响预测分析 [J]. 科技促进发展, 2012 (5): 115-121.

[217] 陆彩霞. 氢自养反应器去除饮用水中高浓度硝酸盐的研究 [D]. 天津: 天津大学, 2010.

[218] 张雪梅.超声波对三水醋酸钠相分离及结晶的影响 [J].化工学报，2010，61 (1)：104-108.

[219] Cum G，Galli G，Gallo R. Role of frequency in the ultrasonic activation of chemical reactions [J]. Ultrasonics，1992，30 (4)：267-270.

[220] Wang Z H，Zhou J H，Zhu Y Q，et al. Simultaneous removal of NO$_x$，SO$_2$ and Hg in nitrogen flow in a narrow reactor by ozone injection：Experimental results [J]. Fuel Processing Technology，2007，88 (8)：817-823.

[221] 周杨.臭氧应用于烟气净化的研究进展 [J].环境化学，2015 (6)：1116-1126.

[222] 章亚芳.臭氧氧化结合化学吸收同时脱除烟气中多种污染物的经济性分析 [J].江西化工，2011 (3)：53-57.

[223] 代绍凯.臭氧氧化法应用于燃煤烟气同时脱硫脱硝脱汞的实验研究 [J].环境工程，2014 (10)：85-89.

[224] Hendrickx M F A，Vinckier C. 1，3-cycloaddition of ozone to ethylene，benzene，and phenol：A comparative a initio study [J].Journal of Physical Chemistry A，2003，107 (38)：7574-7580.

[225] Ljubic I，Sabljic A. Theoretical study of the mechanism and kinetics of gas-phase ozone additions to ethene，fluoroethene，and chloroethene：A multireference approach [J]. Journal of Physical Chemistry A，2002，106 (18)：4745-4757.

[226] Anglada J M，Crehuet R，Bofill J M. The ozonolysis of ethylene：A theoretical study of the gas-phase reaction mechanism [J]. Chemistry-a European Journal，1999，5 (6)：1809-1822.

[227] Martinez R I，Herron J T. Stopped-flow studies of the mechanisms of ozone-alkene reactions in the gas-phase-trans-2-butene [J]. Journal of Physical Chemistry，1988，92 (16)：4644-4648.

[228] Liang H S，Wang H C，Chang M B. Low-temperature catalytic oxidation of monochlorobenzene by ozone over silica-supported manganese oxide [J]. Industrial & Engineering Chemistry Research，2011，50 (23)：13322-13329.

[229] 黄敬彬.我国炭黑行业动态与资本市场运作建议（上）[J].中国橡胶，2012 (23)：25-29.

[230] Böke H，Akkurt S，Özdemir S，et al. Quantification of CaCO$_3$-CaSO$_3$ · 0.5H$_2$O-CaSO$_4$ · 2H$_2$O mixtures by FTIR analysis and its ANN model [J]. Materials Letters，2004，58 (5)：723-726.

[231] Chen Z，Nan Z. Controlling the polymorph and morphology of CaCO$_3$ crystals using surfactant mixtures [J]. Journal of Colloid and Interface Science，2011，358 (2)：416-422.

[232] Martin M A，Childers J W，Palmer R A. Fourier transform infrared photoacoustic spectroscopy characterization of sulfur-oxygen species resulting from the reaction of SO$_2$ with CaO and CaCO$_3$ [J]. Applied Spectroscopy，1987，41 (1)：120-126.